工业和信息化“十三五”人才培养规划教材

# HTML5+CSS3
# 网站设计基础教程

全丽莉 李杰 ◉ 主编
张喻平 魏芬 吴强 张吉力 ◉ 副主编



HTML5+CSS3 FUNDAMENTALS
OF WEBSITE DESIGN

人 民 邮 电 出 版 社
北 京

图书在版编目（CIP）数据

HTML5+CSS3网站设计基础教程 / 全丽莉，李杰主编
. -- 北京 : 人民邮电出版社，2022.8（2023.3重印）
工业和信息化“十三五”人才培养规划教材
ISBN 978-7-115-49961-5

Ⅰ. ①H… Ⅱ. ①全… ②李… Ⅲ. ①超文本标记语言
-程序设计-高等学校-教材②网页制作工具-高等学校
-教材 Ⅳ. ①TP312.8②TP393.092.2

中国版本图书馆CIP数据核字(2018)第253188号

## 内 容 提 要

本书从 HTML5+CSS3 的基础知识入手，全面、系统地介绍了网页制作的基础知识及基本操作。全书共 10 章，主要内容包括 HTML 概述、HTML5 标签及属性、CSS3 入门、CSS3 选择器、CSS 盒子模型、浮动与定位、表单的应用、HTML5 音视频技术、CSS3 高级应用及跨平台移动 Web 技术等。

本书依托实例讲解理论知识，涵盖网页制作中的各类知识，通过大量实例深入浅出地分析了网页制作的方方面面，以便高效解决工作中的实际问题。本书在编排上紧密结合深入学习网页制作技术的先后过程，从 HTML5 的基本概念开始，带领大家逐步深入学习各种网站制作技巧，侧重实战技能，使用简单易懂的实际案例进行分析和操作指导，让读者参考起来简单明了，操作起来有章可循。

本书既适合没有任何网页设计基础的初学者使用，也适合有一定网页基础想精通网页制作和设计的人员参考使用，可作为高职高专、成人高等教育院校计算机及相关专业的网页设计与制作课程的入门教材，也可作为有一定基础的网页设计与制作爱好者的教材，还可作为培训学校的老师和学生进行网页设计与制作培训学习的参考书。

◆ 主　　编　全丽莉　李　杰
副 主 编　张喻平　魏　芬　吴　强　张吉力
责任编辑　刘　佳
责任印制　王　郁　焦志炜
◆ 人民邮电出版社出版发行　　北京市丰台区成寿寺路 11 号
邮编　100164　　电子邮件　315@ptpress.com.cn
网址　https://www.ptpress.com.cn
山东华立印务有限公司印刷
◆ 开本：787×1092　1/16
印张：19.5　　2022 年 8 月第 1 版
字数：566 千字　　2023 年 3 月山东第 2 次印刷

定价：69.80 元

读者服务热线：(010) 81055256　印装质量热线：(010) 81055316
反盗版热线：(010) 81055315
广告经营许可证：京东市监广登字 20170147 号

# 前 言 FOREWORD

互联网进入 Web 2.0 时代，各种类似桌面软件的 Web 应用大量涌现，网站的前端也由此发生了翻天覆地的变化。网页不再只是承载单一的文字和图片，各种丰富媒体让网页的内容更加生动，网站重构的影响力正以惊人的速度增长，前端开发技术的三要素也演变成为现今的HTML5、CSS3、jQuery。因此，学习 HTML5 与 CSS3 是 Web 前端开发技术的基础。

Web 标准是所有网页前端技术的规范和发展方向，本书介绍的 HTML5 和 CSS3 是 Web 标准的主要组成部分，阐述了内容和样式分离的网页设计精髓。“网站设计基础”是高等职业教育计算机相关专业的一门专业基础课，是集理论与实践于一体的应用性课程，采用过去传统的讲授方式已经不能调动学生学习较为枯燥的理论知识的热情，因此，本书在充分调研的基础上，从 HTML5 和 CSS3 的基础知识入手，全面系统地阐述了 HTML5 和 CSS3 的基础知识以及实际运用技术。本书精心配备了课件和案例文件，便于老师教学以及学生复习。本书也旨在探索“互联网+”网站设计基础教学的新模式，旨在提升学生的网站设计与制作能力。

## 本书主要内容

本书内容紧跟当下与“网站设计基础”课程相关的主流技术，讲解了以下 6 部分内容。

（1）第 1、2 章主要讲解 HTML5 的基础知识，该部分包括 HTML 简介、HTML5 基础、文本控制标签、图像标签、列表标签、超链接标签、结构标签、分组标签、页面交互标签、文本层次语义标签及全局属性等，并包括两个阶段性案例以强化巩固相关知识点。

（2）第 3、4 章主要讲解 CSS3 入门及 CSS3 选择器，该部分包括 CSS3 概述、CSS 核心基础、文本样式属性、CSS 高级特性、属性选择器、层次选择器、结构伪类选择器、伪元素选择器等，并包括两个阶段性案例以强化巩固相关知识点。

（3）第 5～7 章分别讲解盒子模型、元素的浮动与定位和表单的应用，它们是网页布局的核心。该部分包括盒子模型概述、盒子模型相关属性、背景属性、CSS 渐变属性、元素的浮动、overflow 属性、元素的定位、标签的类型与转换、定义表单、<input>标签、其他表单标签及表单新增属性等，并包括三个阶段性案例以强化巩固相关知识点。

（4）第 8 章主要讲解 HTML5 音视频技术，该部分包括 HTML5 支持的视频和音频格式、在 HTML5 中嵌入视频文件和音频文件，以及如何在 HTML5 中调用网络多媒体文件，并包括一个阶段性案例强化巩固相关知识点。

（5）第 9 章讲解 CSS3 高级应用，该部分包括过渡、变形、动画等内容，最后通过一个阶段性案例强化巩固相关知识点。

（6）第 10 章讲解跨平台移动 Web 技术，利用 HTML5 和 CSS3 互相的配合，实现响应式 Web 设计。该部分主要包括响应式 Web 设计、媒体查询、流式布局、Flexbox 布局等知识。

## 本书主要特色

（1）知识点全面，实例讲解。本书从 HTML5 和 CSS3 的基础知识入手，全面系统地阐述 HTML5 和 CSS3 基础知识以及实际运用技术，通过大量实例分析了网页制作的方方面面，依托实例方式讲解理论知识，直观、具体，有助于快速上手。

（2）讲解深入浅出，实用性强。本书在注重系统性和科学性的基础上，突出实用性及可操作性，对重点概念和操作技能进行了详细讲解，语言流畅，内容丰富，深入浅出，每个章节最后都设计了一个阶段性案例，将前面的知识点融入阶段性案例，进一步对知识点进行了强化训练，符合计算机网页设计基础教学的规律，并满足社会人才培养的要求。

（3）企业参与，任务引领。本书编者深入企业一线调研，对企业所需的前端开发工程师岗位工作内容进行了汇总，深入分析了网页设计的具体工作内容，分类整理，以阶段性案例的方式融入相关的知识点，切实让学生掌握真正的职业技能，是一本具有企业生产实践相结合的教材。

（4）配有多个微课视频，提供教学所需的配套资源。

本书由武汉城市职业学院全丽莉、李杰任主编，张喻平、魏芬、吴强、张吉力任副主编，全丽莉负责全书的整体设计和统稿。具体编写分工：第 1～3 章由全丽莉编写，第 4 章和第 5 章由魏芬编写，第 6 章由吴强编写，第 7 章由张吉力编写，第 8～10 章由张喻平编写。李杰提供了建议。

由于本书涉及知识面较广，要将众多知识很好地贯穿起来，难度较大，书中难免存在不足之处，恳请读者批评指正。

编　者

2022 年 1 月

# 目 录 CONTENTS

## 第 9 章



## 第 10 章

# 第 1 章

# HTML 概述

**学习目标**

- 了解 HTML5 的发展历程和开发工具 HBuilder。
- 掌握 HTML5 中常用的文字类标签及其属性的使用方法。
- 掌握 HTML5 中常用的图像标签及其属性的使用方法。
- 掌握 HTML5 中超链接标签的使用方法。

2014 年 10 月 29 日，万维网联盟（World Wide Web Consortium，W3C）宣布，经过近 8 年的艰苦努力，HTML5 标准规范终于制定完成，这是 HTML 的第 5 次重大修改，HTML 赋予了网页更好的意义和结构。经过了 Web 2.0 时代，基于互联网的应用已经越来越丰富，同时对互联网应用提出了更高的要求。本章将对 HTML5 的基本结构和语法、文本控制标签、图像标签及超链接标签进行详细讲解。

## 1.1 HTML 简介

超文本标记语言（Hyper Text Markup Language，HTML）是一种用来制作超文本文档的简单编辑语言，是网页制作的基本语言，也是一种规范或标准。网页文件本身是一种文本文件，它通过添加各种标记符号告诉浏览器如何显示其中的内容（如文字如何处理、画面如何安排、图片如何显示等）。浏览器按顺序阅读网页文件，并根据标记符解释和显示其标记的内容。

在 HTML5 之前，由于各个浏览器之间的标准不统一，给网站开发人员带来了很大的麻烦。HTML5 将会取代 1999 年制定的 HTML4.01、XHTML1.0 标准，以期能在互联网应用迅速发展的时候，使网络标准达到符合当代的网络需求，为桌面和移动平台带来无缝衔接的丰富内容。本节将针对 HTML5 的发展历程、优势、浏览器支持情况及如何创建 HTML5 页面进行讲解。

### 1.1.1 HTML 的发展历程

HTML 是用于描述网页文档的标记语言。现在人们习惯于用数字来描述 HTML 的版本（如 HTML5），但是其最初并不是 HTML1，而是 1993 年 IETF 团队的一个草案，它不是成形的标准。两年之后（即 1995 年）HTML 有了第二版，即 HTML2.0，当时是作为 RFC1866 发布的。

有了以上两个历史版本，HTML 的发展可谓突飞猛进。1996 年，HTML3.2 成为 W3C 推荐标准。1997 年和 1999 年，作为升级版本的 HTML4.0 和 HTML4.01 也相继成为 W3C 的推荐标准。2000 年，基于 HTML4.01 的 ISO HTML 成为了国际标准化组织和国际电工委员会的标准，并沿用至今，这期间虽然有一些小的改动，但大方向上终归没有什么变化。从 1993 年到 2000 年间，HTML 有了很大的发展，基于诸多人的努力，终于产生了现在使用的 HTML。

标准通用标记语言下的应用 HTML 标准自 1999 年 12 月发布 HTML4.01 后，后继的 HTML5 和其他标准被束之高阁，为了推动 Web 标准化运动的发展，一些公司联合起来成立了一个叫作 Web 超文本应用技术工作组（Web Hypertext Application Technology Working Group，WHATWG）的组织。WHATWG 致力于 Web 表单和应用程序，而 W3C 专注于 XHTML2.0，2006 年，双方决定进行合作，以创建一个新版本的 HTML。

HTML5 草案的前身名为 Web Applications 1.0，于 2004 年被 WHATWG 提出，于 2007 年被 W3C 接纳，并成立了新的 HTML 工作团队。HTML5 的第一份正式草案于 2008 年 1 月 22 日公布。HTML5 至今仍处于完善之中。然而，大部分现代浏览器已经具备了对 HTML5 的支持。

2012 年 12 月 17 日，W3C 正式宣布凝结了大量网络工作者心血的 HTML5 规范正式定稿。根据 W3C 的发言稿称："HTML5 是开放的 Web 网络平台的奠基石。"

2013 年 5 月 6 日，HTML5.1 正式草案公布。该规范定义了第 5 次重大版本，第一次要修订万维网的核心语言——HTML。在这个版本中，新功能不断推出，可以帮助 Web 应用程序的作者努力提高新元素互操作性。本次草案从 2012 年 12 月 27 日发布至今，进行了多达近百项的修改，包括 HTML 和 XHTML 的标签以及相关的 API、Canvas 等，同时 HTML5 的图像标签 img 及 svg 进行了改进，性能得到了进一步提升。

2014 年 10 月 29 日，W3C 宣布 HTML5 标准规范制定完成，并公开发布。HTML5 将会取代 1999 年制定的 HTML4.01、XHTML1.0 标准，以期能在互联网应用迅速发展的时候，使网络标准达到符合当代的网络需求，为桌面和移动平台带来无缝衔接的丰富内容。

### 1.1.2 HTML5 的优势

经过 HTML4.0、XHTML 到 HTML5，从某种意义上讲，这是 HTML 的一种更加规范的过程。因此，HTML5 并没有给开发人员带来多大的冲击。但 HTML5 增加了很多非常实用的新功能和新特性，下面具体介绍 HTML5 的一些优势。

**1. 解决了跨浏览器的问题**

HTML5 本身是由 W3C 推荐的，它是谷歌、苹果等几百家公司一起酝酿的技术，这种技术最大的好处在于它是一种公开的技术。换句话说，每一个公开的标准都可以根据 W3C 的资料库找寻根源，也意味着 W3C 通过的 HTML5 标准是每一个浏览器或每一个平台都能实现的。这种技术可以进行跨平台的使用。例如，用 HTML5 开发的游戏，可以很轻易地移植到 UC 的开放平台、Opera 的游戏中心、Facebook 应用平台上，甚至可以通过封装的技术发布到 App Store 或 Google Play 上，所以它的跨平台性非常强大，这也是大多数人对 HTML5 有兴趣的主要原因。

**2. 新增了多个新特性**

HTML 语言从 1.0 到 5.0 经历了巨大的变化，从单一的文本显示功能到图文并茂的多媒体显示功能，许多特性经过多年的完善，已经发展成为一种非常重要的标记语言。相对于之前的版本，HTML5 新增的特性如下。

（1）语义特性（Class：Semantic）

HTML5 赋予了网页更好的意义和结构，更加丰富的标签将随着对 RDFa、微数据与微格式等方面的支持，构建对程序、对用户都更有价值的数据驱动的 Web。

（2）本地存储特性（Class：Offline & Storage）

基于 HTML5 开发的网页 App 拥有更短的启动时间、更快的联网速度，这些全得益于 HTML5 App Cache 以及本地存储功能。

（3）设备兼容特性（Class：Device Access）

从 Geolocation 功能的 API 文档公开以来，HTML5 为网页应用开发者们提供了更多功能上的优化选择，带来了更多体验功能的优势。HTML5 提供了前所未有的数据与应用接入开放接口，使外部应用可以直接与浏览器内部的数据相连，如视频影音可直接与 microphones 及摄像头相连。

（4）连接特性（Class：Connectivity）

更有效的连接工作效率，使得基于页面的实时聊天、更快速的网页游戏体验、更优化的在线交流得到了实现。HTML5 拥有更有效的服务器推送技术，Server-Sent Event 和 WebSockets 就是其中的两个特性，这两个特性能够实现服务器将数据“推送”到客户端的功能。

（5）网页多媒体特性（Class：Multimedia）

HTML5 支持网页端的 Audio、Video 等多媒体功能，与网站自带的 APPS、摄像头、影音功能相得益彰。

（6）三维、图形及特效特性（Class：3D、Graphics、Effects）

基于 SVG、Canvas、WebGL 及 CSS3 的三维功能，用户会惊叹于浏览器中所呈现的视觉效果。

（7）性能与集成特性（Class：Performance & Integration）

没有用户会永远等待 Loading——HTML5 会通过 XMLHttpRequest2 等技术解决以前的跨域等问题，帮助 Web 应用和网站在多样化的环境中更快速地工作。

（8）CSS3 特性（Class：CSS3）

在不牺牲性能和语义结构的前提下，CSS3 提供了更多的风格选择和更强的效果。此外，较之以前的 Web 排版，Web 开放字体格式（Web Open Font Format，WOFF）也提供了更高的灵活性和控制性。

**3. 用户优先原则**

HTML5 标准的制定是以用户优先为原则的，该原则规定：在发生冲突时，最终用户优先，其次是作者、实现者和标准制定者，最后才是理论上的完满。另外，为了增强 HTML5 的使用体验，还加强了以下两个方面的设计。

（1）安全机制的设计

为确保 HTML5 的安全，在设计 HTML5 时做了很多针对安全的设计。HTML5 引入了一种新的基于来源的安全模型，该模型不仅易用，还对不同的应用程序编程接口（Application Programming Interface，API）通用。使用这个安全模型，不需要借助任何不安全的 hack 就能跨域进行安全对话。

（2）表现和内容分离

表现和内容分离是 HTML5 设计中的另一个重要特点。实际上，表现和内容的分离早在 HTML4.0 中就有设计，当时分离得并不彻底。为了避免可访问性差、代码复杂度高、文件过大等问题，HTML5 规范中更细致、清晰地分离了表现和内容。但是考虑到 HTML5 的兼容性问题，一些陈旧的表现和内容的代码还是可以兼容使用的。

**4．化繁为简的优势**

作为当下流行的通用标记语言，HTML5 尽可能地进行了简化，严格遵循了“简单至上”的原则，主要体现在如下几个方面。

（1）新的简化的字符集声明。

（2）新的简化的 DOCTYPE。

（3）简单而强大的 HTML5 API。

（4）以浏览器原生能力替代复杂的 JavaScript 代码。

为了实现这些简化操作，HTML5 规范需要比以前更加细致、精确。为了避免造成误解，HTML5 对每一个细节都有着非常明确的规范说明，不允许有任何的歧义和模糊出现。

### 1.1.3 HTML5 的浏览器支持情况

现今浏览器的许多功能是从 HTML5 标准中发展而来的。目前常用的浏览器有 IE、火狐（Firefox）、Chrome、猎豹、Safari 和 Opera 等，其图标如图 1-1 所示。通过对这些主流 Web 浏览器的发展策略调查可以发现，它们都在支持 HTML5 方面采取了措施。

图 1-1　常见的浏览器图标

**1．IE 浏览器**

自 HTML5 标准的提出就得到了非常多的关注，而作为全球使用用户最多的浏览器，IE 浏览器能否支持 HTML5 标准也是备受关注的一个问题，目前 IE 10 以上的版本都支持 HTML5 标准，IE 浏览器将以标准 HTML5 为核心。但是 IE 9 及以下版本对 HTML5 标签的支持是有限的，需要通过在网页中添加脚本的方式来解决目前 IE 浏览器对 HTML5 支持的问题。

**2．火狐浏览器**

火狐浏览器全称：Mozilla Firefox，是一个由 Mozilla 开发的自由及开放源代码的网页浏览器，火狐浏览器最新版本对 HTML5 规范的支持更为完整，包括在线视频、在线音频在内的多种应用，追加了本地数据库等 Web 应用的功能；还加入了更多的插件，为用户提供了很大的便捷性。

**3．Chrome 浏览器**

Chrome 浏览器是由谷歌公司开发的一款设计简单、高效的 Web 浏览工具。它的亮点在于其多进程架构，保护浏览器不会因恶意网页和应用软件而崩溃。Chrome 浏览器中的每个标签、窗口和插件都在各自的环境中运行，如果一个站点出了问题，并不会影响其他站点的打开。

**4. Safari 浏览器**

Safari 是一款由苹果公司开发的网页浏览器，是各类苹果设备的默认浏览器。最新的 Safari 浏览器支持多个的 HTML5 新技术，包括全屏幕播放、HTML5 视频、HTML5 地理位置、HTML5 切片元素、HTML5 的可拖动属性、HTML5 的形式验证、HTML5 的 Ruby、HTML5 的 Ajax 历史等。

**5. Opera 浏览器**

Opera 浏览器是一款跨平台浏览器，可以在 Windows、Mac 和 Linux 三个操作系统平台上运行。因 Opera 浏览器快速、小巧的特点比其他浏览器具备更好的兼容性。Opera 浏览器获得了业界的认可，并在网上受到很多人的推崇。

综上所述，目前这些浏览器纷纷朝着 HTML5 的方向迈进，HTML5 的时代即将来临。

### 1.1.4 创建第一个 HTML5 页面

扫码观看视频

在网页制作过程中，为了开发方便，通常会选择一些便捷的网页制作工具，如 Editplus、Notepad++、Sublime、HBuilder、WebStorm 等。实际工作中，最常用的网页制作工具是 HBuilder。本书案例将全部使用 HBuilder。本节将使用 HBuilder 来创建第一个 HTML5 页面，具体步骤如下。

**1. 创建 Web 项目**

打开 HBuilder,选择“文件”→“新建”→“Web 项目”命令，如图 1-2 所示，弹出“创建 Web 项目”对话框，如图 1-3 所示。在“项目名称”文本框中填写项目名，如“project1”，单击“完成”按钮，此时，“项目管理器”面板中就创建了一个名称为“project1”的 Web 项目，如图 1-4 所示。

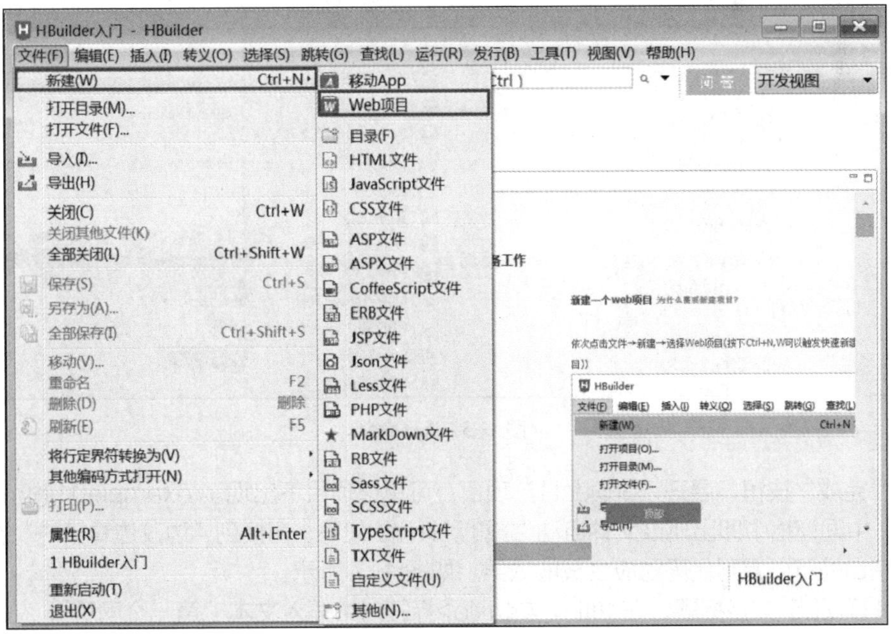


图 1-2 选择命令

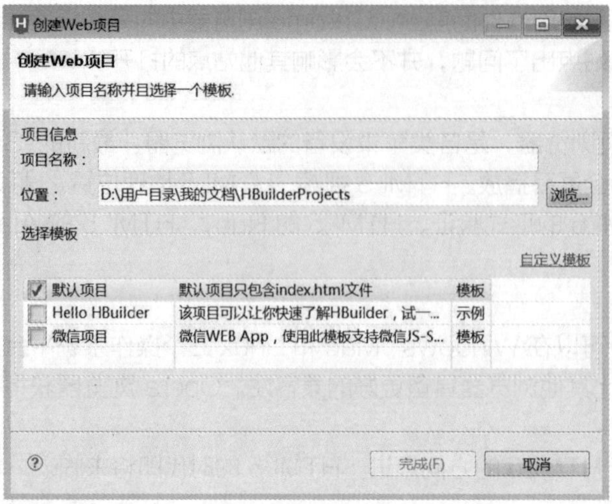

图 1-3 “创建 Web 项目”对话框

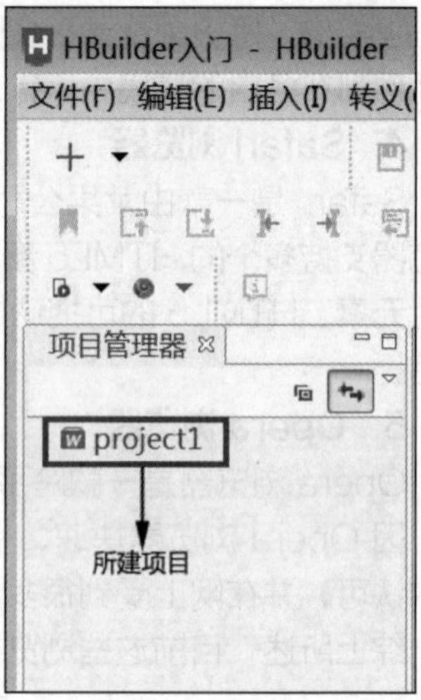

图 1-4 创建的项目

### 2. 创建 HTML 文件

右键单击创建的项目 project1，在弹出的快捷菜单中选择“新建”→“HTML 文件”命令，如图 1-5 所示，弹出“创建文件向导”对话框，如图 1-6 所示，在“文件名”文本框中填入 HTML 文件名，如“example01.html”，单击“完成”按钮。

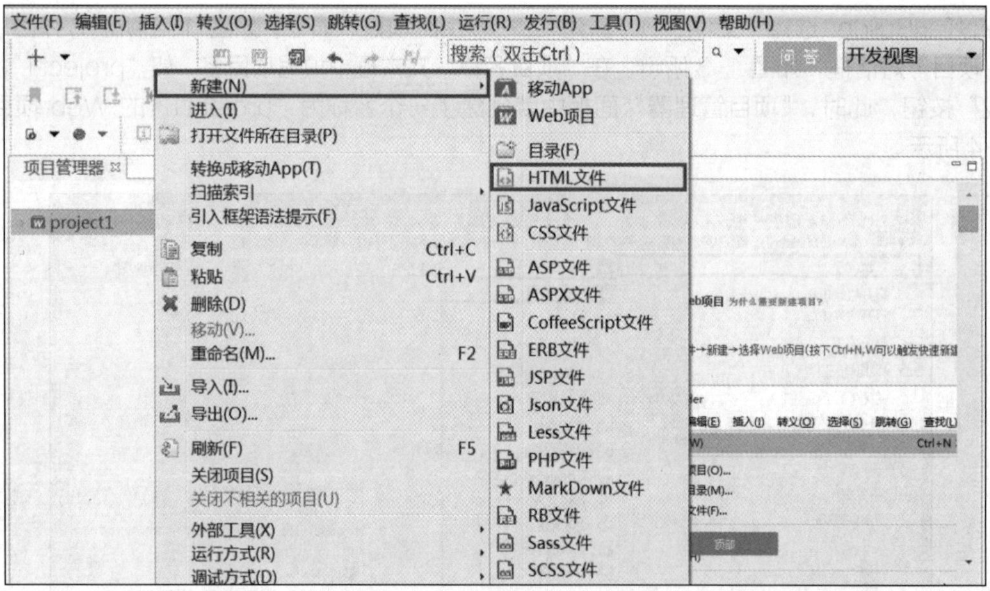

图 1-5 选择命令

单击“完成”按钮，展开“project1”项目，可见该项目下出现了 example01.html 文件，单击文件名，中间窗格中即出现该文件自动生成的 HTML 代码。切换到“边改边看模式”视图，在右侧窗格的空白处可以看到代码对应生成的效果，如图 1-7 所示。

修改 HTML5 文档标题，在<title>与</title>标签对中插入文本“第一个网页”，在<body>和</body>标签对中插入一段文本“这是我的第一个 HTML5 页面哦”，具体代码如例 1-1 所示。

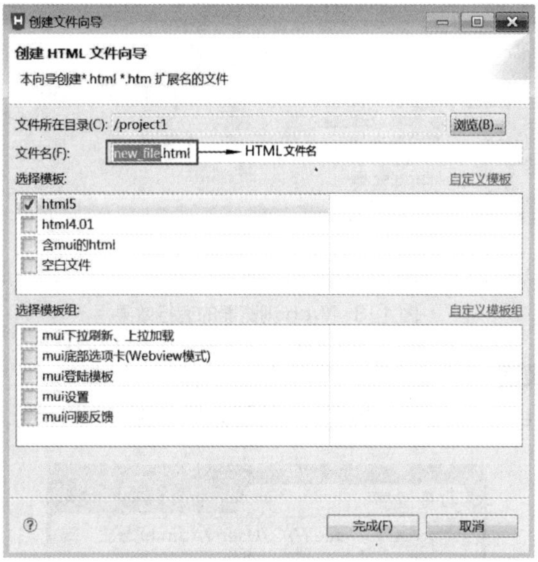


图 1-6 “创建文件向导”对话框

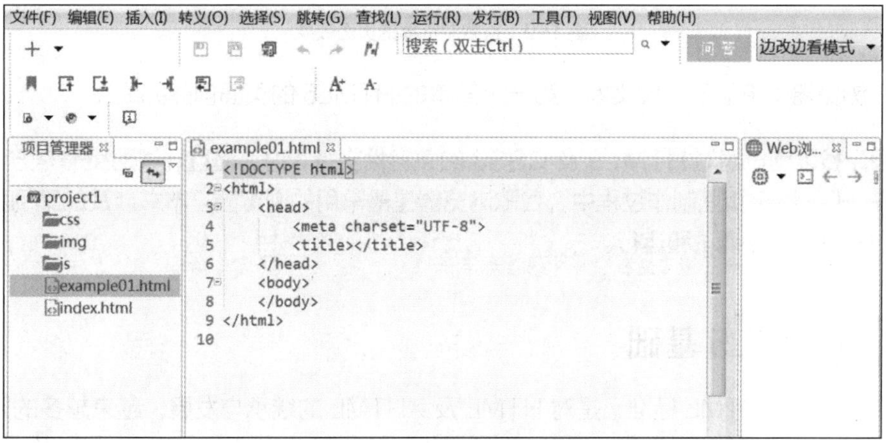


图 1-7 HTML5 文档代码视图

**例 1-1** example01.html

```
< !DOCTYPE html>
<html>
    <head>
    <meta charset="UTF-8">
    <title>第一个网页</title>
    </head>
    <body>
  这是我的第一个 HTML5 页面哦
    </body>
</html>
```

### 3. 保存页面

选择“文件”→“保存”命令，或者按组合键 Ctrl+S，可以看到该工具自带的 Web 浏览器的运行效果，如图 1-8 所示。

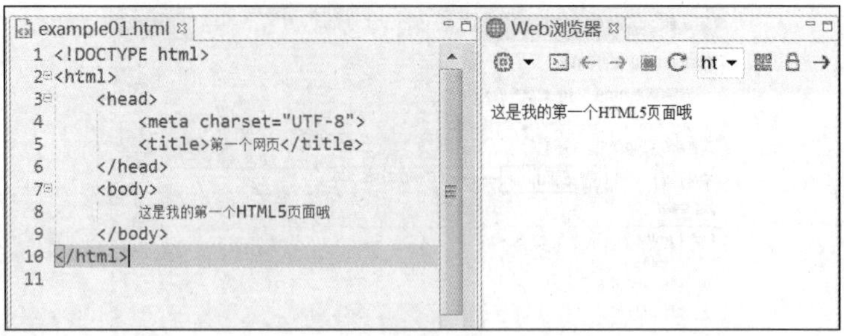


图 1-8 Web 浏览器的运行效果

#### 4. 在浏览器中打开页面

在谷歌浏览器中打开 example01.html，其页面效果如图 1-9 所示。

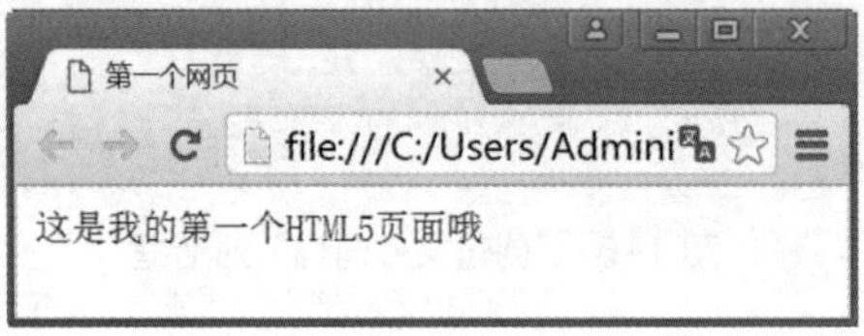


图 1-9 谷歌浏览器的页面效果

此时，浏览器中将显示一段文本，第一个简单的 HTML5 的页面创建完成。

**注意** 因为谷歌浏览器对 HTML5 及 CSS3 的兼容性支持较好，而且调试网页非常方便，所以在 HTML5 页面制作过程中，谷歌浏览器是最常用的浏览器。本书涉及的案例将全部在谷歌浏览器中调试和运行。

## 1.2 HTML5 基础

HTML5 是新的 HTML 标准，是对 HTML 及 XHTML 的继承与发展，越来越多的网站开发者开始使用 HTML5 构建网站。学习 HTML5 时，需先了解 HTML5 的语法基础。本节将针对 HTML5 文档的基本格式、HTML5 语法、HTML 标签及其属性、HTML5 文档头部相关标签进行讲解。

### 1.2.1 HTML5 文档的基本格式

学习任何一门语言，都要先掌握它的基本格式，就像写信需要符合信件的格式要求一样。HTML5 标签语法也不例外，同样需要遵从一定的规范。接下来将具体讲解 HTML5 文档的基本格式。

使用 HBuilder 新建 HTML5 默认文档时，会自带一些源代码，如例 1-2 所示。

例 1-2 example02.html

```
< !DOCTYPE html>
<html>
   <head>
       <meta charset="utf-8">
       <title></title>
   </head>
```

```
    <body>
    </body>
</html>
```

这些自带的源代码构成了 HTML5 文档的基本格式，主要包括<!DOCTYPE>（文档类型声明）、<html>（根标签）、<head>（头部标签）、<body>（主体标签），具体介绍如下。

### 1. < !DOCTYPE >

< !DOCTYPE >是一种标准通用标记语言的文档类型声明标签，它的目的是要告诉用户标准通用标记语言解析器应该使用什么样的文档类型定义（Document Type Definition，DTD）来解析文档，甚至对 JavaScript 都会有所影响。只有确定一个正确的文档类型，HTML 或 XHTML 中的标签和层叠样式才能生效。

<!DOCTYPE>声明必须位于 HTML5 文档中的第一行，即位于<html>标签之前。在所有 HTML 文档中规定 DOCTYPE 是非常重要的，这样浏览器就能了解预期的文档类型。HTML5 文档中的<!DOCTYPE>标记声明非常简单，代码如下。

```
<!DOCTYPE html>
```

HTML5 中只有一种< !DOCTYPE>文档类型声明，没有结束标签，对字母大小写不敏感。

### 2. <html>

<html>和</html>标签对放在网页文档的最外层，也称为根标签，用于告知浏览器这对标签内的内容是 HTML 文档，<html>标签标志着 HTML 文档的开始，</html>标签标志着 HTML 文档的结束，在它们之间可以嵌套其他标签。

### 3. <head>

文件头使用<head>和</head>标签对，该标签对出现在文件的起始部分。标签对内的内容不会在浏览器中显示，主要用来说明文件的有关信息，如文件标题、作者、编写时间、搜索引擎可用的关键词等。

最常用的<head>标签是网页标题标签，即<title>标签，它的格式如下。

```
<title>网页标题</title>
```

其中，“网页标题”是提示网页内容和功能的文字，它将出现在浏览器的标题栏中。网页的标题应具有唯一性，搜索引擎很大程度上依赖于网页标题。

### 4. <body>

文件主体用<body>与</body>标签对标识，它是 HTML 文档的主体部分。网页正文中的所有内容（包括文字、表格、图像、声音和动画）都包含在这对标签之间。

一个 HTML 文档只能含有一对<body>标签，且<body>标签必须在<html>标签内，位于<head>标签之后，其与<head>标签是并列关系。

## 1.2.2 HTML5 语法

为了兼容各浏览器，HTML5 采用了宽松的语法格式，在设计和语法方面做了一些变化，具体如下所述。

### 1. 标签不区分字母大小写

HTML5 采用了宽松的语法格式，标签可以不区分字母大小写，这是 HTML5 语法变化的重要体现。例如：

```
<p>这里 P 标签的大小写是不一致的</P>
```

在上面的代码中，虽然<p>标签的开始标签与结束标签大小写并不匹配，但是在 HTML5 语法中是完全合法的。

### 2. 增加布尔值

例如：

```
<input type="checkbox" checked>
```

上面的代码中有 checked 属性，表示 true，即该选项被选中，否则表示 false。其等价于

```
<input type="checkbox" checked="checked">
```

### 3. 允许属性不使用引号

在 HTML5 语法中，属性值不放在引号中也是正确的。例如：

```
<input checked=a type=checkbox>
<input type=text readonly=readonly>
```

以上代码是完全符合 HTML5 规范的，其等价于以下两行代码。

```
<input checked="a" type="checkbox">
<input type="text" readonly="readonly">
```

### 4. 省略的标签

（1）单标签，包括 br、embed、hr、img、input、link、meat、param、source 及 track 等。

（2）省略结束符的标签，包括 li、dt、dd、p、rt、ooptgroup、option、colgroup、thread、tbody、tr、td 及 th 等。

（3）完全省略的标签，包括 html、head、body、colgroup 及 tbody 等。

所以以下写法虽然省略了<head></head><body></body></html>等标签,但也是标准的 HTML5 文档。

```
<!DOCTYPE html>
<title>test</title>          //title 不能省略
<form>
<input type="checkbox" checked>
</form>
```

### 5. CSS 和 JS 加载

<link>和<script>元素不再需要 type 属性。例如：

```
<link herf="main.css" rel="stylesheet"  type="text/css">
<script type="text/javascript"  src="javascript.js"> </script>
HTML5:
<link herf="main.css" rel="stylesheet" >
<script src="javascript.js"> </script>
```

**注意** **虽然 HTML5 语法很人性化，但是建议文档还是要规范化，建议使用小写字母，建议使用双引号，通常情况下不建议省略<html><body>。**

## 1.2.3 HTML 标签

在 HTML 页面代码中，所谓标签，就是放在“<>”标记符中表示某个功能的编码命令，也称为 HTML 标签或 HTML 元素。本书统一称之为 HTML 标签。HTML 标签是 HTML 中最基本的单

位，是标准通用标记语言的下一个应用最重要的组成部分。例如，上面提到的<html>、<head>、<body>都是 HTML 标签。

**1. 双标签和单标签**

为了方便学习和理解，通常将 HTML 标签分为两大类，即“双标签”与“单标签”。

（1）双标签

双标签是指由开始和结束两个标签符组成的标签。其基本语法格式如下。

```
<标签名>内容</标签名>
```

该语法中，<标签名>表示该标签的作用开始，一般称之为“开始标签”；</标签名>表示该标签的作用结束，一般称之为“结束标签”。和开始标签相比，结束标签只在前面加了一个关闭符/。

例如:

```
<p>武汉城市职业学院</p>
```

其中，<p>表示一个段落标签的开始，</p>表示一个段落标签的结束，在它们之间是一个段落内容。

（2）单标签

单标签也称为空标签，是指用一个标签符号即可完整地描述某个功能的标签。其基本语法格式如下。

```
<标签名 />
```

例如:

```
<br />
```

其中，<br />为单标签，可用于插入一个简单的换行符；但是在 HTML5 的新规范中，单标签已经不再需要添加结束斜杠，所以上述标签可以写成如下格式。

```
<br>
```

下面通过一个案例进一步演示 HTML 标签的使用，如例 1-3 所示。

**例 1-3** example03.html

```
<!doctype html>
<html>
     <head>
         <meta charset="utf-8">
         <title>武汉城市职业学院</title>
     </head>
     <body>
         <h2>武汉城市职业学院</h2>
         <h4> Wuhan City Vocational College </h4>
          <hr >
          <p>武汉城市职业学院（Wuhan City Vocational College）位于湖北省武汉市，是全日制普通专科院校，为国家建设行业技能型紧缺人才培养培训工程试点高校、第二批国家现代学徒制试点单位。</p>
         </body>
</html>
```

例 1-3 中使用了不同的标签来定义网页，如标题标签<h2>和<h4>、水平线标签<hr>、段落标签<p>。

运行例 1-3 的代码，效果如图 1-10 所示。

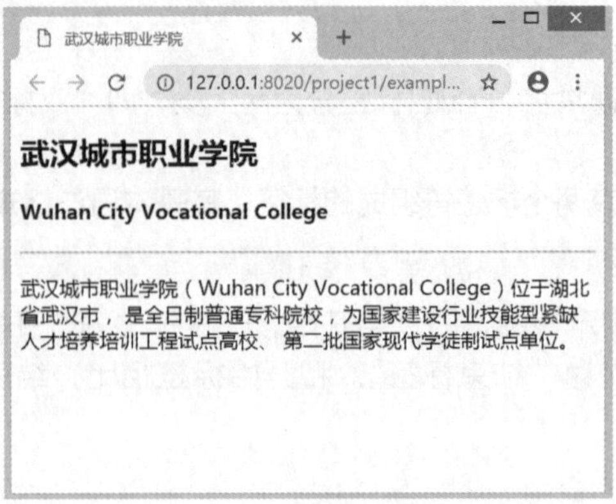


图 1-10　标签的使用示例效果

**2. 注释标签**

HTML 中还有一种特殊的标签——注释标签。如果需要在 HTML 文档中添加一些便于阅读和理解，但又不需要显示在页面中的注释文字，就需要使用注释标签。其基本语法格式如下。

```
<!-- 注释语句 -->
```

例如，以下代码用于为<p>标签添加一段注释。

```
<p>这是一段普通的段落。</p>  <!--这是一段注释，不会在浏览器中显示。-->
```

需要说明的是，注释内容不会显示在浏览器中，但是作为 HTML 文档内容的一部分，其可以被下载到用户的计算机上，查看源代码时可以看到。

### 1.2.4　标签的属性

扫码观看视频

使用 HTML 制作网页时，如果想让 HTML 标签提供更多的信息，如希望标题文本的字体为“微软雅黑”且居中显示，或使段落文本中的某些名词显示为其他颜色加以突出，此时仅仅依靠 HTML 标签的默认显示样式已经不能满足要求，需要使用 HTML 标签的属性加以设置，若省略该属性，则取默认值。设置标签属性的基本语法格式如下。

```
<标签名 属性 1="属性值 1" 属性 2="属性值 2"……>内容</标签名>
```

在上面的语法格式中，标签可以拥有多个属性，必须写在开始标签中，位于标签名后面。属性之间不分先后顺序，标签名与属性、属性与属性之间均以空格分开。任何标签的属性都有默认值，省略该属性即表示取默认值。例如：

```
<h1 align="center">标题文本</h1>
```

其中，align 为属性名，center 为属性值，表示标题文本居中对齐。还可以设置标题标签中的文本左对齐或右对齐，对应的属性值分别是 left 和 right。如果省略 align 属性，则标题文本按默认值左对齐显示，也就是说，<h1></h1>等价于<h1 align="left"></h1>。

下面在例 1-3 的基础上通过标签的属性对网页进行进一步修饰，如例 1-4 所示。

**例 1-4**　example04.html

```
<!doctype html>
```

```
<html>
<head>
<meta charset="utf-8">
<title>助力汉马，一起奔跑！</title>
</head>
<body>
<h2 align="center">助力汉马，一起奔跑！</h2>
<p align="center">发布时间：2019-04-15 作者：   来源：武汉城市职业学院   浏览量：9869</p>
<hr size="2" color="#CCCCCC">
<p>在距离武汉全程马拉松 36.4 公里处，有一个东湖绿道湖光序曲编钟音乐站点，16 名湖北省博物馆演奏家通过曾侯乙编钟演奏了《风一样的勇士》《我和我的祖国》等曲目为运动健儿加油助威。在本次汉马赛事上，体育精神、荆楚文化与 5G 高科技实现了完美融合，传承和传播着中华民族的文化。</p>
</body>
</html>
```

例 1-4 中的第 8 行代码将标题标签<h2>的 align 属性设置为 center，使标题文本居中对齐；第 9 行代码中同样使用 align 属性使段落文本居中对齐；第 10 行代码使用水平线标签的 size 和 color 属性设置水平线为特定的粗细和颜色。

运行例 1-4，效果如图 1-11 所示。

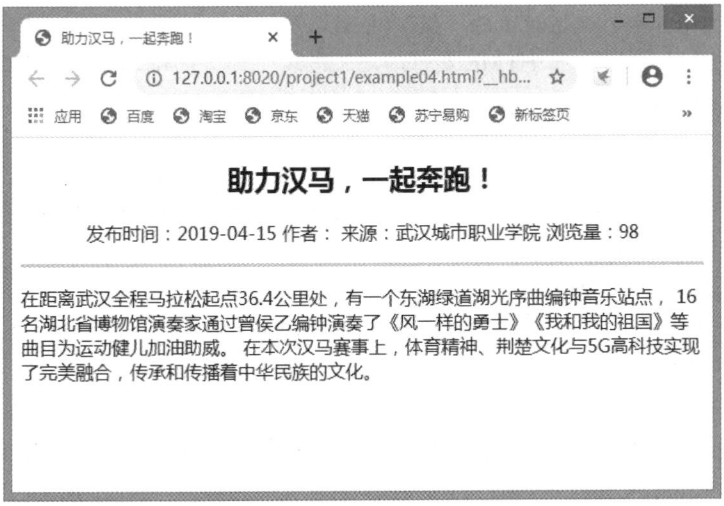


图 1-11　使用标签属性示例效果

通过例 1-4 可以看出，在页面中使用标签时，想控制哪部分的内容，就用相应的标签选择它，并利用标签的属性进行设置即可。

编写 HTML 页面代码时，经常会在一对标签之间再定义其他标签，如例 1-4 中的第 11 行代码，<p>标签中包含了<strong>标签，在 HTML 中，将这种标签间的包含关系称为标签的嵌套。例 1-4 中第 11 行代码的嵌套结构如下。

```
<p>在距离武汉全程马拉松 364.公里处，有一个东湖绿道湖光序曲编钟音乐站点，16 名湖北省博物馆演奏家通过曾侯乙编钟演奏了
<strong>《风一样的勇士》《我和我的祖国》</strong>
等曲目为运动健儿加油助威。在本次汉马赛事上，体育精神、荆楚文化与 5G 高科技实现了完美融合，传承和传播着中华民族的文化。</p>
```

需要注意的是，在标签的嵌套过程中，必须先结束靠近内容的标签，再按照由内及外的顺序依

次关闭标签。例如，要想使段落文本加粗倾斜，就可以将加粗标签<strong>和倾斜标签<em>嵌套在段落标签<p>中，示例如下。

```
<p><strong><em>标签的嵌套是按照由内及外的顺序关闭标签</strong></em></p>    <!-- 错误的嵌套顺序-->
<p><strong><em>标签的嵌套是按照由内及外的顺序关闭标签</em></strong></p>    <!-- 正确的嵌套顺序-->
```

需要说明的是，不合理的嵌套可能在一个甚至所有浏览器中通过，但是如果浏览器升级，新的版本可能不再允许这种违反标准的做法，那么修改源代码就会变得非常烦琐。

**注意** **本书在描述标签时经常会用到“嵌套”一词，所谓标签的嵌套其实是一种包含关系，其实网页中所显示的内容都嵌套在<body></body>标签对中，而<body></body>对又嵌套在<html></html>标签对中。**

**多学一招：何为键值对？**

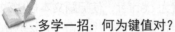

在 HTML 开始标签中，可以通过“属性="属性值"”的方式来为标签添加属性，其中“属性”和“属性值”是以“键值对”的形式出现的。

所谓“键值对”，简单地说即为“属性”设置“值”，它有多种表示形式，如 color="blue"、width:300px;等，其中 color 和 width 即为键值对中的“键”（key），blue 和 300px 为键值对中的“值”（value）。

键值对广泛地应用于编程中，HTML 属性的定义形式“属性="属性值"”只是键值对形式的一种。

### 1.2.5 HTML5 文档头部相关标签

制作网页时，经常需要设置页面的基本信息，如页面的标题、作者及其与其他文档的关系等，HTML 为此提供了一系列的标签，这些标签通常都写在<head>标签内，因此被称为头部相关标签，接下来将具体介绍常用的头部相关标签。

#### 1. 设置页面标题标签<title>

<title>标签用于定义 HTML 页面的标题，即给网页取一个名称，必须位于<head>标签之内。网页标题与文章标题的性质是一样的，它们都表示重要的信息，允许用户快速浏览网页，找到需要的信息。在互联网中，这是非常重要的，因为网站访问者并不总是阅读网页中的所有文字。标题虽然不是决定网站排名的最终因素，但是一个合适的标题可以使网站获取更好的排名。一个 HTML 文档只能包含一对<title></title>标签对，<title></title>之间的内容将显示在浏览器的标题栏中。其基本语法格式如下。

```
<title>网页标题名称</title>
```

下面通过一个简单的案例来演示<title>标签的用法，如例 1-5 所示。

**例 1-5　example05.html**

```
<!doctype html>
<html>
<head>
<meta charset="utf-8">
<title>人工智能</title>
</head>
<body>
<p>人工智能是计算机科学的一个分支，它企图了解智能的实质，并生产出一种新的能以人类智能相似的方式做出反应的智能机器。</p>
</body>
</html>
```

例 1-5 中的第 5 行代码使用<title>标签设置了 HTML5 页面的标题。

运行例 1-5，效果如图 1-12 所示，线框内显示的文本即为<title></title>标签中间的内容。

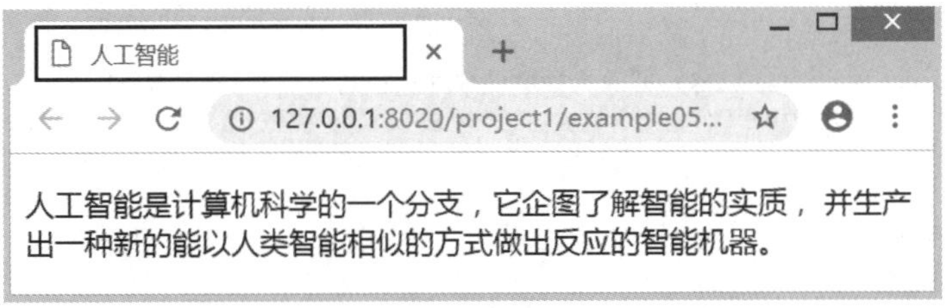


图 1-12　设置页面标题标签示例效果

### 2. 定义页面元信息标签<meta>

<meta>标签是 HTML 标签 head 区的一个关键标签，它位于 HTML 文档的<head>和<title>之间。它提供的信息虽然用户不可见，但却是文档最基本的元信息。<meta>除了提供文档字符集、使用语言、作者等基本信息之外，还涉及对关键词和网页等级的设定。合理利用<meta>标签的 description 和 keywords 属性，加入贴切的描述和关键字，可以有效优化搜索引擎的排名，使网站更加贴近用户体验。

<meta>标签包含 3 个属性，表 1-1 所示为<meta>标签各个属性的说明。

**表 1-1　<meat>标签各个属性的说明**

| 属性 | 说明 |
| --- | --- |
| http-equiv | 以键值对的形式设置一个 HTTP 标题信息，“键”指定设置项目，由 http-equiv 属性设置；“值”由 content 属性设置 |
| name | 以键值对的形式设置页面描述信息，“键”指定设置项目，由 name 属性设置；“值”由 content 属性设置 |
| content | 设置 http-equiv 或 name 属性所设置项目对应的值 |

（1）http-equiv

http-equiv 用于向浏览器提供一些说明信息，以便精确地显示网页内容。http-equiv 其实并不只是说明网页的字符编码，常用的 http-equiv 类型还包括网页到期时间、默认的脚本语言、默认的网页语言、网页自动刷新时间等。

① 设置网页字符集。

示例如下。

```
<meta http-equiv="Content-type" content="text/html";charset="某种字符集">
```

上述代码的作用是指定当前文档所使用的字符编码，根据这一行代码，浏览器就可以识别出这个网页应该用哪种字符集显示。当 charset 取值为“gb2312”时，表示页面使用的字符集是中文简体字，如果将“gb2312”换为“big5”，则表示使用中文繁体字符。中文操作系统下 IE 浏览器的默认字符集是 GB 2312—1980，当页面的编码和显示页面内容编码不一致时，页面中的中文字符将显示为乱码。还有一种编码是 UTF－8，UTF－8 编码是适用于国际字符的多字节编码集，它对英文使用 8 位（即一个字节）编码，对于中文使用 24 位（3 个字节）编码。对于英文字符较多的论坛，使用 UTF－8 可节省空间。网页字符集设置示例如例 1-6 所示。

例 1-6　example06.html

```
<!DOCTYPE html>
<html>
<head>
     <meta http-equiv="content-type" content="text/html"; charset="utf-8">
      <title>网页字符集设置</title>
   </head>
   <body>
       中文编码示例
   </body>
</html>
```

② 设定网页自动刷新。

当需要定时刷新页面内容，如聊天室、论坛等信息，或者需要定时跳转到某个页面时，可以使用<meta>标记来实现，示例如下。

```
<meta http-equiv="refresh" content="时间间隔;url=跳转页面">
```

其中，关键字“refresh”表示定时让网页按指定的时间间隔跳转到用户指定的页面。如果不设置 url，则默认刷新当前自身页面，实现页面定时刷新的效果。

设定网页自动刷新示例如例 1-7 所示。

例 1-7　example07.html

```
<!DOCTYPE html>
<html>
<head>
     <meta http-equiv="refresh" content="3"; url=example06.html charset="utf-8">
         <title></title>
     </head>
     <body>
        页面 3 秒钟后跳转到案例 6 页面
     </body>
</html>
```

（2）name

① 设置网页描述 description。

示例如下。

```
<meta name="description" content="meta 标签提供的信息虽然用户不可见，但却是文档最基本的元信息">
```

其中，关键字“description”中的 content="网页描述"是对一个网页概况的介绍，这些信息可能会出现在搜索的结果中，因此需要根据网页的实际情况来设计，尽量避免与网页内容不相关的“描述”。另外，最好对每个网页有分别相应的描述（至少同一个栏目的网页应该有相应的描述），而不是整个网站都采用同样的描述内容，否则不仅不利于搜索引擎对网页的排名，还不利于用户根据搜索结果中的信息来判断是否进入网站获取进一步的信息。

② 设置网页关键字 keywords。

示例如下。

```
<meta name="keywords" content="Web 系统设计、客户端编程、HTML5、CSS3">
```

其中，与<meat>标签中的 description 类似，keywords 也用来描述一个网页的属性，只不过要列出的内容是“关键字”，而不是网页的介绍。在选择关键字时，要考虑以下几点。

- 关键字应与网页核心内容相关。
- 关键字应该是用户易于通过搜索引擎检索的，过于生僻的词汇不太适合作为<meta>标签中的关键词。
- 不要堆砌过多的关键字，罗列大量关键字对于搜索引擎检索没有太大的意义，对于一些热门的领域，甚至可能起到副作用。

### 3. 引用外部文件标签<link>

一个页面往往需要多个外部文件配合，在<head>中使用<link>标签可引用外部文件，一个页面允许使用多个<link>标签引用多个外部文件。其基本语法格式如下。

```
<link 属性="属性值">
```

该语法中，<link>标签的常用属性如表 1-2 所示。

**表 1-2　<link>标签的常用属性**

| 属性 | 属性值 | 说明 |
|---|---|---|
| href | URL | 指引入外部文件的地址 |
| rel | stylesheet | 指当前文档与引用文档的关系，该属性值通常为 stylesheet，表示定义一个外部样式表 |
| type | text/css | 引入外部文档的类型为 CSS |
|  | text/javascript | 引用外部文档的类型为 JavaScript |

例如，使用<link>标签引用外部 CSS 的代码如下。

```
<link rel="stylesheet" type="text/css" href="style.css" >
```

上面的代码表示引用当前 HTML 页面所在文件夹中文件名为 style.css 的 CSS 文件。

### 4. 内嵌样式标签<style>

内嵌样式标签<style>用于为 HTML 文档定义样式信息，位于<head>标签中。其基本语法格式如下。

```
<style 属性="属性值">样式内容</style>
```

在 HTML 中使用<style>标签时，常常定义其属性为 type，相应的属性值为 text/css，表示使用内嵌式的 CSS 样式。

下面通过一个案例来演示<style>标签的用法，如例 1-8 所示。

**例 1-8**　example08.html

```
<!doctype html>
<html>
<head>
<meta charset="utf-8">
<title>style 标签的使用</title>
<style type="text/css">
h2{color:red;}
p{color:blue;}
</style>
</head>
<body>
<h2>《春晓》</h2>
```

```
<p>春眠不觉晓，</p>
<p>处处闻啼鸟。</p>
<p>夜来风雨声，</p>
<p>花落知多少。</p>
</body>
</html>
```

在例 1-8 中，使用<style>标签定义了内嵌的 CSS 样式，用于控制网页中文本的颜色。

运行例 1-8，效果如图 1-13 所示。

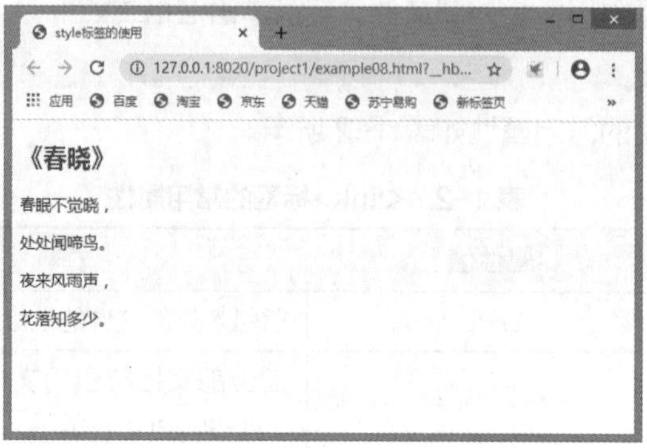


图 1-13　内嵌样式标签<style>的使用示例效果

## 1.3 文本控制标签

文本或字符都是页面显示内容中非常重要的组成部分，正确理解与掌握文本控制标签是学习 HTML 知识必须具备的技能。HTML5 不仅沿续使用了许多原有的文本标签，还新增了大量实用的文本标签，本节将对这些标签进行详细讲解。

### 1.3.1 标题和段落标签

不管网页的内容如何丰富，文字自始至终都是网页中最基本的元素。为了使文字排版整齐、结构清晰，HTML 提供了一系列文本控制标签，如<h1>～<h6>、段落标记<p>等。

**1. 标题标签<h>**

在页面中，标题是一段文字内容的精炼，所以一般用加强的效果来表示。HTML 提供了 6 个等级的标题，即<h1>、<h2>、<h3>、<h4>、<h5>和<h6>，<h1>用于定义最大等级的标题，<h6>用于定义最小等级的标题，HTML 会自动在标题后添加一个额外的换行。其基本语法格式如下。

```
<h# align="left|center|right">标题文本</h#>
```

其中，#的取值为 1 到 6，align 属性为可选属性，用于指定标题的对齐方式，默认为 left。下面通过一个案例说明标题标签的使用，如例 1-9 所示。

例 1-9　example09.html

```
<!doctype html>
<html>
<head>
<meta charset="utf-8">
<title>标题标签的使用</title>
</head>
```

```
<body>
<h1>静夜思</h1>
<h2>静夜思</h2>
<h3>静夜思</h3>
<h4>静夜思</h4>
<h5>静夜思</h5>
<h6>静夜思</h6>
</body>
</html>
```

例 1-9 中使用<h1>～<h6>标签设置了 6 种不同级别的标题。

运行例 1-9，效果如图 1-14 所示。

图 1-14　标题标签使用示例效果

**注意**　**（1）一个页面中只能使用一个<h1>标签，常常用在网站的 Logo 部分。**

**（2）由于标题标签拥有确切的定义，请慎重选择恰当的标签来构建文档结构。禁止仅仅使用标题标签来设置文字加粗或更改字体的大小。**

### 2. 段落标签<p>

通常，文章中段落区分明显，上段文字与下段文字有一定间隔，可以使用段落标签，在一段文字开始前使用<p>，在这段文字结束后使用</p>标签，实现段落定义。<p>是 HTML 文档中最常见的标签，其基本语法格式如下。

```
<p align="left|center|right ">段落内容</p>
```

其中，属性 align 用来设置段落在网页中的对齐方式为 left(左对齐)、center（居中）、right(右对齐)或 justify（两端对齐），默认为 left；格式中的“|”表示“或者”，即多项选其一。

下面通过一个案例来演示段落标签<p>的用法及其对齐方式的设置，如例 1-10 所示。

**例 1-10**　example10.html

```
<!doctype html>
<html>
<head>
<meta charset="utf-8">
<title>段落标签的用法</title>
</head>
<body>
```

```
<p>段落元素由 P 标签定义。</p>
<p align="left">这是左对齐的段落。</p>
<p align="center">这是居中对齐的段落。</p>
<p align="right">这是右对齐的段落。</p>
</body>
</html>
```

例 1-10 中第 1 个<p>标签为段落标签的默认对齐方式，第 2、3、4 个<p>标签分别使用 align="left"、align="center"和 align="right"设置段落为左对齐、居中对齐、右对齐。

运行例 1-10，效果如图 1-15 所示。

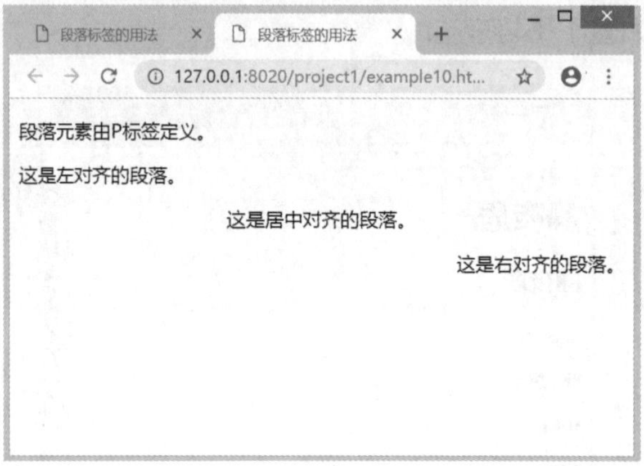


图 1-15　段落标签使用示例效果

> **注意**　由<p>标签所标识的文字代表同一个段落的文字，不同段落间的间距等于连续加了两个换行标签<br/>。

### 3. 水平线标签<hr/>

水平线可以作为段落与段落之间的分割线，使页面结构清晰、层次分明。当浏览器解释到 HTML 文档中的<hr/>标签时，会在此处换行，并加入一条水平线段。其基本语法格式如下。

```
<hr align="left|center|right" size="横线粗细" width="横线长度" color="横线色彩">
```

其中，属性 size 用于设置水平线的粗细，以像素为单位，默认为 2 像素。

属性 width 用于设置水平线的长度，可以是绝对值（以像素为单位）或相对值（相对于当前窗口的百分比）。所谓绝对值，是指线段的长度是固定的，不随窗口尺寸的改变而改变。所谓相对值，是指线段的长度相对于窗口的宽度而定，窗口的宽度改变时，线段的长度也随之增减，默认值为 100%，即始终填满当前窗口。

属性 color 用于设置线条色彩，默认为黑色。色彩可以用相应的英文名称或以#引导的一个十六进制代码来表示，如表 1-3 所示。

表 1-3　色彩代码

| 色彩 | 色彩英文名称 | 十六进制代码 |
|---|---|---|
| 黑色 | black | #000000 |
| 白色 | white | #ffffff |

续表

| 色彩 | 色彩英文名称 | 十六进制代码 |
| --- | --- | --- |
| 灰色 | gray | #808080 |
| 红色 | red | #ff0000 |
| 绿色 | green | #008000 |
| 蓝色 | blue | #0000ff |
| 黄色 | yellow | #ffff00 |

### 4. 换行标签<br/>

网页内容并不都像段落那样，有时候没有必要用多个<p>标签去分割内容。如果编辑网页内容只是为了换行，而不是为了从新段落开始，则可以使用<br/>标签。

<br/>标签将打断 HTML 文档中正常段落的行间距和换行，放在任意一行中都会使该行换行。如果<br/>放在一行的末尾，则可以使后面的文字、图像、表格等显示于下一行，而不会在行与行之间留下空行，即强制文本换行。浏览器解释到<br/>标签时，从该处换行。换行标签单独使用时，可以使页面清晰、整齐。换行标签使用示例如例 1-11 所示。

**例 1-11** example11.html

```
<!doctype html>
<html>
<head>
<meta charset="utf-8">
<title>使用 br 标签换行</title>
</head>
<body>
 <h3>联系方式</h3>
   联系人：王先生<br/>
   邮政编码：437600<br/>
   联系地址：湖北省武汉市新路村 127 号<br/><br/> <!—两个<br/>标签相当于一个段落标签 -->
   联系电话：027-87570101<br/>
   Email：<a href="mailto：whcvc@edu.cn">whcvc@edu.cn</a><br/>
</body>
</html>
```

例 1-11 中分别使用换行标签<br>和按 Enter 键两种方式进行了换行。

运行例 1-11，效果如图 1-16 所示。

图 1-16 换行标签使用示例效果

从图 1-16 容易看出，可以使用段落标签<p>使页面中的“联系地址”和“联系电话”之间有较大的空隙，也可以使用两个<br/>标签实现这一效果。

**注意** <br/>标签与<p>标签的区别如下。

（1）段落标签<p>与换行标签<br/>在使用上有一些区别，<p>是双标签，而<br/>是单标签。

（2）段落标签使每个段落之间有一定距离，使用一个<p>标签等于使用两个<br/>标签。

（3）<br/>标签虽然可以将文字分行显示，但这些文字仍属于一个段落。

所以，需要文字换行时使用<br/>标签，如果要实现段落，则可以使用<p>标签，使HTML 页面结构清晰，有利于搜索引擎排名与用户阅读文章，适当的段落与换行布局应该遵从用户阅读习惯。

### 1.3.2 文本格式化标签

#### 1. 重要或强调文本

（1）<strong>标签

在一般浏览器中，<strong>标签将标记内容设置为粗体以示其重要。例如：

```
<strong>重要文本</strong>
```

可以在标签为 strong 的短语中再嵌套<strong>标签。如果这样，作为另一个<strong>的子标签的<strong>标签的重要程度就会递增。这个规则对于下面讲到的<em>标签也是适用的。

（2）<em>标签

<em>标签标记内容中需要强调语气的文本。在一般浏览器中，<em>标签的内容默认以斜体显示。例如：

```
<em>强调文本</em>
```

如果<em>标签是<strong>标签的子标签，则文本将同时以斜体和粗体显示。

例如，例 1-12 为段落文本分别应用了不同的文本格式化标签，从而使文字产生特殊的显示效果。

**例 1-12** example12.html

```
<!doctype html>
<html>
<head>
<meta charset="utf-8">
<title>重要文本</title>
</head>
<body>
<p>我是正常显示的文本</p>
<p><strong>我是使用 strong 标签定义的重要文本</strong></p>
<p><em>我是使用 em 标签定义的强调文本</em></p>
<p><strong>我是使用 strong 标签:<strong>特别强调的文字</strong> </strong></p>
<p><strong>我是使用 strong 和 em 标签:<em>一起使用的文字</em></strong></p>
</body>
</html>
```

运行例 1-12，效果如图 1-17 所示。

#### 2. 粗体、斜体、下划线文本

<b></b>用来使文本以粗体的形式输出；<i></i>用来使文本以斜体的形式输出；<u></u>用

来使文本以下划线的形式输出。例如：

```
<b>这些文字是粗体的。</b>
```

图 1-17　文本格式化标签使用示例效果

**注意**　**<b>标签是一个实体标签，它所包含的字符被设为粗体，而<strong>标签是一个逻辑标签，它的作用是加强字符的语气，起到强调的作用，加强字符的语气是通过将字符变成粗体来实现的。在使用时，不要用<b>代替<strong>，也不要用<i>代替<em>。虽然它们在浏览器中的显示效果相同，但是语义不同。**

### 3. 上标和下标

文本中的上标和下标指的是比主体文本稍高或稍低的字母或数字，如数学中的平方符号、指数符号及商标符号、脚注编号、化学符号等。HTML 提供了<sup>和<sub>两个标签来定义这两种文本元素。<sup>标签用来标记上标文本，<sub>标签用来标记下标文本，其使用示例如例 1-13 所示。

**例 1-13**　example13.html

```
<!doctype html>
<html>
<head>
<meta charset="utf-8">
<title>上标和下标</title>
</head>
<body>
<p>c=a<sup>2</sup>+b<sup>2</sup></p>          <!--上标显示-->
<p>H<sub>2</sub>+O→H<sub>2</sub>O</p>      <!--下标显示-->
</body>
</html>
```

运行例 1-13，效果如图 1-18 所示。

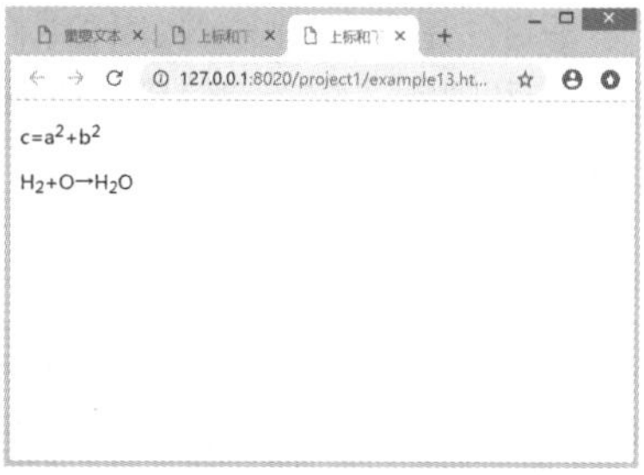


图 1-18　上标和下标标签使用示例效果

## 1.3.3 特殊字符

网页中有两种特殊字符，第一种字符不属于标准 ACCII 字符集，键盘上没有对应按键，如版权符号；第二种字符在 HTML 中有特别的含义，不能以本身的样式进行拼写，如>、<、&等。对于这些特殊字符，HTML 均采取转义的处理方式，即不拼写字符本身，而是用数字或已命名的字符引用表示。常用特殊字符如表 1-4 所示。

表 1-4　常用特殊字符

| 特殊字符 | 说明 | 命名 | 数值 |
|---|---|---|---|
|  | 空格 |   |   |
| < | 小于号 | < | < |
| > | 大于号 | > | > |
| & | and | & | & |
| © | 版权 | © | © |
| ® | 注册商标 | ® | ® |

# 1.4 图像标签

## 1.4.1 常用图像格式

图像可以带给页面丰富的色彩和强烈的冲击力，给网页带来点缀和修饰，合理利用图像会给人们带来美的享受。常用的图像格式有很多种，如 JPG、BMP、TIF、GIF、PNG 等，网页使用 GIF 和 JPG 格式比较多，再次是 PNG 格式，因为这 3 种图像格式具有很多优点和特性。

### 1. GIF

GIF 是 Graphics Interchange Format 的缩写，称为图像交换格式，以这种格式存在的图像文件扩展名为.gif，它是 Compuserve 公司推出的图像标准，它采用有效的无损耗压缩方法使图像文件体积大大缩小，并基本保持了图像的原貌，目前，几乎所有图像编辑软件对该格式的图像文件都具有读取和编辑的能力。为了传送方便，网页制作中一般采用 GIF 格式的图像，此种格式的图像文件最多可以显示 256 种颜色，在网页中适合显示不同色调的图像，可作为透明的背景图像、预显示图像或在网页页面上移动的图像。

### 2. JPG 格式

JPG 图像格式是由 Joint Photographic Experts Group 提出并命名的，在互联网上应用广泛。JPG 支持 16MB 色彩的 24 位颜色或真彩色，典型的压缩比为 4∶1。由于人类的眼睛不能看出存储的图像的全部信息，可以去掉图像的某些细节，并对图像进行压缩，JPG 就是一种以损失质量为代价的压缩方式，压缩比越高，图像质量损失就越大，适用于一些色彩比较丰富的照片以及 24 位图像。这种格式的图像文件能够保存数百万的颜色，适合保存一些具有连续色调的图像。

### 3. PNG 格式

PNG 是 Portable Network Group 的缩写，这种格式的图像文件可以完全代替 GIF 文件，而且无专利限制，它通常使用 Adobe 公司的 Fireworks 图像处理软件来进行编辑，能够保存图像最初的图层、颜色等。

## 1.4.2 图像标签

在 HTML 中，图像由<img>标签定义。<img>标签并不会在网页中复制图像，而是从网页中链接图像，浏览器会根据路径找到该图像并显示出来。所以，<img>标签创建的是被引用图像的占位空间，其基本语法格式如下。

```
<img src="url" >
```

<img>标签是一个空元素，它只包含属性，并且没有闭合标签；<img>是一个短语内容，在其前后并不会换行。HTML 中<img>标签的必要属性为 src，用来指定图像文件所在的路径，这个路径可以是相对路径，也可以是绝对路径。例如，<img src="xiaoyuan.jpg">表示将当前目录下的图像文件 xiaoyuan.jpg 插入网页。

除了必需的 src 属性之外，<img>标签还有一些可选属性，用于指定图像的一些显示特性，<img>标签的常用属性如表 1-5 所示。

**表 1-5 <img>标签的常用属性**

| 属性 | 属性值 | 说明 |
|---|---|---|
| src | URL | 图像的路径 |
| alt | 文本 | 图像不能显示时的替换文本 |
| title | 文本 | 鼠标悬停时显示的内容 |
| width | 像素 | 设置图像的宽度 |
| height | 像素 | 设置图像的高度 |
| border | 数据 | 设置图像边框的宽度 |
| vspace | 像素 | 设置图像顶部和底部的空白（垂直边距） |
| hspace | 像素 | 设置图像左侧和右侧的空白（水平边距） |
| align | left | 将图像对齐到左边 |
| | right | 将图像对齐到右边 |
| | top | 将图像的顶端和文本的第一行文字对齐，其他文字居图像下方 |
| | middle | 将图像的水平中线和文本的第一行文字对齐，其他文字居图像下方 |
| | bottom | 将图像的底部和文本的第一行文字对齐，其他文字居图像下方 |

### 1. alt 属性

alt 属性用来为图像定义可替换的文本，在浏览器无法载入图像时，替换为文本属性告诉浏览者此处的信息。此时，浏览器将显示这个替代性的文本而不是图像。例如：

```
<img src="xiaoyuan.jpg"    alt= "校园美景" />
```

为页面上的图像加上替换文本属性是一个好习惯，这样可以更好地显示信息。另外，对于部分浏览器，当用户将鼠标指针放在图像上时，指针旁边也会出现提示文字。

**多学一招：使用 title 属性设置提示文字**

图像标签<img>有一个和 alt 属性十分类似的属性——title，title 属性用于设置鼠标悬停于图像时显示的提示文字。下面通过一个案例来演示 title 属性的使用，如例 1-14 所示。

**例 1-14** example14.html

```
<!doctype html>
<html>
<head>
<meta charset="utf-8">
```

```
<title>图像标签 img 的 title 属性</title>
</head>
<body>
<img src="xiaoyuan.jpg" title="武汉城市职业学院校园风光" >
</body>
</html>
```

运行例 1-14，效果如图 1-19 所示。

图 1–19　图像标签的 title 属性使用示例效果

在图 1-19 所示的页面中，当鼠标指针移动到图像上时就会出现提示文本。

其实，title 属性除了用于图像标签<img>之外，还常常和超链接标签<a>及表单元素一起使用，以提供输入格式和链接目标的信息。本书在后面的内容中将会详细讲解超链接标签<a>及表单元素。

### 2. width 和 height 属性

通常情况下，如果不给<img>标签设置宽和高，图像就会按照它的原始尺寸显示，也可以手动更改图像的大小。width 和 height 属性用于定义图像的宽度和高度。例如：

```
<img src="xiaoyuan.jpg" alt= "校园美景" width= "400" height= "300" />
```

图像宽度和高度的单位可以是像素，也可以是百分比。如果只改变宽高中的一个值，则图像会按原图宽高比例等比例显示。若改变了两个值，但没有按原始大小的比例设置，则会导致插入的图像有不同程度的变形。

### 3. border 属性

默认情况下，图像是没有边框的，通过 border 属性可以为图像添加边框、设置边框的宽度，但边框颜色的调整仅仅通过 HTML 属性是不能够实现的。图像的边框宽度用数字表示，默认单位为像素。

### 4. vspace 和 hspace 属性

在网页中，由于排版需要，有时候还需要调整图像的边距。HTML 通过 vspace 和 hspace 属性来分别调整图像的垂直边距和水平边距。

### 5. align 属性

<img>标签的 align 属性定义了图像相对于周围元素的水平和垂直对齐方式。图像的绝对对齐方式和正文的对齐方式一样，有左对齐、居中对齐和右对齐；而相对对齐方式指图像相对于周围元素的位置。

下面通过示例来实现网页中常见的图像效果，如例 1-15 所示。

**例 1-15** example15.html

```
<!doctype html>
<html>
<head>
<meta charset="utf-8">
<title>图像对齐属性</title>
</head>
<body>
    <h1 align="center">武汉城市职业学院美丽的校园风光</h1>
<img src="xiaoyuan01.jpg" alt="教学楼 " width="300" height="200" border="2" align="left" />
<img src="xiaoyuan02.jpg" title="宿舍楼 " width="300" height="200" border="2" align="right"/>
</body>
</html>
```

例 1-15 中的代码给图像添加了 2 像素的边框，并且使用 align="left"和 align="right"分别为图像设置了左对齐和右对齐。

运行例 1-15，效果如图 1-20 所示。

图 1-20 图像标签的边框和对齐属性使用示例效果

**注意** （1）HTML 不赞成图像标签<img>使用 border 属性、vspace 属性、hspace 属性及 align 属性，可用 CSS 样式替代。
（2）在网页制作中，装饰性的图像都不直接插入<img>标签，而是通过使用 CSS 设置背景图像来实现。

### 1.4.3 绝对路径和相对路径

HTML 文档支持文字、图像、音频、视频等媒体格式。这些格式中，除了文本是写在 HTML 中的之外，其他都是嵌入式的，HTML 文档只记录这些文件的路径。这些媒体信息能否正确显示，路径至关重要。

路径的作用是定位一个文件的位置，网页中的路径通常分为绝对路径与相对路径两种，具体介绍如下。

**1. 绝对路径**

如果要链接网络上的某一张图片，则可以直接指定统一资源定位符（Unifrom Resource Locator，URL），即绝对路径，表示方式如下。

```
<img src="http://网址/图片文件.jpg" />
```

互联网上的每个文件都有唯一的 URL，URL 包含了指向目录或文件的完整信息，如 http://www.website/webs/index.html；或以根目录为参照物表示文件的位置，如 E:\HTML5\ images\logo.png。

**2. 相对路径**

相对路径是指相对当前文件的路径，它包含了从当前文件指向目的文件的路径。相对路径一般用于网站内部链接，只要链接源和链接目标在同一个站点中，即使不在同一个目录中，也可以通过相对路径创建内部链接。采用相对路径建立两个文件之间的相互关系时，可以不受站点和服务器位置的影响。

总结起来，相对路径的使用方法如表 1-6 所示。

**表 1-6 相对路径的使用方法**

| 相对位置 | 使用方法 | 举例 |
|---|---|---|
| 链接到同一目录 | 直接输入要链接的文件名 | logo.png |
| 链接到低层目录 | 先输入目录名，再加“/” | images/xiaoyuan.jpg |
| 链接到高层目录 | “../”表示父目录 | ../css/main.css |

## 1.5 阶段案例——制作学院简介页面

扫码观看视频

本章前几节重点讲解了 HTML5 语法及标签、文本控制标签及图像标签等内容。为了使读者更好地认识 HTML5，本节将应用前文所学知识点制作一个武汉城市职业学院简介页面，其默认效果如图 1-21 所示。

图 1-21 武汉城市职业学院简介页面默认效果

### 1.5.1 分析效果图

通过该页面的默认效果可以看出，该页面结构分为标题和内容两部分，其中内容包括图像及文字，如图 1-22 所示。

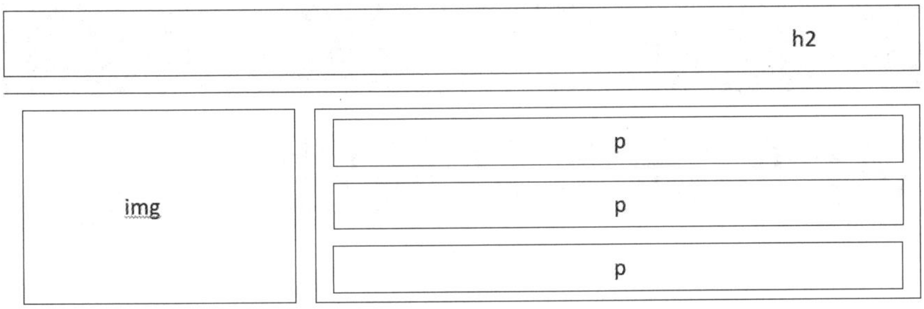


图 1-22　武汉城市职业学院页面结构

另外，在该页面的默认效果中，文本“武汉城市职业学院”和数字“17000”“70”都有倾斜的效果，文本“武汉城市职业学院”还有加粗的效果，这里通过标签<strong></strong>来实现加粗效果，用标签<em></em>实现倾斜效果。

## 1.5.2　制作页面

根据对页面结构的分析，使用相应的 HTML5 标签来搭建结构，如例 1-16 所示。

**例 1-16**　example16.html

```
<!doctype html>
<html>
<head>
<meta charset="utf-8">
<title>武汉城市职业学院</title>
</head>
<body>
<h2 align="center">武汉城市职业学院介绍</h2>
<hr>
<img src="school.jpg" alt="武汉城市职业学院"  align="left" hspace="30px" width="400px" height="200px">
<p><strong><em>武汉城市职业学院</em></strong>  是由湖北省人民政府主管、武汉市人民政府主办，面向全国招生的全日制综合性高等职业院校。学校现有两个校区，南校区濒临风景优美的汤逊湖，北校区坐落在风景秀丽的狮子山麓、野芷湖畔。两校区占地面积约 1100 亩，建筑面积 55 余万平方米。</p>
<p>学校全日制在校生<em>17000</em>  余人。设有学前教育学院、初等教育学院、文化创意与艺术设计学院、旅游与酒店管理学院、财经学院、外语学院、计算机与电子信息工程学院、汽车技术与服务学院、建筑工程学院、机电工程学院、职业网球学院和马克思主义学院、国际教育学院、创业学院、继续教育学院（职业技能鉴定所）15 个学院。</p>
<p>学校现有招生专业<em>70</em>  个，承担省级以上教学质量工程项目 40 余项，各级各类示范专业、特色专业、重点专业在各专业群的覆盖率达到 100%。</p>
</body>
</html>
```

## 本章小结

本章首先概述了 HTML5 的发展情况，然后介绍了 HTML5 文档的基本格式、语法、标签及其属性，最后讲解了文本、图像、超链接相关标签及其属性，并制作了一个 HTML5 学院简介页面。

通过本章的学习，读者应该能够了解 HTML5 文档的基本结构，能理解 HTML 属性控制文本和图像的方法，能熟练运用文本、图像及超链接标签，熟练掌握好这些内容，可以为后面章节的学习打下基础。

# 第 2 章

# HTML5 标签及属性

学习目标

- 掌握 HTML 文档的基本结构，能够熟练创建 HTML 文档。
- 掌握 HTML 的列表标签、超链接标签的使用。
- 掌握 HTML5 新增标签的使用。
- 理解 HTML5 语义元素。

HTML5 不仅仅是 HTML 规范的当前最新版本，也代表了一系列 Web 相关技术的总称，其中最重要的 3 种技术就是 HTML5 核心规范、层叠样式表（Cascading Style Sheet，CSS）和 JavaScript（一种脚本语言，用于增强网页的动态功能），这 3 处技术在后面的学习中会详细讲解。

本章将介绍 HTML5 中的新增标签，如结构标签、分组标签、页面交互标签和文本层次语义标签，还会介绍 HTML5 中常用的几种标准属性。

## 2.1 列表标签

在制作网页时，列表经常用来写提纲和品种说明书。通过列表标签的使用，能使这些内容在网页中条理清晰、层次分明、格式美观地表现出来。本节将重点介绍列表标签的使用。列表的存在形式主要有无序列表、有序列表以及嵌套列表等。

### 2.1.1 无序列表标签

所谓无序列表，就是列表中列表项的前导符号没有一定的次序，而是用黑点、圆圈、方框等一些特殊符号标识。无序列表并不是指列表项杂乱无章，而是指列表项的结构更清晰、更合理。

创建一个无序列表主要使用 HTML 的<ul>标签和<li>标签来标记。其中，<ul>标签标识一个无序列表的开始；<li>标签标识一个无序列表项。其基本语法格式如下。

```
<ul type="符号类型">
    <li>列表项 1</li>
    <li>列表项 2</li>
    <li>列表项 3</li>
    ……
</ul>
```

其中，<ul>标签的 type 属性用来定义一个无序列表的前导字符，如果省略了 type 属性，则浏览器会默认显示为 disc 前导字符。type 取值可以为实心圆（disc）、空心圆（cicle）、实心矩形

( square ), 还可以指定为自定义的图片文件，格式如下。

```
<ul img src="mygraph.gif">
    <li>列表项 1</li>
    <li>列表项 2</li>
    <li>列表项 3</li>
    ……
</ul>
```

在上面的语法格式中，<ul></ul>标签对用于定义无序列表；<li></li>标签对嵌套在<ul></ul>标签对中，用于描述具体的列表项；每对<ul></ul>标签中至少应包含一对<li></li>标签。

下面通过一个案例对无序列表的用法进行演示，如例 2-1 所示。

**例 2-1** example01.html

```
<!doctype html>
<html>
<head>
<meta charset="utf-8">
<title>无序列表</title>
</head>
<body>
  <h2 align="center">书城的支付方式</h2>
   <ul type="square">
       <li>货到付款</li>
       <li>财付通</li>
       <li>支付宝</li>
       <li>网银在线</li>
</ul>
</body>
</html>
```

运行例 2-1，效果如图 2-1 所示。

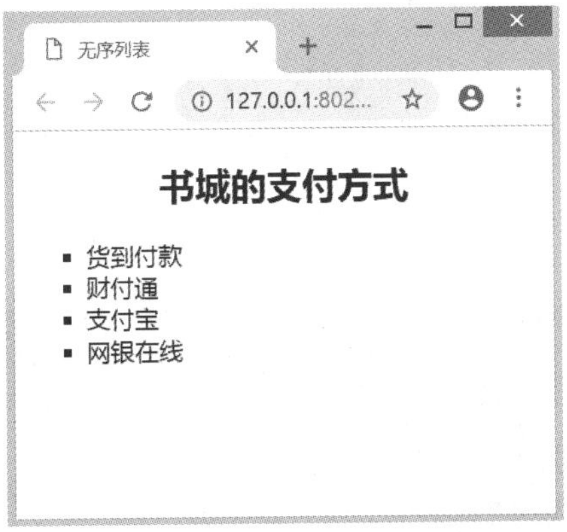


图 2-1　无序列表使用示例效果

**注意**　(1) HTML5 不再支持该元素的 type 属性，如需设置样式，则可通过 CSS 相关属性实现。
(2) <li></li>标签对相当于一个容器，可以容纳所有元素。但是<ul></ul>标签对只能嵌套<li></li>标签，直接在<ul></ul>标签对中输入文字的做法是不被允许的。

### 2.1.2 有序列表标签

有序列表是一个有特定顺序的列表项的集合。在有序列表中，各个列表项有先后顺序之分，它们之间以编号来标记。使用<ol>标签可以建立有序列表，列表项的标签仍为<li>。其基本语法格式如下。

```
<ol>
    <li>列表项 1</li>
    <li>列表项 2</li>
    <li>列表项 3</li>
    …
</ol>
```

在上面的语法格式中，如果插入或删除一个列表项，则编号会自动调整。顺序编号的样式是由<ol>的属性 type 决定的，默认情况下为数字编号，如表 2-1 所示。

表 2-1 有序列表的 type 属性

| type | 说明 |
|---|---|
| type=1 | 表示列表项目用数字编号（1、2、3……） |
| type=A | 表示列表项目用大写字母编号（A、B、C……） |
| type=a | 表示列表项目用小写字母编号（a、b、c……） |
| type=I | 表示列表项目用大写罗马数字编号（I、II、III……） |
| type=i | 表示列表项目用小写罗马数字编号（i、ii、iii……） |

项目编号的起点由<ol>的 start 属性来指定，start=编号开始的数字，默认情况下从 1 开始，如果 start=2，则编号从 2 开始。

下面通过一个案例对有序列表的用法进行演示，如例 2-2 所示。

**例 2-2** example02.html

```
<!doctype html>
<html>
<head>
<meta charset="utf-8">
<title>有序列表</title>
</head>
<body>
   <h2 align="center">网银在线支付步骤</h2>
   <ol type="a">
       <li>选择您要使用的银行；</li>
       <li>显示您的应付总价，点击“付款”；</li>
       <li>确认您在银行的预留信息；</li>
       <li>输入您的网银账号、登录密码和验证码；</li>
       <li>支付成功，提示“已完成付款”。</li>
</ol>
</body>
</html>
```

运行例 2-2，效果如图 2-2 所示。

如果需要更改列表编号的起始值，则可修改例 2-2 中的第 9 行代码，例如：

```
    <ol type="a" start="3">
```

保存后刷新页面，效果如图 2-3 所示。

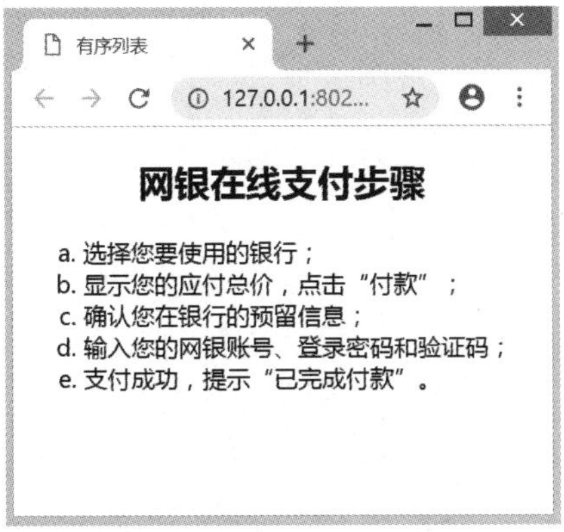


图 2-2　有序列表使用示例效果 1

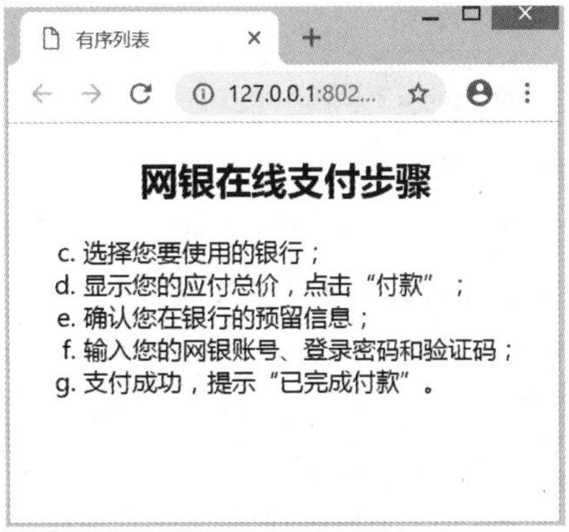


图 2-3　有序列表使用示例效果 2

从图 2-3 中可以看出，列表编号的起始值更改为了所设置的小写字母“c”。

如果希望列表进行反向排序，则可继续修改例 2-2 中的第 9 行代码，例如：

```
< ol type="a"  reversed >
```

保存后刷新页面，效果如图 2-4 所示。

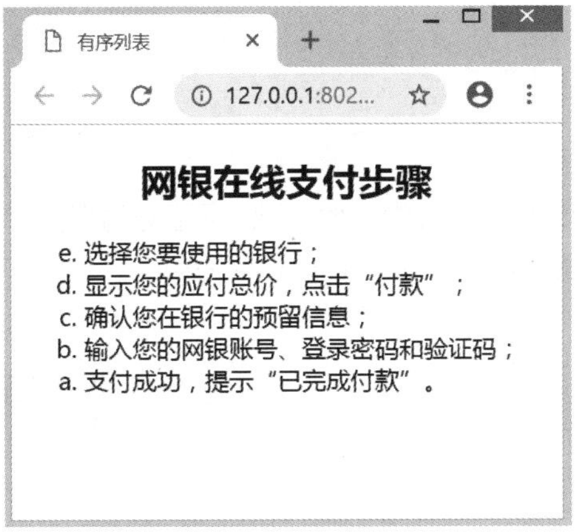


图 2-4　有序列表使用示例效果 3

从图 2-4 中可以看出，列表编号从小写字母开始进行反向排序。

### 2.1.3　定义列表标签

在 HTML5 中可以自定义列表。自定义列表不仅仅是一列项目，还可以是项目及注释的组合。自定义列表使用<dl>标签。一个<dl>标签标记一个列表，一个<dl>标签中包含一个或多个一一对应的<dt>标签和<dd>标签，<dt>标签标记需要解释的名词，对应的<dd>标记具体解释的内容。其基本语法格式如下。

```
<dl>
<dt>名词 1</dt>
    <dd>名词 1 解释 1</dd>
```

```
        <dd>名词 1 解释 2</dd>
        …
    <dt>名词 2</dt>
        <dd>名词 2 解释 1</dd>
        <dd>名词 2 解释 2</dd>
        …
</dl>
```

下面通过一个案例对定义列表的语法进行演示，如例 2-3 所示。

例 2-3　example03.html

```
<!doctype html>
<html>
<head>
<meta charset="utf-8">
<title>自定义列表</title>
</head>
<body>
<dl>
    <dt>中国城市</dt>                   <!--定义名词-->
    <dd>北京</dd>     <!--解释和描述名词-->
    <dd>上海</dd>
    <dd>广州</dd>
    <dt>美国城市</dt>                   <!--定义名词-->
    <dd>华盛顿</dd>     <!--解释和描述名词-->
    <dd>纽约</dd>
    <dd>芝加哥</dd>
</dl>
</body>
</html>
```

例 2-3 中定义了一个定义列表，其中<dt></dt>标签对为名词“中国城市”，其后紧跟着 3 对<dd></dd>标签，用于对标签中的名词进行解释和描述。

运行例 2-3，效果如图 2-5 所示。

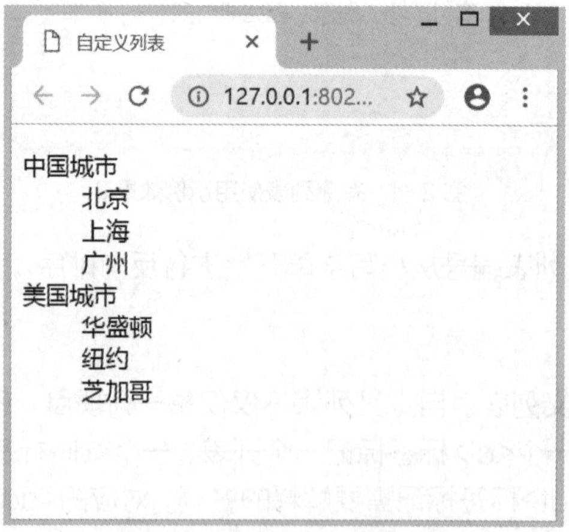


图 2-5　定义列表使用示例效果

从图 2-5 中可以看出，相对于<dt></dt>标签对中的术语或名词，标签中解释和描述性的内容有一定的缩进效果。

### 2.1.4 列表的嵌套应用

所谓列表的嵌套应用，就是指无序列表和有序列表嵌套使用。嵌套列表可以把页面分成多个层次，给人以很强的层次感。有序列表和无序列表不仅可以自身嵌套，还可以彼此互相嵌套。

下面制作一个网络书城客服中心页面，在无序列表中嵌套无序列表和有序列表，如例 2-4 所示。

**例 2-4** example04.html

```
<!doctype html>
<html>
<head>
<meta charset="utf-8">
<title>列表的嵌套应用</title>
</head>
<body>
<h2>网络书城客服中心</h2>
   <ul>
      <li>网络书城的支付方式</li>
      <ul type="circle">
          <li>货到付款</li>
          <li>财付通</li>
          <li>支付宝</li>
          <li>网银在线</li>
      </ul>
   <hr/>          <!--水平分割线  -->
      <li>网银在线支付步骤</li>
      <ol type="1" >
        <li>选择您要使用的银行；</li>
        <li>显示您的应付总价，点击“付款”；</li>
        <li>确认您在银行的预留信息；</li>
        <li>输入您的网银账号、登录密码和验证码；</li>
        <li>支付成功，提示“已完成付款”。</li>
      </ol>
   </ul>
</body>
</html>
```

例 2-4 中首先定义了一个包含两个列表项的无序列表，然后在第一个列表项中嵌套了一个无序列表，在第二个列表项中嵌套了一个有序列表，方法为在<li></li>对中定义有序列表或无序列表。

运行例 2-4，效果如图 2-6 所示。

图 2-6 列表嵌套使用示例效果

# 2.2 超链接标签

网页可以包含各种直接跳转到其他页面的链接，甚至可以跳转到一个给定页面的特定部分，这些链接称为超链接。超链接的语法根据链接对象的不同而有所变化，但都基于<a>标签，英文叫作anchor。<a>标签可以指向任何一个文件源，如一个 HTML 网页、一个图片、一个影视文件等。本节将对超链接标签进行详细讲解。

## 2.2.1 创建超链接

### 1. 基本语法

在 HTML 中创建超链接非常简单，只需要用<a></a>标签对环绕需要链接的对象即可，其基本语法格式如下。

```
<a href="target url" title="指向链接显示的文字" target="窗口名称" >文本文字</a>
```

在该语法格式中，href 属性定义了这个链接所指的目标地址，即路径。target 属性设定了链接被单击后打开窗口的方式，有以下 4 种方式。

_blank：在新窗口中打开被链接文档。

_self：默认，在相同的框架中打开被链接文档。

_parent：在父框架集中打开被链接文档。

_top：在整个窗口中打开被链接文档。

“文本文字”是链接元素，链接元素可以是文字，也可以是图片或者其他页面元素。通过超链接可以使各个网页直接链接起来，使网站中的各个页面构成一个整体，使浏览者能够在各个页面之间跳转。

### 2. 显示形式

默认情况下，文本链接将以以下形式出现在浏览器中。

（1）一个未访问过的链接显示为蓝色字体并带有下划线。

（2）访问过的链接显示为紫色并带有下划线。

（3）单击链接时，链接显示为红色并带有下划线。

通过在<a>标签中嵌套<img>标签，可给图片添加到另一个文档的链接，下面通过案例来创建一个超文本链接以及图链接，如例 2-5 所示。

例 2-5　example05.html

```
<!doctype html>
<html>
<head>
<meta charset="utf-8">
<title>创建超链接</title>
</head>
<body>
<p>创建超文本链接：<a href://www.baidu.com>打开超文本链接</a></p>
<p>创建有边框图片链接：<a href="www.baidu.com"><img border=1 src="hit.jpg" alt="替代文本" width=32
height="32"></a></p>
<p>创建有边框图片链接：<a href="www.baidu.com"><img border=0 src="hit.jpg" alt="替代文本" width=32
height="32"></a></p> 10    </body>
</html>
```

运行例 2-5，效果如图 2-7 所示。

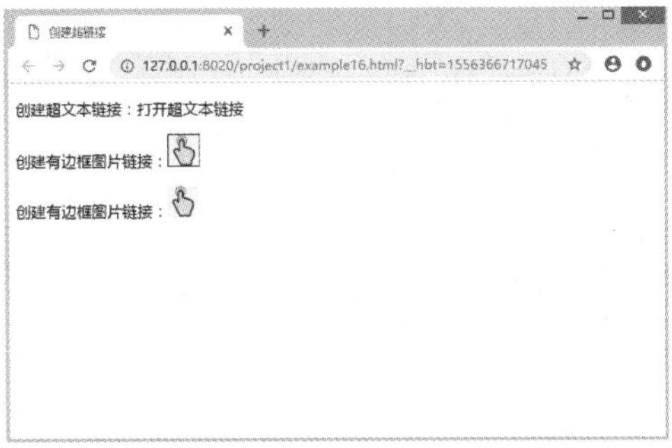


图 2-7　带有超链接的页面效果

> **注意**　**暂时没有确定链接目标时，可以将<a>标签的 href 属性值定义为“#”(即 href=“#”)，表示该链接暂时为一个空链接。**

## 2.2.2　内部书签

扫码观看视频

在浏览网页时，有的页面内容很多、页面很长，用户想快速地找到自己想要的内容就需要不断地拖动滚动条，很不方便，这种情况可以通过在页面中建立内部书签链接来解决。书签是指到文章内部的链接，可以实现段落间的任意跳转。要实现这样的链接，需要先定义一个书签作为目标端点，再定义到书签的链接。链接到书签分为链接到同一页面中的书签和链接到不同页面中的书签。

### 1. 定义书签

通过设置超链接标签<a>的 name 属性可以定义书签，也可以使用 id 属性定义书签。其基本语法格式如下。

```
<a name="anchorname" >书签标题</a>
```

其中，name 属性的值是书签的名称，供书签链接引用；<a></a>标签对中的内容为书签标题。

### 2. 定义书签链接

通过设置超链接标签<a>的 href 属性可以定义书签链接。其基本语法格式如下。

```
<a href="#书签名称" >书签标题</a>      <!—同一页面内-->
<a href="URL#书签名称" >书签标题</a>      <!—不同页面内-->
```

链接到同一页面的书签时，只要设置 href 属性为“#书签名称”即可，这里的书签名称是定义书签中已经建好的。链接到不同页面的书签时，需要在“#书签名称”前面加上目标页面的 URL 地址。

下面通过一个具体的案例来演示页面中书签链接的应用，如例 2-6 所示。

**例 2-6**　example06.html

```
<!doctype html>
<html>
<head>
<meta charset="utf-8">
<title>书签链接应用</title>
</head>
<body>
<h1 align="center">武汉的名胜古迹</h1>
    <p align="center"><a href="#hhl">黄鹤楼</a> | <a href="#gys">归元寺</a> | <a href="#qcg">晴川阁
```

```
</a> | <a href="#gqt">古琴台</a></p>
    <h3><a name=hhl>黄鹤楼</a></h3>
    <p>黄鹤楼始建于……武汉“江城”的美誉奠定了基础。</p>
   <h3><a name=gys>归元寺</a></h3>
    <p>归元寺……是国内收藏佛像较多的一个佛寺。</p>
   <h3><a name=qcg>晴川阁</a></h3>
   <p>晴川阁坐落……台上建楼阁的雄奇风貌。</p>
   <h3><a name=gqt>古琴台</a></h3>
   <p>又名俞伯牙台……保护文物其一。</p>
     </body>
     </html>
```

例 2-6 中为 4 处名胜古迹介绍的三级标题定义了书签，如<h3><a name=hhl>黄鹤楼</a></h3>，其他两处类似。在页面上方的目录部分分别为 4 处景点标题建立了书签链接，单击该链接，就会跳转展示相应的风景名胜介绍。

运行例 2-6，效果如图 2-8 所示。

图 2-8 所示即为一个较长的网页页面，单击“晴川阁”超链接时，页面会自动定位到相应的内容介绍部分，页面效果如图 2-9 所示。

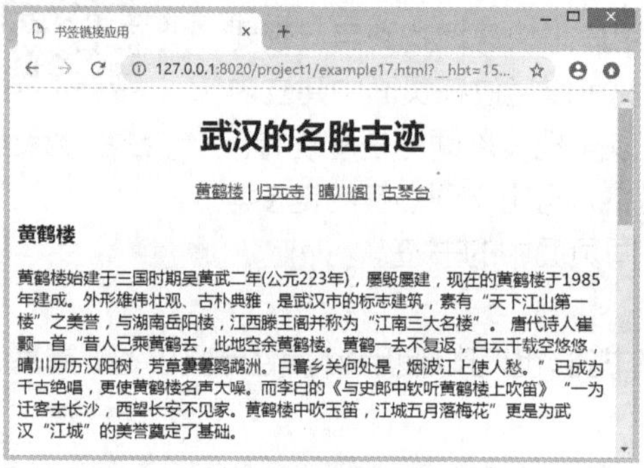


图 2-8　创建书签链接效果

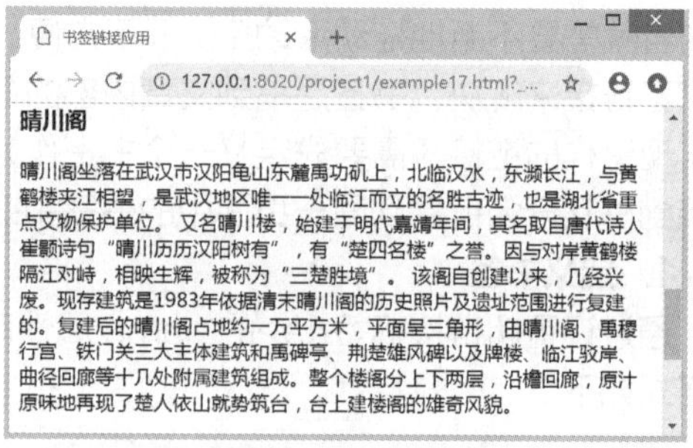


图 2-9　页面效果

## 2.3 结构标签

在 HTML5 中，为了使文档的结构更加清晰明确，新增了几个与文档结构相关联的结构标签，多用于页面的整体布局，大多数为块级标签，可代替<div>标签，其自身没有特别的样式，还是需要搭配 CSS 使用。

下面将介绍这些常用的结构标签来帮助读者进一步了解 HTML5，包括<header>标签、<nav>标签、<article>标签等。

### 2.3.1 <header>标签

<header>标签是一种具有引导和导航作用的辅助元素，通常，<header>标签可以包含一个区块的标题，也可以包含网站 Logo 图片、搜索条件等其他内容。其基本语法格式如下。

```
<header>
    <h1>我是标题</h1>
    …
</header>
```

下面通过一个案例对<header>标签的用法进行演示，如例 2-7 所示。

**例 2-7** example07.html

```
<!doctype html>
<html>
<head>
<meta charset="utf-8">
<title>header 元素的使用</title>
</head>
<body>
<header>
    <h1>欢迎来到武汉城市职业学院</h1>
    <p>Welcome to Wuhan City Polytechnic</p>
</header>
</body>
</html>
```

运行例 2-7，效果如图 2-10 所示。

图 2-10 <header>标签使用示例效果

> **注意** 在 HTML 网页中，并不限制<header>标签的个数，一个网页中可以使用多个<header>标签，也可以为每一个内容块添加<header>标签。

## 2.3.2 <nav>标签

<nav>标签可以用作页面导航的链接组，在导航链接组中有很多链接，单击链接可以链接到其他页面或者当前页面的其他部分，并不是所有链接组都放在<nav>标签中，只需要把最主要的、基本的、重要的放在<nav>标签中即可。例如：

```
<nav>
     <a href="index.asp">主页</a>
     <a href="Previous.asp">上一页</a>
     <a href="Next.asp">下一页</a>
</nav>
```

在上面这段代码中,通过在<nav>标签内部嵌套链接标签<a>来搭建导航结构。通常，HTML 页面中可以包含多个<nav>标签，作为页面整体或不同部分的导航。具体来说，<nav>标签可以用于以下几种场合。

传统导航条：目前主流网站上都有不同层级的导航条，其作用是跳转到网站的其他主页面。

侧边栏导航：目前主流博客网站及电商网站都有侧边栏导航，目的是将当前文章或当前商品页面跳转到其他文章或其他商品页面。

页内导航：它的作用是在本页面几个主要的组成部分之间进行跳转。

翻页操作：翻页操作切换的是网页的内容部分，可以通过单击“上一页”或“下一页”超链接或按钮实现切换，也可以通过单击实际的页数跳转到某一页。

除了以上几点之外，<nav>标签也可以用于其他重要的、基本的导航链接组。

### 2.3.3 <article>标签

<article>标签在页面中用来表示结构完整且独立的内容部分，其中可包含独立的<header>、<footer>等结构标签，如论坛的一个帖子、杂志或者报纸的一篇文章等。

<article>标签是可以嵌套使用的，内层的内容在原则上需要与外层的内容相关联。例如，一篇博客文章与针对该文章的评论一起可以使用嵌套<article>标签的方式，用来呈现评论内容的<article>标签被包含在文章内容的<article>中。

下面通过一个案例对<article>标签的用法进行演示，如例 2-8 所示。

例 2-8 example08.html

```
<!doctype html>
<html>
<head>
<meta charset="utf-8">
<title>article 元素的使用</title>
</head>
<body>
<article>
   <header>
      <h2>我是博客文章标题</h2>
   </header>
   <p>我是博客内容</p>
<article>
   我是评论
</article>
    </article>
</body>
</html>
```

上述代码包含两个<article>标签，其中，第 1 个 article 元素又包含了一个<header>标签和一个<p>标签。

运行例 2-8，效果如图 2-11 所示。

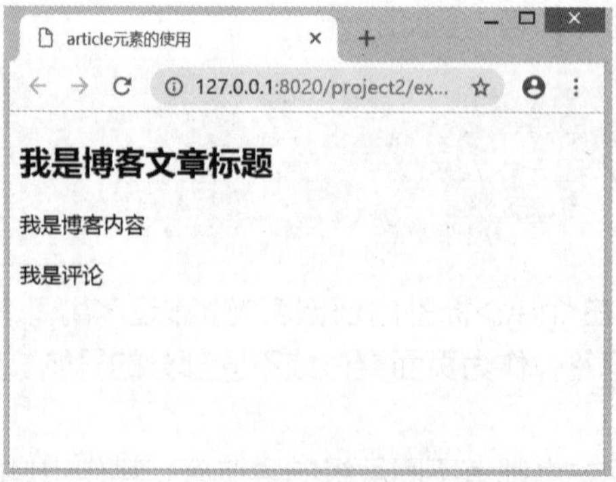


图 2-11 <article>标签使用示例效果

## 2.3.4 <aside>标签

<aside>标签用于标记一个页面的一部分，它的内容和这个页面其他内容的关联性不强，或者没有关联，单独存在。<aside>标签通常显示成侧边栏或一些插入补充内容。通常，会在侧边栏中显示一些定义，如目录、索引、术语表等；也可以显示相关的广告宣传、作者的介绍、Web 应用、相关链接、当前页内容简介等。

不要使用<aside>标签标记括号中的文字，因为这种类型的文本会被认为是主内容的一部分。

下面通过一个案例对<aside>标签的用法进行演示，如例 2-9 所示。

**例 2-9** example09.html

```
<!doctype html>
<html>
<head>
<meta charset="utf-8">
<title>aside 元素的使用</title>
</head>
<body>
<p>唐代诗人崔颢一首“昔人已乘黄鹤去，此地空余黄鹤楼。”使黄鹤楼名声大噪。</p>
<aside>
<h4>黄鹤楼</h4>
  黄鹤楼在湖北省武汉市武昌长江南岸，号称“天下江山第一楼”。
</aside>
</body>
</html>
```

运行例 2-9，效果如图 2-12 所示。

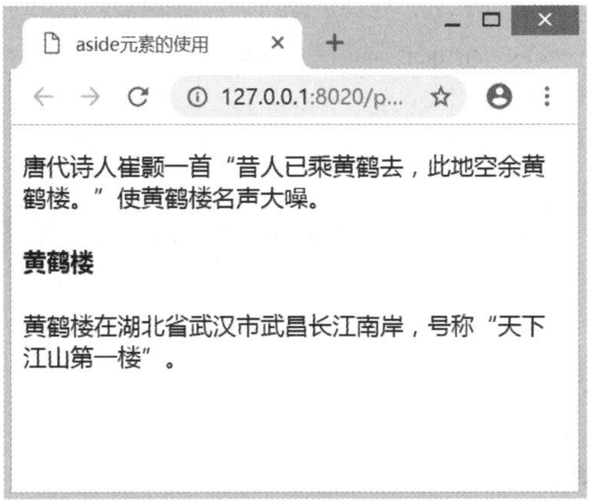


图 2-12 <aside>标签使用示例效果

## 2.3.5 <section>标签

<section>标签用于对网站或应用程序页面上的内容进行分块，一个<section>标签通常由标题和内容组成。但<section>标签并非一个普通的容器，当一个容器需要直接定义样式或通过脚本定义行为时，推荐使用<div>标签而非<section>标签。也可以这样理解：<section>标签中的内容可以单独存储到数据库中或输出到 Word 文档中。

<section>标签的作用是对页面上的内容进行分块，或者对文章进行分段，不要将它与表示“有

着自己的完整的、独立的内容”的<article>标签混淆。

下面通过一个案例对<section>标签的用法进行演示，如例 2-10 所示。

例 2-10　example10.html

```
<!doctype html>
<html>
<head>
<meta charset="utf-8">
<title>section 元素的使用</title>
</head>
<body>
<article>
 <h1>标题</h1>
 <p>苹果，植物类水果</p>
 <section>
     <h2>红富士</h2>
     <p>红富士是从普通富士的芽变中选育出的。</p>
 </section>
 <section>
     <h2>黄金帅</h2>
     <p>黄金帅是苹果中的著名品种。</p>
 </section>
</article>
</body>
</html>
```

例 2-10 中首先是一段独立的、完整的内容，因此使用<article>标签。每一段都有一个标题，因此使用了两个<section>标签。但为什么第一段没有使用<section>标签呢？其实这里可以使用<section>标签，但是由于这里的结构已经比较清晰，分析器是可以识别第一段内容位于<section>标签中的，所以可以将第一个<section>标签省略。但如果第一个<section>标签中要包含子<section>标签，那么必须写明第一个<section>标签。

运行例 2-10，效果如图 2-13 所示。

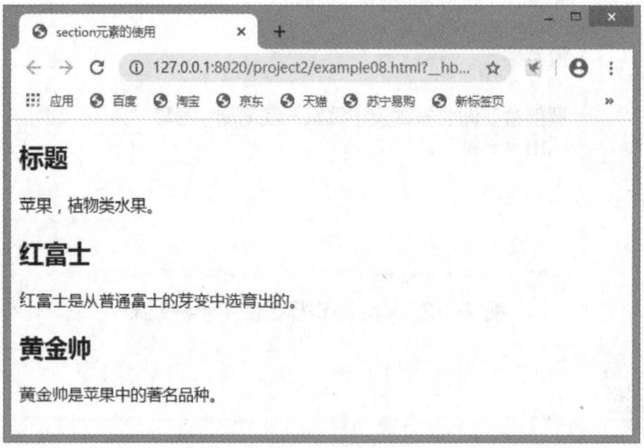


图 2-13　<section>标签使用示例效果

### 2.3.6　<footer>标签

<footer>标签代表整个页面、文章或区域的页脚（或脚注），常常位于页面或内容块的结尾，

通常包含页面或内容块的脚注信息，如作者、版权、相关文档的链接、联系信息等。

如果<footer>标签是<body>标签的子标签，则它是整个文档的页脚，通常出现在页面的结尾，并包含一组链接、版权、许可协议等信息。例如：

```
<footer>
<p>
      <a href="">关于我们</a> |
      <a href="">联系我们</a> |
      <a href="">网站地图</a> |
      <a href="">诚聘英才</a> |
      <a href="">商务合作</a>
</p>
<p>Copyright © 2018</p>
 </footer>
```

如果<footer>标签是<article>标签或<section>标签的子标签，则它是文章或内容块的脚注，其中可以包含相关文章的链接、文章的发布日期、分类等。

## 2.4 分组标签

分组标签用于对页面中的内容进行分组。HTML5 中涉及 3 个与分组相关的标签，分别是<figure>标签、<figcaption>标签和<hgroup>标签。本节将对它们进行详细讲解。

### 2.4.1 <figure>标签和<figcaption>标签

<figure>标签是标签组合，带有可选标题。figure 元素用来表示网页中一块独立的内容，将它删除后不会对网页中的其他内容造成任何影响。<figure>标签所标记的可以是图片、代码统计或者示例，也可以是视频插件、音频插件。

<figcaption>标签标记了<figure>标签的标题，从属于<figure>标签，在<figure>标签内部书写，位于<figure>标签的从属元素的前面或者后面。建议一个<figure>标签中放置一个<figcaption>标签，但可以放置多个其他元素。

下面通过一个案例对<figure>和<figcaption>标签的用法进行演示，如例 2-11 所示。

**例 2-11** example11.html

```
<!doctype html>
<html>
<head>
<meta charset="utf-8">
<title>figure 和 figcaption 元素的使用</title>
</head>
<body>
<figure>
 <figcaption>万里长江上的第一座大桥</figcaption>
 <img src="img/bridge.png" width="350" height="234" />
</figure>
</body>
</html>
```

在例 2-11 中，<figcaption>标签用来定义图像的标题。

运行例 2-11，效果如图 2-14 所示。

图 2-14 <figure>标签和<figcaption>标签使用示例效果

## 2.4.2 <hgroup>标签

<hgroup>标签用于对网页或区段（section）的标题进行组合，通常会对<h1>～<h6>标签进行分组，譬如将一个内容区块的标题及其子标题分为一组。

在使用<hgroup>标签时要注意以下几点。

（1）如果只有一个标题，则不建议使用<hgroup>标签。

（2）当出现一个以上的标题标签时，推荐使用<hgroup>标签作为标题标签。

（3）当一个标题包含副标题、<section>或者<article>标签时，建议将<hgroup>标签和标题相关标签存放到<header>标签中。

下面通过一个案例对<hgroup>标签的用法进行演示，如例 2-12 所示。

**例 2-12** example12.html

```
<!doctype html>
<html>
<head>
<meta charset="utf-8">
<title>hgroup 元素的使用</title>
</head>
<body>
<hgroup>
   <h1>武汉长江大桥</h1>
   <h2>Wuhan Yangtze River Bridge</h2>
   </hgroup>
   <p>武汉长江大桥是万里长江上的第一座大桥，也是中华人民共和国成立后在长江上修建的第一座公铁两用桥。</p>
</body>
</html>
```

运行例 2-12，效果如图 2-15 所示。

为了更好地说明各群组的功能，<hgroup>标签常常与<figcaption>标签结合使用。下面通过一个案例进行演示，如例 2-13 所示。

图 2-15　<hgroup>标签使用示例效果

例 2-13　example13.html

```
<!doctype html>
<html>
<head>
<meta charset="utf-8">
<title>hgroup 元素与 figcaption 元素的结合使用</title>
</head>
<body>
<hgroup>
<figcaption>黄鹤楼</figcaption>
   <p>黄鹤楼位于湖北省武汉市。江南三大名楼之一，国家旅游胜地四十佳。</p>
   <figcaption>武汉东湖</figcaption>
   <p>秀丽的山水、丰富的植物、浓郁的楚风情和别致的园中园，是东湖的四大特色。</p>
   <figcaption>归元寺</figcaption>
   <p>归元寺与宝通禅寺、溪莲寺、正觉寺今称为武汉佛教的四大丛林。</p>
</hgroup>
</body>
</html>
```

运行例 2-13，效果如图 2-16 所示。

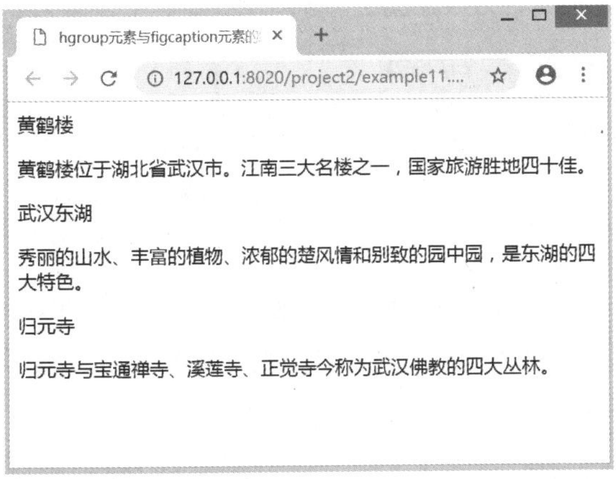


图 2-16　<hgroup>标签和<figcaption>标签的结合使用示例效果

# 2.5 页面交互标签

HTML5 是一些独立特性的集合，它不仅增加了许多 Web 页面特性，本身也是一个应用程序。对于应用程序而言，表现最为突出的就是交互操作。HTML5 新增加了交互标签，在本节将详细介绍这些标签。

## 2.5.1 <details>标签和<summary>标签

扫码观看视频

<details>标签和<summary>标签一起提供了一个可以显示和隐藏额外文字的“小工具”。

<details>标签是一种用于标识该标签内部的子标签被展开、收缩显示的标签。<details>标签具有一个布尔类型的 open 属性，值为 true 时，其内部的子标签应该被展开显示；值为 false 时，其内部的子标签应该被收缩起来。open 属性的默认值为 false，当页面打开时，其内部的子标签应该处于收缩状态。<summary>标签就像标签名的含义一样，就是一个标题、摘要说明，单击该标签可以切换<details>标签之间内容的显示或隐藏。

下面通过一个案例对<details>标签和<summary>标签的用法进行演示，如例 2-14 所示。

**例 2-14** example14.html

```
<!doctype html>
<html>
<head>
<meta charset="utf-8">
<title>details 和 summary 元素的使用</title>
</head>
<body>
    <details>
        <summary>经典金曲</summary>
        <p>My heart will go on.</p>
        <p>Take my breath away.</p>
    </details>
</body>
</html>
```

运行例 2-14，效果如图 2-17 所示。

当选择“经典金曲”选项时，效果如图 2-18 所示。

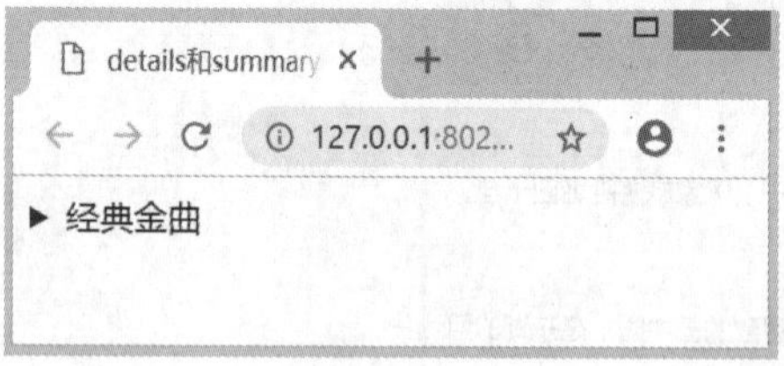


图 2-17 <details>和<summary>标签使用示例效果 1

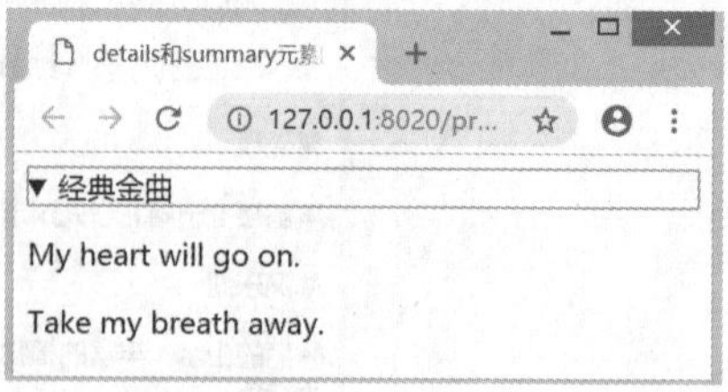


图 2-18 <details>和<summary>标签使用示例效果 2

再次选择“经典金曲”选项时，又会重新回到图 2-17 所示的效果。

## 2.5.2 <progress>标签

<progress>是 HTML5 的一个新标签，它定义了一个进度条，用途很广泛，可以用于文件上传的进度显示、文件下载的进度显示，也可以作为一种 loading 的加载状态条使用。

<progress>标签的常用属性值有以下两个。

（1）value：设置正在进行时的值，表示已完成的工作量。

（2）max：设置完成时的值，表示总体的工作量。

需要注意的是，<progress>标签中的属性取值可以是整数或浮点数，设置的 value 属性值必须小于或等于 max 属性值，且两者都必须大于 0。

下面通过一个案例对<progress>标签的用法进行演示，如例 2-15 所示。

**例 2-15** example15.html

```
<!doctype html>
<html>
<head>
<meta charset="utf-8">
<title>progress 元素的使用</title>
</head>
<body>
    文件下载的进度：
    <progress max="100" value="80"></progress>
</body>
</html>
```

运行例 2-15，效果如图 2-19 所示，代码中 value 属性值设为 80，max 属性值设为 100，因此进度条显示为 80% 的状态。

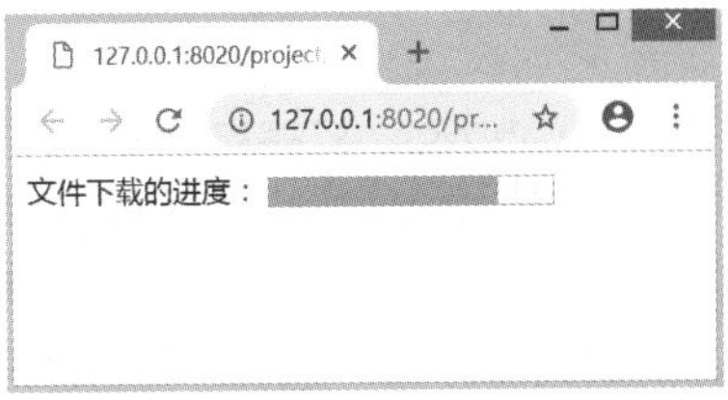


图 2-19 <progress>标签使用示例效果

### 2.5.3 <meter>标签

<meter>标签用于标识一个标量测量值或一个百分比值。和<progress>标签不一样，<meter>标签的最小值和最大值在使用前必须要知道，如果未指定，则它们会被假设为 0 和 1。

<meter>标签有多个常用的属性，如表 2-2 所示。

**表 2-2 <meter>标签的常用属性**

| 属性 | 说明 |
| --- | --- |
| value | 在标签中特地标识出来的实际值。该属性值默认为 0，可以为该属性指定一个浮点小数值 |
| min | 指定规定的范围时允许使用的最小值，默认为 0，在设定该属性时所设定的值不能小于 0 |
| max | 指定规定的范围时允许使用的最大值，如果设定时该属性值小于 min 的值，则将 min 属性的值视为最大值。max 属性的默认值为 1 |
| low | 规定范围的下限值，必须小于或者等于 high 的值 |
| high | 规定范围的上限值 |
| optimum | 最佳值，属性值必须在 min 属性值与 max 属性值之间，可以大于 high 属性值 |

下面通过一个案例对<meter>标签的用法进行演示，如例 2-16 所示。

**例 2-16** example16.html

```
<!doctype html>
<html>
```

```
    <head>
    <meta charset="utf-8">
    <title>meter 元素的使用</title>
    </head>
    <body>
     <p>硬盘实际使用情况
       <meter value="45.6" max="120" min="0">45.6/120</meter>GB </p>
       <p> 硬盘实际使用情况
  <meter value="42" max="120" min="0" low="50" high="80" optimum="75"></meter></p>
   </body>
   </html>
```

运行例 2-16，效果如图 2-20 所示。

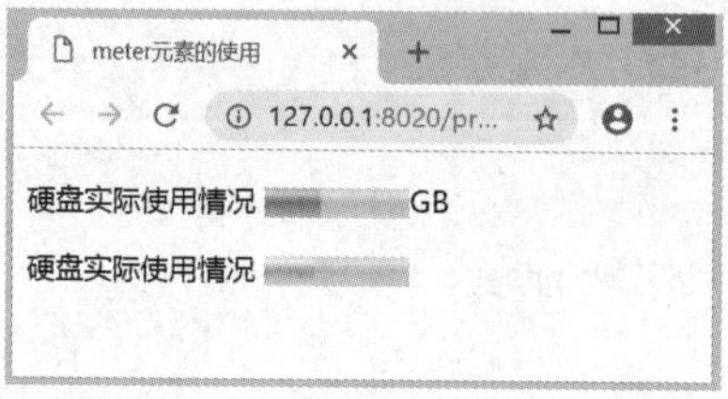


图 2-20　<meter>标签使用示例效果

<progress>标签和<meter>标签经常会被混淆。它们之间的区别主要有以下两点。

（1）<progress>标签用于显示某个特定任务的时间进度。这个任务的时间上限是可以确定的值，如播放一段音乐的时间；或者是不可确定的值，如上传一个文件到服务器中。<progress>标签的最大值在标签显示时可能是不确定的，如完成一个表单提交所需要的进度条。<meter>标签的最小值和最大值必须是确定的。

（2）<progress>标签的最小值可以是 0。而<meter>标签的最小值必须是一个浮点数，包括负数，可以想象一下温度计的刻度。

## 2.6 文本层次语义标签

页面中展示的一段文章或文字称为文本内容。为了使文本内容更加形象、生动，需要增加一些特殊功能的元素，用于突出文本间的层次关系或重要性，这样的元素称为文本层次语义标签。

在 HTML5 中，常用的文本层次语义标签有<time>、<mark>和<cite>。下面分别进行详细说明。

### 2.6.1 <time>标签

<time>是 HTML5 新增加的一个标签，用于定义时间或日期。该元素可以代表 24 小时中的某一时刻，在表示时刻时，允许有时间差。在设置时间或日期时，只需将该标签的属性 datetime 设置为相应的时间或日期即可。

<time>标签有如下两个属性。

（1）datetime：用于定义相应的时间或日期，取值为具体时间（如 14:00）或具体日期（如 2015-09-01）。不定义该属性时，由标签的内容给定日期/时间。

（2）pubate：用于定义<time>标签中的日期/时间是文档（或 article 元素）的发布日期，取值一般为 pubdate。

下面通过一个案例对<time>标签的用法进行演示，如例 2-17 所示。

**例 2-17** example17.html

```
<!doctype html>
<html>
<head>
<meta charset="utf-8">
<title>time 元素的使用</title>
</head>
<body>
<p>现在时间是<time>21:00</time>也就是晚上 9 点</p>
 <time datetime="2018-12-31"></time>
  <p>新款 PSP2 掌上游戏机将于今年年底上市</p>

  <time datetime="2018-5-1" pubdate="true">
       一批新规定和新举措将开始施行
</body>
</html>
```

运行例 2-17，效果如图 2-21 所示。

图 2-21 <time>标签使用示例效果

## 2.6.2 <mark>标签

<mark>标签用于标识页面中需要突出显示或高亮显示的对于当前用户具有参考作用的一段文字。通常在引用原文时使用<mark>标签，目的是引起读者的注意。<mark>标签是对原文内容有补充作用的一个标签，用在一段原文作者认为不重要的，但是现在为了实现与原文作者不相关的其他目的而需要突出显示或者高亮显示的文字上面。

下面通过一个案例对<mark>标签的用法进行演示，如例 2-18 所示。

**例 2-18** example18.html

```
<!doctype html>
<html>
<head>
<meta charset="utf-8">
<title>mark 元素的使用</title>
</head>
<body>
<h3>传统文化</h3>
<p>传统文化就是文明演化而汇集成的一种反映<mark>民族特质</mark>和<mark>风貌</mark>的文化，是各民族历史上各种思想文化、观念形态的总体表现。其内容当为历代存在过的种种物质的、制度的和精神的文化实体和文化意识。世界各地，各民
```

```
族都有自己的传统文化。中华传统文化以<mark>儒家、佛家、道家</mark>三家之学为支柱，包括思想、文字、语言，之后是六艺，也就是:礼、乐、射、御、书、数，再后是生活富足之后衍生出来的书法、音乐、武术、曲艺、棋类、节日、民俗等。传统文化是我们生活中息息相关的，融入我们生活的，我们享受它而不自知的东西。</p>
    </body>
    </html>
```

在例 2-18 中，使用<mark>标签环绕需要突出显示样式的内容。

运行例 2-18，效果如图 2-22 所示。

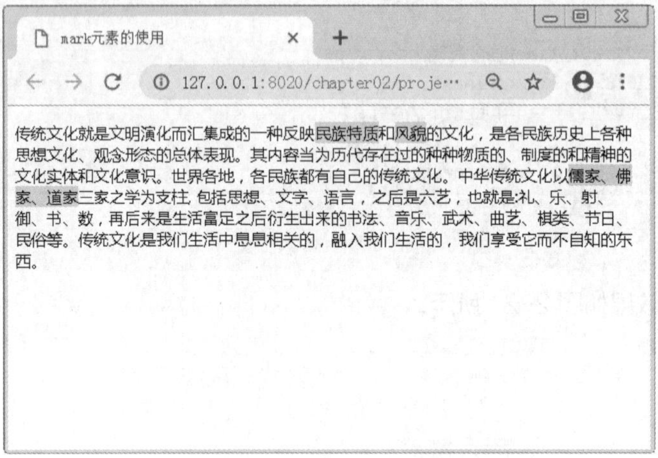


图 2-22　<mark>标签使用示例效果

在图 2-19 中，高亮显示的文字就是通过<mark>标签标记的。

### 2.6.3　<cite>标签

<cite>标签通常表示它所包含的文本是对某个参考文献的引用，如书籍或者杂志的标题。按照惯例，引用的文本将以斜体显示。用<cite>标签可以把指向其他文档的引用分离出来，尤其是分离那些传统媒体中的文档，如书籍、杂志、期刊等。

下面通过一个案例对<cite>标签的用法进行演示，如例 2-19 所示。

**例 2-19**　example19.html

```
<!doctype html>
<html>
<head>
<meta charset="utf-8">
<title>cite 元素的使用</title>
</head>
<body>
<h5>jQuery</h5>
<p>jQuery 是继 Prototype 之后的一个优秀的 JavaScript 框架，
    深受全球开发者的欢迎……</p>
<p>---引自《<cite>jQuery 权威指南</cite>》---</p>
</body>
</html>
```

运行例 2-19，效果如图 2-23 所示。

从图 2-23 中可以看出，被标签<cite>标记的文字以斜体的样式显示在网页中。

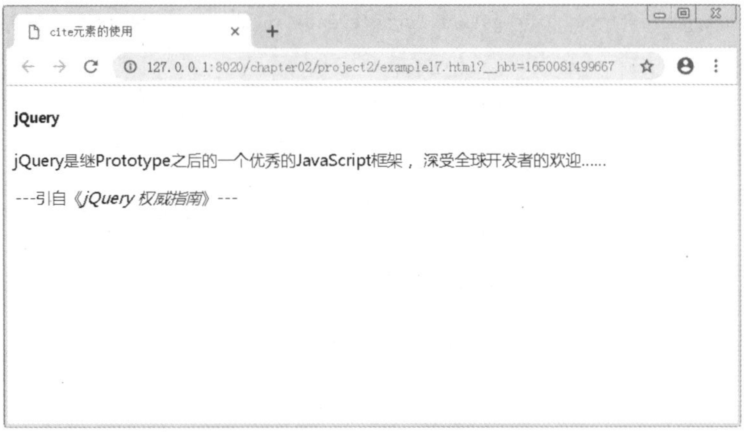


图 2-23　<cite>标签使用示例效果

## 2.7 全局属性

HTML5 中新增了“全局属性”的概念。所谓全局属性，是指对于任何标签都可以使用的属性。在 HTML5 中，常用的全局属性有 draggable、hidden、spellcheck 和 contenteditable，本节将对它们进行具体讲解。

### 2.7.1 draggable 属性

draggable 属性用来定义标签是否可以被拖动，该属性有 true 和 false 两个值，其值默认为 false，当值为 true 时，表示元素被选中之后可以进行拖动操作，否则不能进行拖动操作。

下面通过一个案例对 draggable 属性的用法进行演示，如例 2-20 所示。

**例 2-20**　example20.html

```
<!doctype html>
<html>
<head>
<meta charset="utf-8">
<title>draggable 属性的应用</title>
<style type="text/css">
#div1 {width:350px;height:70px;padding:10px;border:1px solid #aaaaaa;}
</style>
<script type="text/javascript">
function allowDrop(ev)
{ev.preventDefault();}
function drag(ev)
{ev.dataTransfer.setData("Text",ev.target.id);}
function drop(ev)
{var data=ev.dataTransfer.getData("Text");
ev.target.appendChild(document.getElementById(data));
ev.preventDefault();}
</script>
</head>
<body>
    <div id="div1" ondrop="drop(event)" ondragover="allowDrop(event)"></div>
<br />
```

```
    <p id="drag1" draggable="true" ondragstart="drag(event)">这是一段可移动的段落。请把该段落拖入上面的矩形。
</p>
    </body>
     </html>
```

运行例 2-20，效果如图 2-24 所示。

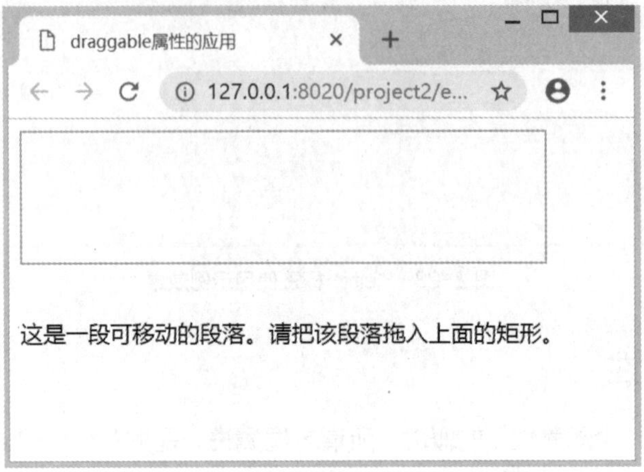


图 2-24 draggable 属性使用示例效果

**注意** 本案例在网页中的段落可以拖动到矩形框中，代码第 6～8 行为矩形框的样式设置代码，第 9～18 行是 JavaScript，draggable 属性要想实现拖动，必须与 JavaScript 结合使用，后面内容会涉及相关内容。

## 2.7.2 hidden 属性

HTML5 中只要存在 hidden 属性，就表示隐藏效果，而不论值为多少。当一个网页元素有了 hidden 属性后，它的表现和 CSS 的“display: none;”语句作用非常相似，元素将会消失，不占用任何页面空间。其写法很简单，例如：

```
<p hidden="hidden">这是一段隐藏的段落。</p>
<p>这是一段可见的段落。</p>
```

运行结果是第一行段落文字隐藏不显示，只会显示其下的段落。

## 2.7.3 spellcheck 属性

spellcheck 属性是 HTML5 规范的一部分，它添加了对输入、<textarea>标签和可编辑文本字段的拼写检查，主要针对一些无法识别的词语提供熟悉的红色波形曲线。spellcheck 属性仅对<textarea>标签、<input>（非密码）标签或者标记为 contenteditable 的内容且支持 HTML5 的浏览器有效。

下面通过一个案例对 spellcheck 属性的用法进行具体演示，如例 2-21 所示。

例 2-21 example21.html

```
<!doctype html>
<html>
<head>
```

```
<meta charset="utf-8">
<title>spellcheck 属性的应用</title>
</head>
<body>
<p>检测<textarea spellcheck="true">absolute test</textare></p>
    </p>不检测<textarea spellcheck="false"></textarea></p>
</body>
</html>
```

运行例 2-21，效果如图 2-25 所示。

图 2-25　spellcheck 属性使用示例效果

### 2.7.4　contenteditable 属性

contenteditable 是由微软开发，被其他浏览器反编译并投入应用的一个全局属性，标识了是否允许用户编辑标签内容，被编辑标签必须是获得鼠标焦点的标签，且在单击后要提供一个插入符号，提示用户该标签中的内容允许编辑。contenteditable 属性是一个布尔值属性，可以指定为 true 或 false。

下面通过一个案例对 contenteditable 属性的用法进行具体演示，如例 2-22 所示。

**例 2-22**　example22.html

```
<!doctype html>
<html>
<head>
<meta charset="utf-8">
<title>contenteditable 属性的应用</title>
</head>
<body>
<h1 contenteditable="true">这是一段可编辑的标题。请试着编辑该标题。</h3>
</body>
</html>
```

运行例 2-22，效果如图 2-26 所示，可以直接在浏览器中修改列表项内容，效果如图 2-27 所示。

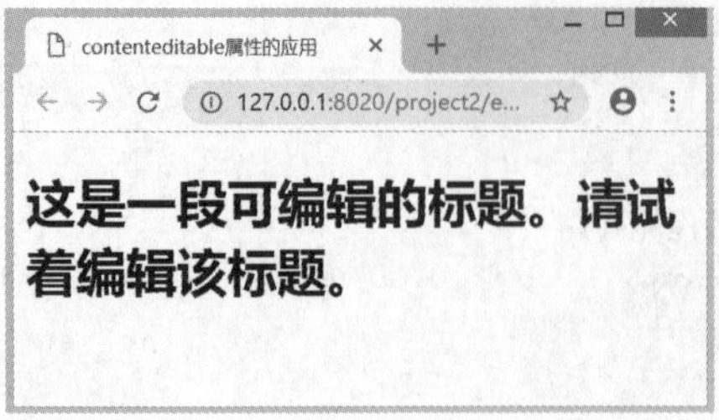


图 2-26　contenteditable 属性使用示例效果 1

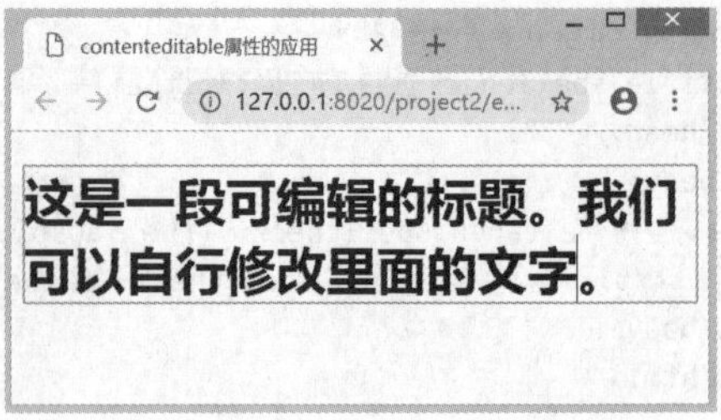


图 2-27　contenteditable 属性使用示例效果 2

## 2.8 阶段案例——制作专业宣传页面

扫码观看视频

本章全面讲解了 HTML5 新增的结构标签、分组标签、页面交互标签、文本层次语义标签及常用的标准属性等内容。本节将结合前面所学知识点制作一个“专业介绍”页面，其默认效果如图 2-28 所示。

图 2-28　“专业介绍”页面默认效果

选择“计算机应用技术专业”选项，会显示相应的专业介绍内容，如图 2-29 所示；再次选择“计算机应用技术专业”选项，可将专业介绍内容隐藏起来。

图 2-29　“计算机应用技术专业”介绍

同样，选择“计算机网络技术专业”选项，会显示相应的专业介绍内容，如图 2-30 所示；再次选择“计算机网技术专业”选项，可将专业介绍内容隐藏起来。

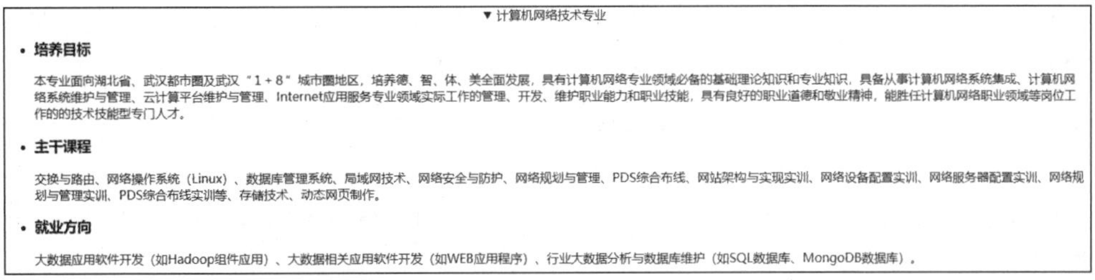


图 2-30 “计算机网络技术专业”介绍

## 2.8.1 分析效果图

此页面可分为头部信息、导航链接和文章内容 3 部分，其结构如图 2-31 所示。

图 2-31 “专业介绍”页面结构

（1）头部信息通过<header></header>标签对定义，内容是由<h2>标签输入的标题。

（2）导航链接由<nav>标签定义，图片由<img>标签定义，<img>标签可设置图片的路径、替代文本、图片的高度和宽度。

（3）文章内容由<article>标签定义，内部由<details>标签进行划分，由<details>标签内部的<summary>标签定义，以实现单击文字时显示<details>标签内部的文字内容。

## 2.8.2 制作页面

### 1. 搭建页面结构

根据上面的分析，使用相应的 HTML 标签来搭建页面结构，如例 2-23 所示。

**例 2-23** example23.html

```
<!doctype html>
```

```
<html>
<head>
<meta charset="utf-8">
<title>计算机与电子信息工程学院专业介绍</title>
</head>
<body>
<!--header begin-->
<header></header>
<!--header end-->
<!--nav begin-->
<nav></nav>
<!--nav end-->
<!--article begin-->
<article></article>
<!--article end-->
</body>
</html>
```

在例 2-21 中，第 9 行、第 12 行、第 15 行代码分别定义了页面的头部信息、导航链接及文章内容部分。

**2. 制作头部信息**

在页面结构代码 example23.html 中添加<header>标签的结构代码，具体如下。

```
<!—header begin-->
<header>
<h2 align="center">计算机与电子信息工程学院专业介绍</h2>
</header>
<!—header end-->
```

**3. 制作导航图片**

在页面结构代码 example23.html 中添加<nav>标签的结构代码，具体如下。

```
<!—nav begin-->
<nav>
<p align="center">
        <img src="images/nav1.png" alt="计算机应用技术专业" width="200px" height="150px">
        <img src="images/nav2.png" alt="计算机网络技术专业" width="200px" height="150px">
        <img src="images/nav3.png" alt="数字媒体应用技术专业" width="200px" height="150px">
        <img src="images/nav4.png" alt="电子信息工程技术专业" width="200px" height="150px">
</p>
</nav>
<!—nav end-->
```

**4. 制作文章内容**

在页面结构代码 example21.html 中添加<article>标签的结构代码，具体如下。

```
   <!—article begin-->
  <article>
    <details>
     <summary align="center">计算机应用技术专业</summary>
      <ul>
         <li>
            <h3>培养目标</h3>
            <p>本专业面向湖北省、武汉都市圈及武汉“1+8”城市圈地区，培养德、智、体、美全面发展，具有 IT 专
业领域必备的软件开发及 Web 网页开发基础理论知识和专业知识，具备从事 IT 领域实际工作的软件开发及相关职业能力和职业技
```

```
能，具有良好的职业道德和职业精神，能胜任软件开发、Web 网页开发等岗位工作，具有创新能力与可持续发展能力的高素质技术技能型专门人才。</p>
            </li>
            <li>
                <h3>主干课程</h3>
                    <p>Java 面向对象程序设计、网页开发基础、Java Web 开发、JavaScript 编程、响应式 Web 开发、数据结构与算法基础、软件测试技术、微信小程序开发、JSP 动态网站设计、Java 数据库系统开发实训、Web 开发实训。</p>
                </li>
                <li>
                    <h3>就业方向</h3>
                    <p>计算机应用技术专业围绕 Java 软件开发/测试工程师、Android 应用开发/测试工程师、软件售前/售后技术支持工程师、数据库管理员/数据库开发工程师等 IT 产业主要岗位培养具有良好身心素质的技术技能型专门人才，每个阶段对应的岗位群能力要求具有共性特点，人员和技术要求并无太大区别，同时 IT 产品的销售贯穿工作过程的始终。</p>
                    </li>
            </ul>

        </details>
         <details>
          <summary align="center">计算机网络技术专业</summary>
          <ul>
                <li>
                     <h3>培养目标</h3>
                     <p>本专业面向湖北省、武汉都市圈及武汉“1+8”城市圈地区，培养德、智、体、美全面发展，具有计算机网络专业领域必备的基础理论知识和专业知识，具备从事计算机网络系统集成、计算机网络系统维护与管理、云计算平台维护与管理、Internet 应用服务专业领域实际工作的管理、开发、维护职业能力和职业技能，具有良好的职业道德和敬业精神，能胜任计算机网络职业领域等岗位工作的技术技能型专门人才。</p>
                </li>
                <li>
                    <h3>主干课程</h3>
                    <p>交换与路由、网络操作系统（Linux）、数据库管理系统、局域网技术、网络安全与防护、网络规划与管理、PDS 综合布线、网站架构与实现实训、网络设备配置实训、网络服务器配置实训、网络规划与管理实训、PDS 综合布线实训等、存储技术、动态网页制作。</p>
                </li>
                <li>
                    <h3>就业方向</h3>
                    <p>大数据应用软件开发（如 Hadoop 组件应用）、大数据相关应用软件开发（如 Web 应用程序）、行业大数据分析与数据库维护（如 SQL 数据库、MongoDB 数据库）。
                    </p>
                    </li>
          </ul>
        </details>
         <details>
          <summary align="center">数字媒体应用技术专业</summary>
          <ul>
                <li>
                     <h3>培养目标</h3>
                     <p>本专业主要培养思想政治坚定、德技并修、全面发展，适应湖北省及武汉市经济社会发展的需要，具有正确的世界观、人生观、价值观以及良好的职业道德和职业素养，掌握必备的美术、图形图像、三维建模、音视频制作等知识和技术技能，面向三维建模、动画制作、游戏开发、影视制作等领域的高素质技术技能人才。</p>
                </li>
                <li>
                    <h3>主干课程</h3>
                    <p>平面图像处理、音视频媒体采编、视频特效制作、三维动画制作、三维模型制作、CAD 制图基础、Unity3D 开发、运动动画规律等。</p>
                </li>
```

```
                <li>
                    <h3>就业方向</h3>
                    <p>本专业毕业生主要在与数字媒体技术相关的影视、娱乐游戏、出版、图书、新闻等文化媒体行业，以及国家机关、高等院校、电视台及其他数字媒体软件开发和产品设计制作企业工作。
    </p>
                    </li>
            </ul>
        </details>
         <details>
          <summary align="center">电子信息工程技术专业</summary>
          <ul>
               <li>
                    <h3>培养目标</h3>
                    <p>面向湖北地方区域经济，针对大型电子制造类企业，培养德、智、体、美全面发展，掌握电子信息工程技术专业的技术技能型人才必需的基础知识、基本理论、专业知识和专业技能，能够胜任电子企业电子产品质量检测、电子产品生产工艺、PCB 设计与制作、电子产品维修、电子产品助理设计等岗位（群）的电子产品生产、设备维护、生产管理、营销服务等一线工作岗位，具有电子装配、电子产品生产管理、PCB 设计制作及芯片级检测维修等能力和良好职业道德、创新精神的技术技能型人才。</p>
               </li>
               <li>
                    <h3>主干课程</h3>
                    <p>电子综合实训、C 语言程序设计、单片机开发实训、PROTEL 电路设计实训、CPLD/FPGA 实训、手机维修实训、ARM 技术与应用实训、MATLAB 电子仿真及应用、嵌入式系统应用。</p>
               </li>
               <li>
                    <h3>就业方向</h3>
                    <p>本专业主要面向企业一线的电子产品设计开发、装接与设备操作、调试、维修、检验与品质管理、工艺与现场管理、销售与技术支持与外协等岗位的高端技能人才。</p>
               </li>
          </ul>
        </details>
      </article>
    <!—article end-->
```

保存文件 example23.html，刷新页面。

通过对本案例的学习，读者应该对 HTML5 的页面元素及属性有了进一步的理解和把握，并能够运用所学知识实现一些简单的页面效果。

## 本章小结

本章首先介绍了页面结构标签，然后针对分组标签、页面交互标签、文本层次语义标签等 HTML5 中的重要标签分别进行了讲解，并且针对每个标签设置了案例，除了介绍 HTML5 中的相关标签之外，还对 HTML5 中的全局属性做了详细介绍，最后通过阶段案例剖析了 HTML5 标签的实际应用。

# 第 3 章

# CSS3 入门

**学习目标**

- 理解内容与表现分离的意义。
- 掌握创建 CSS 的步骤和编写规则。
- 熟悉 CSS 基本选择器的使用。
- 掌握常用字体、文本属性。

将网页内容（HTML）、外观显示（CSS）和行为事件（JavaScript）分离，是当今流行的网页设计理念。HTML5 规范推荐把页面外观交给 CSS 处理，采用 CSS 技术来对页面的布局、字体、颜色、背景和其他效果实现精确控制，而 HTML 标签只负责语义解释部分。CSS 技术受到网页设计师青睐的另一个原因是可以十分方便地对网页进行整体更新、管理和维护。本章将对 CSS3 的发展历程、浏览器的支持情况及相关文本样式属性进行详细介绍。

## 3.1 CSS3 概述

曾有人形象地比喻 HTML 是房子，CSS 就是对这个房子的装修，把所有装修内容放到一起，修改起来就会简单很多，不用通篇去修改 HTML 代码；CSS 最大的优点就是可以有多个装修风格，可以任意替换，却无须破坏房子（HTML）。

### 3.1.1 认识 CSS

HTML 是网页内容的载体，网页内容就是网页制作者放在页面上想要让用户浏览的信息，包含文字、图片、视频等，属于结构。

CSS 样式是表现，就像网页的外衣，如标题字体、颜色变化，或为标题加入背景图片、边框等。这些用来改变内容外观的东西称为表现，属于表现层。表现层应用在结构层之上，创建 CSS 分为如下 3 步。

① 创建 HTML 文档。

② 编写样式规则。

③ 将样式规则附加到文档中。

**1. 内容**

内容是页面真正要传达的信息，包括数据、文本、文档或者图片，不包括辅助信息，如导航菜单、装饰图片等。如图 3-1 所示的页面中，内容部分为“黄鹤楼 作者:崔颢　昔人已乘黄鹤去，此地空余黄鹤楼。黄鹤一去不复返，白云千载空悠悠。晴川历历汉阳树，芳草萋萋鹦鹉洲。日暮乡关何处是？烟波江上使人愁。”

图 3-1　使用 CSS 设置的部分页面

**2. 结构**

结构就是对网页内容进行整理和分类，对应标准语言为 HTML，以图 3-2 所示结构图实现图 3-1 所示页面内容的 HTML 代码如下。

```
<!DOCTYPE html>
<html>
    <head>
        <meta charset="UTF-8">
        <title>CSS 创建</title>
    </head>
    <body>
    <h3>黄鹤楼</h3>
        <p>作者：崔颢</p>
        <ul>
            <li>昔人已乘黄鹤去，此地空余黄鹤楼。</li>
            <li>黄鹤一去不复返，白云千载空悠悠。</li>
            <li>晴川历历汉阳树，芳草萋萋鹦鹉洲。</li>
            <li>日暮乡关何处是？烟波江上使人愁。</li>
        </ul>
    </body>
</html>
```

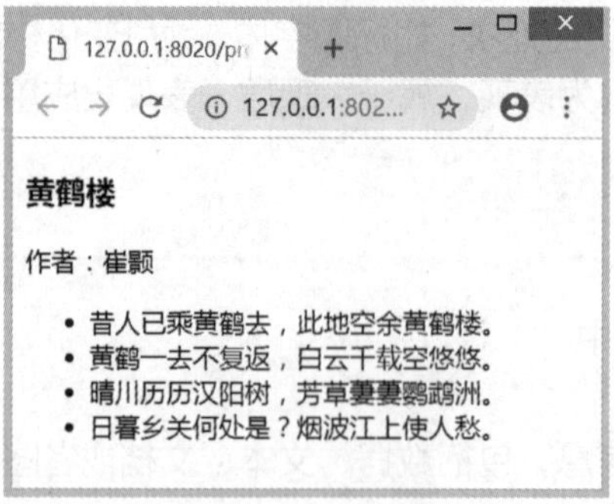


图 3-2　结构图

#### 3. 表现

表现是对结构化的信息进行样式上的控制，如对颜色、大小、背景等外观进行控制，这些用来改变内容外观的操作均称为“表现”，对应标准语言为 CSS，如下代码即可实现图 3-1 所示效果。

```
<style>
        body,p,h1,ul,li{margin: 0;padding: 0;}
        body{
            font-family: "隶书";
            font-size: 20px;
            color: #220000;
            background: url(img/huanghelou.png) no-repeat;
            margin-left: 50px;
        }
        p{font-style: italic;}
        ul li{list-style-type: none;}
    </style>
```

#### 4. 行为

行为就是对内容的交互及操作效果，如 JavaScript，即动态控制网页信息的结构和显示，可实现网页的智能交互。

### 3.1.2 CSS3 发展历程

从 1990 年 HTML 被发明开始，样式表就以各种形式出现了，一开始样式表是给读者用的，最初的 HTML 版本只含有很少的显示属性，读者来决定网页应该怎样被显示。但随着 HTML 的成长，为了满足设计师的要求，HTML 增加了很多显示功能。1994 年，哈坤・利提出了 CSS 的最初建议，伯特・波斯当时正在设计一个叫作 Argo 的浏览器，他们决定一起合作设计 CSS。

当时已经有一些样式表语言的建议，但 CSS 是第一个含有“层叠”主意的。在 CSS 中，一个文件的样式可以从其他样式表中继承。读者在有些地方可以使用其自己喜欢的样式，在其他地方则继承或“层叠”作者的样式，这种层叠的方式使作者和读者都可以灵活地加入自己的设计，混合个人的爱好。

1994 年，哈坤・利在芝加哥的一次会议上第一次展示了 CSS 的建议，1995 年，他与伯特・波斯一起再次展示了这个建议。当时 W3C 刚刚建立，W3C 对 CSS 的发展很感兴趣，并为此组织了一次讨论会。哈坤・利、伯特・波斯和其他人（如微软的托马斯・雷尔登）是这个项目的主要技术负责人。1996 年 12 月，CSS 第 1 版正式发布。CSS 发展至今共推出了 4 个版本。

#### 1. CSS1.0

1996 年 12 月，W3C 发布了第一个有关样式的标准 CSS1.0，主要用于字体、颜色等设置。

#### 2. CSS2.0

1998 年 5 月，W3C 发布了 CSS2.0，样式表得到了更多的充实，添加了对媒介和可下载字体的支持，亮点是添加了用于定位的属性，还扩展了对其他媒体的显示控制。这也是 CSS 使用最广泛的一个版本。

#### 3. CSS2.1

2004 年 2 月，W3C 对 CSS2.0 做了修订，推出了 CSS2.1，删除了 CSS2.0 中部分不成熟的属性。

#### 4. CSS3

2001 年 5 月，W3C 开始进行 CSS3 标准的制定，该版本主要包括盒子、列表、超链接、语言、背景和边框、文字特效及多栏布局等模块。但是需要指出的是，目前依然有些浏览器（尤其是 IE）对 CSS3 的支持不太理想，因此开发者在使用 CSS3 时，应该先评估用户的浏览器环境是否支持相应的 CSS 版本。

### 3.1.3 CSS3 的浏览器支持情况

页面最终离不开用浏览器来渲染，但并不是所有浏览器都完全支持 CSS3 的特性，有时花时间写的效果只在特定的浏览器中有效，这意味着只有部分用户才能欣赏到，这样的工作变得没有什么意义。幸运的是，CSS3 特性的大部分都有很好的浏览器支持度，各主流浏览器对 CSS3 的支持越来越完善，曾经让多少前端开发人员心碎的 IE 也开始挺进 CSS3 标准行列。

当然，即使 CSS3 标准制定完成，现代浏览器要普及到大部分用户也是一个相当漫长的过程。如果现在就使用 CSS3 来美化站点，则有必要对各大主流浏览器对其新技术的支持情况有一个全面的了解。目前，Mac 和 Windows 两个平台有 Chrome、Firefox、Safari、Opera 和 IE 五大主流浏览器支持 CSS3 新特性和 CSS3 选择器。

CSS3 给人们带来了众多全新的设计体验，但是并不是所有的浏览器都完全支持它。表 3-1 列举了各主流浏览器对 CSS3 模块的支持情况。

**表 3-1　各主流浏览器对 CSS3 模块的支持情况**

| CSS3 模块 | Chrome4 | Safari4 | Firefox3.6 | Opera10.5 | IE10 |
|---|---|---|---|---|---|
| RGBA | √ | √ | √ | √ | √ |
| HSLA | √ | √ | √ | √ | √ |
| Multiple Background | √ | √ | √ | √ | √ |
| Border Image | √ | √ | √ | √ | × |
| Border Radius | √ | √ | √ | √ | √ |
| Box Shadow | √ | √ | √ | √ | √ |
| Opacity | √ | √ | √ | √ | √ |
| CSS Animations | √ | √ | × | × | √ |
| CSS Columns | √ | √ | √ | × | √ |
| CSS Gradients | √ | √ | √ | × | √ |
| CSS Reflections | √ | √ | × | × | × |
| CSS Transforms | √ | √ | √ | √ | √ |
| CSS Transforms 3D | √ | √ | × | × | √ |
| CSS Transitions | √ | √ | √ | √ | √ |
| CSS FontFace | √ | √ | √ | √ | √ |

由于各浏览器厂商对 CSS3 各个属性的支持程度不一样，因此在标准尚未明确的情况下，会用厂商的前缀加以区分，通常把这些加上私有前缀的属性称为“私有属性”。各主流浏览器都定义了自

己的私有属性，以便让用户更好地体验 CSS 的新特性，表 3-2 列举了各主流浏览器的私有前缀。

**表 3-2　各主流浏览器的私有前缀**

| 内核类型 | 相关浏览器 | 私有前缀 |
|---|---|---|
| Trident | IE8/IE9/IE10 | -ms |
| Webkit | Chrome/Safari | -webkit |
| Gecko | 火狐（Firefox） | -moz |
| Blink | Opera | -o |

**注意**　（1）运用 CSS3 私有属性时，要遵从一定的书写顺序，即先写私有的 CSS3 属性，再写标准的 CSS3 属性。

（2）当一个 CSS3 属性成为标准属性，且被主流浏览器的最新版普遍兼容的时候，就可以省略私有的 CSS3 属性。

## 3.2 CSS 核心基础

### 3.2.1 CSS 样式规则

CSS 语法由选择器、属性和属性值 3 部分构成，其基本语法格式如下。

```
选择器{属性 1:属性值 1;属性 2:属性值 2;属性 3:属性值 3;}
```

① 选择器表明花括号中的属性设置将应用于哪些 HTML 元素。

② 属性表明将设置元素的哪些样式，如用于设置背景颜色的属性 background-color。

③ 属性值表明将指定元素的样式设置为什么值，例如，background-color 属性值可以是 00ff00，代表绿色。将绿色作为网页的背景颜色的 CSS 规则如下。

```
body{background-color:#00ff00;}
```

CSS 样式规则具体如下所述。

（1）如果要定义一个以上的声明，则需要用分号将每个声明分开。例如：

```
p{text-align:center;color:red;}
```

（2）如果值为若干单词，则要给值加引号。例如：

```
p{font-family: "sans serif";}
```

（3）CSS 忽略了语句块中的空白和回车符，空格的使用可使样式表更容易编辑。例如：

```
p { text-align:center;
    color : red;
    font-family:arial;
    }
```

（4）编写 CSS 代码时，为了提高代码的可读性，通常会加上 CSS 注释。例如：

```
/*这是 CSS 注释文本，此文本不会显示在浏览器中*/
```

（5）通常，每行只描述一个属性，这样可以增强样式定义的可读性。

综上所述，CSS 样式规则的每个声明都必须以分号结束，表示与下一个声明进行分割；如果省略了分号，则该声明和下一条声明都会被忽略；规则中包含的花括号和所有声明常统称为声明块；CSS 忽略声明块中的空白和回车符，通常将块中的每条声明写在单独的行中。

### 3.2.2 引入 CSS 样式表

扫码观看视频

样式表由一个或多个样式指令（又称规则）组成，这些指令描述了标签或标签组将如何显示。

要想使用 CSS 修饰网页，需要在 HTML 文档中引入 CSS。引入 CSS 的常用方式有 3 种，具体如下。

**1. 行内式**

行内式是连接样式和标签的最简单的方式，只需在标签中包含一个 style 属性，后面再加上一个系统属性及属性值即可。其基本语法格式如下。

```
<标记名 style="属性 1:属性值 1;属性 2:属性值 2;属性 3:属性值 3; ">内容<标记名>
```

其中，style 是标签的属性，实际上任何 HTML 标签都拥有 style 属性，用来设置行内式；属性和属性值的书写规范与 CSS 样式规则相同，行内式只对其所在的标签及嵌套在其中的子标签起作用。

下面通过一个案例来学习如何在 HTML 文档中使用行内式 CSS，如例 3-1 所示。

**例 3-1** example01.html

```
<!doctype html>
<html>
<head>
<meta charset="utf-8">
<title>行内式样式表</title>
</head>
<body>
<p style="color: red;margin-left:50px">
 这是一个文字颜色为红色的段落。
</p>
</body>
</html>
```

例 3-1 中代码的作用是改变段落文字的颜色和设置左外边距。运行例 3-1，效果如图 3-3 所示。

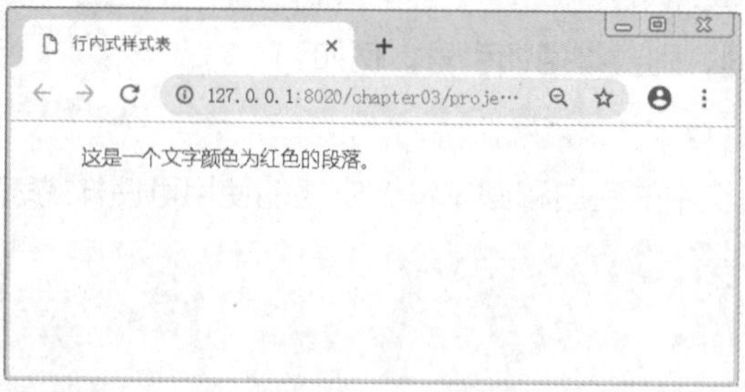


图 3-3 行内式使用示例效果

> **注意** 行内式只应用于它们所在的标签，这种方法比较直接，在制作页面的时候需要为很多标签设置 style 属性，会导致 HTML 页面不够纯净，文件体积过大，不利于搜索，从而导致后期维护成本高，所以不提倡频繁使用。

### 2. 内嵌式

内嵌式就是将 CSS 样式规则编写在 HTML 代码的<head></head>标签对中，并使用<style></style>标签进行声明。其基本语法格式如下。

```
<head>
    style type="text/css">
      选择器{属性 1:属性值 1;属性 2:属性值 2;属性 3:属性值 3;}
    </style>
</head>
```

下面通过一个案例来学习如何在 HTML 文档中使用内嵌式 CSS，如例 3-2 所示。

**例 3-2** example02.html

```
<!doctype html>
<html>
<head>
<meta charset="utf-8">
<title>内嵌式样式表</title>
<style type="text/css">
p{                          /*定义段落标签的样式*/
   color: blue;
   font-weight:bold;
   font-size: 18px;
}
</style>
</head>
<body>
<p>内嵌样式表的使用方法</p>
</body>
</html>
```

在例 3-2 的代码中，HTML 文档的头部使用 style 属性定义了内嵌式 CSS，以修饰段落标签<p>的文本样式。

运行例 3-2，效果如图 3-4 所示。

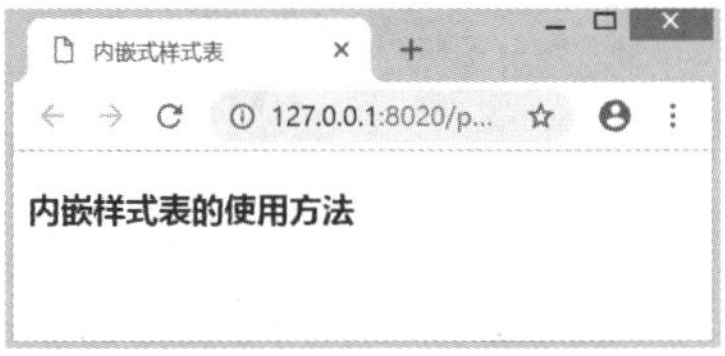


图 3-4 内嵌式使用示例效果

说明：对于一个页面来说，使用嵌入式 CSS 比较方便，容易实现，但如果是一个网站，且拥有很多页面，对于不同页面上的<p>标签采用同样的风格，则这种方法就显得有些麻烦，维护起来也比较费事。因此，内嵌式 CSS 仅适用于对特殊的页面设置单独的样式风格。

### 3. 链入式

链入式是在实际应用中使用频率最高、最为实用的方法，实际的网站开发中均使用这种方法，所以这种方法需要重点掌握和应用。其基本语法格式如下。

```
<head>
<link href="CSS 文件的路径" type="text/css"  rel="stylesheet">
</head>
```

该语法中，<link>标签需要放在<head>标签中，并且必须指定<link>标签的 3 个属性，具体如下。

（1）href：定义所链接外部样式表文件的 URL，可以是相对路径，也可以是绝对路径。

（2）type：定义所链接文档的类型，在这里需要指定为 text/css，表示链接的外部文件为 CSS。

（3）rel：定义当前文档与被链接文档之间的关系，在这里需要指定为 stylesheet，表示被链接的文档是一个样式表文件。

下面通过一个案例分步演示如何链入式引入 CSS。

（1）创建 HTML 文档

先创建一个名为 chapter03 的 Web 项目，再创建一个 HTML 文档，将该 HTML 文档命名为 example03.html，并在该文档中添加一个标题和一个段落文本，如例 3-3 所示。

**例 3-3**　example03.html

```
<!doctype html>
<html>
<head>
<meta charset="utf-8">
<title>链入式样式表</title>
</head>
<body>
<h2>链接样式表方法测试</h2>
<p>欢迎大家加入到 CSS3 学习大家庭！ </p>
</body>
</html>
```

（2）创建样式表

展开 chapter03 项目，选择该项目下的“CSS”文件夹并右键单击，在弹出的快捷菜单中选择“新建”→“CSS 文件”命令，如图 3-5 所示。

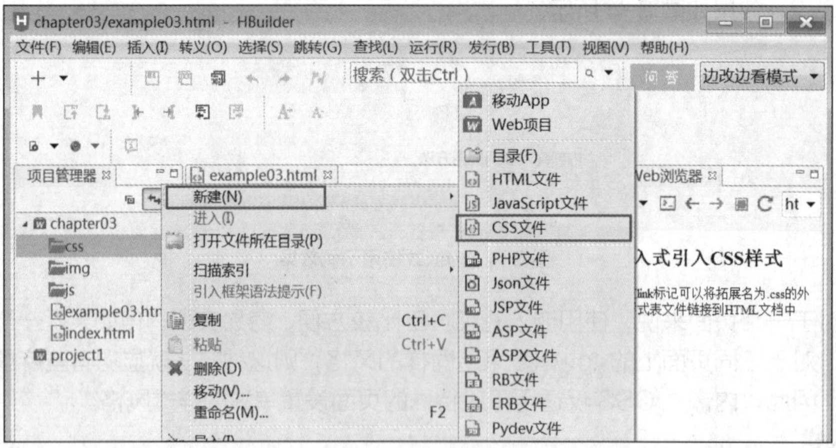


图 3-5　选择命令

选择“CSS”选项，单击“创建”按钮，弹出“创建文件向导”对话框，在“文件名”文本框中设置该 CSS 的名称为“style.css”，单击“完成”按钮，如图 3-6 所示，打开如图 3-7 所示的 CSS 文档编辑窗口。

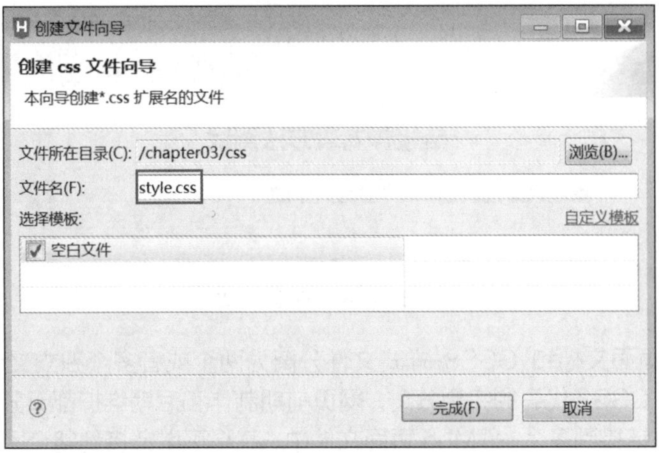


图 3-6 “创建文件向导”对话框

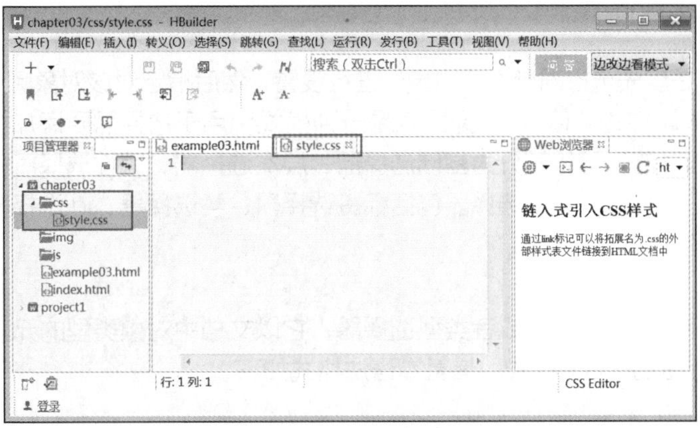


图 3-7 CSS 文档编辑窗口

（3）书写 CSS 样式

在图 3-7 所示的 CSS 文档编辑窗口中输入以下代码，并保存 CSS 文件。

```
h2{
        text-align: center;
        color:red;
}
p{                  /*定义文本修饰样式*/
        font-size: 20px;
        color: blue;
        font-weight: bold;
}
```

（4）链接 CSS

在例 3-3 的<head>标签中添加<link/>语句，将 style.css 外部样式表文件链接到 example03.html 文档中，具体代码如下。

```
<link href="css/style.css" type="text/css" rel="stylesheet" >
```

保存 example03.html 文档，在浏览器中运行该程序，效果如图 3-8 所示。

图 3-8 链入式使用示例效果

它将 HTML5 页面文档和 CSS3 样式文件分离为两个或者多个独立文件，实现了页面框架 HTML5 代码与美工 CSS3 代码的完全分离，网页前期制作和后期维护都十分方便。此外，同一个 CSS3 样式文件可以链接到多个 HTML5 页面文件中，甚至可以链接到整个网站的所有页面中，网站整体风格统一，后期维护的工作量也大大减少了。

### 3.2.3 CSS 基础选择器

CSS 的思想就是首先选择对什么“对象”进行设置，然后指定对该对象哪个方面的“属性”进行设置，最后给出该属性的“值”。选择器就是一种模式，用于选择需要添加样式的对象。CSS3 提供了非常丰富的选择器，可将其分为基础选择器、层次选择器、属性选择器和伪类选择器。本节主要对基础选择器进行介绍，基础选择器包括标签选择器、类选择器、id 选择器、通配符选择器、标签指定式选择器及后代选择器等。

**1. 标签选择器**

标签选择器也称为元素选择器或者类型选择器，它以文档中对象类型的元素作为选择器，适用于设置页面中某个标签的 CSS 样式。其基本语法格式如下。

```
标签名{属性 1:属性值 1;属性 2:属性值 2;属性 3:属性值 3;}
```

该语法中，所有 HTML 标签名都可以作为标签选择器，如 body、h1、p、div 等。标签选择器定义的样式对页面中该类型的所有标签都生效。

例如，可以使用 p 选择器定义 HTML 页面中所有段落的样式，示例代码如下。

```
p{font-size:16px;color:#fff;font-family: "微软雅黑";}
```

上述 CSS 样式代码用于设置 HTML 页面中的所有段落文本字体大小为 16 像素，颜色为#fff，字体为微软雅黑。

标签选择器的优点是为页面中同类型的标签重置样式，可实现页面显示效果的统一；缺点是不能够为标签设计差异化样式，不同页面区域之间会相互干扰。对于<div>、<span>等通用标签，不建议使用标签选择器，因为它们的应用范围广泛，使用标签选择器会相互干扰。

**2. 类选择器**

类选择器是在 HTML 标签中事前定义的类名，它允许以一种独立于文档元素的方式来指定样式，适用于设置期望样式化的一组元素。其使用.（英文点号）进行标识，后面紧跟类名。其基本语法格式如下。

```
.类名{属性 1:属性值 1;属性 2:属性值 2;属性 3:属性值 3;}
```

选择器按 class 选择要格式化的元素时需写为“.类名”，哪个元素要使用这个样式，就在该元素的属性中加上 class="类名"。下面通过一个案例进一步学习类选择器的使用，如例 3-4 所示。

例 3-4　example04.html

```
<!doctype html>
<html>
<head>
<meta charset="utf-8">
<title>类选择器</title>
<style type="text/css">
      .left{text-align: left;}
      .center{text-align: center;}
      .right{text-align: right;}
    </style>
</head>
<body>
    <p class="left">这个段落是左对齐</p>
    <p class="center">这个段落是居中对齐</p>
    <p class="right">这个段落是右对齐</p>
</body>
</html>
```

运行例 3-4，效果如图 3-9 所示。

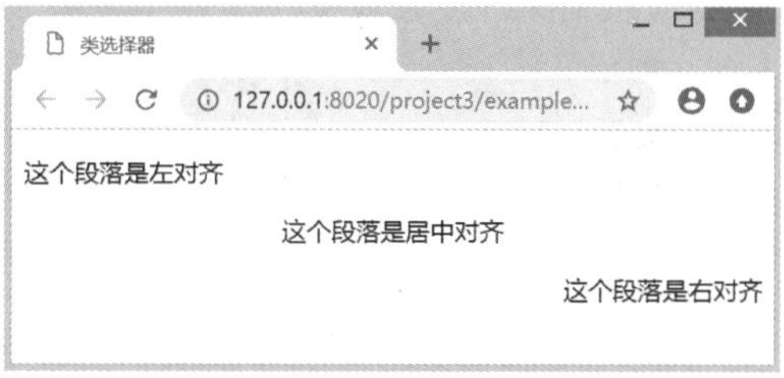


图 3-9　类选择器使用示例效果

说明：类选择器的名称由开发者自己命名，并且只需要在名称前面加上.（点号）即可。定义好类选择器类型样式后可以多次引用，并且可以实现多个不同标签的同时引用，这一优点使得类选择器类型的样式表被广泛使用。

**注意**　**类名的第一个字符不能使用数字，并且严格区分字母大小写，一般采用小写的英文字母表示。**

### 3. id 选择器

在 HTML 页面中，id 参数用于指定某一元素，id 选择器用来对这个单一元素定义单独的样式。id 选择器使用#进行标识，后面紧跟 id 名。其基本语法格式如下。

```
#id 名{属性 1:属性值 1;属性 2:属性值 2;属性 3:属性值 3;}
```

该语法中，id 名即为 HTML 标签的 id 属性值。大多数 HTML 标签可以定义 id 属性，id 属性值是唯一的，只能对应于文档中某一个具体的元素。

下面通过一个案例进一步学习 id 选择器的使用，如例 3-5 所示。

例 3-5　example05.html

```
<!doctype html>
<html>
```

```
        <head>
        <meta charset="utf-8">
        <title>id 选择器</title>
        <style type="text/css">
                #poetry{
                    color:red;
                    font-size: 26px;
                    text-decoration: underline;
                    font-weight: bold;
                }
                .libai{
                    color: blue;
                    font-size: 16px;
                }
            </style>
        </head>
        <body>
            <div id="poetry">黄鹤楼自古就是"游必于是，宴必于是"之地，文人纷至沓来，吟诗赋词。</div>
            <div class="libai">
                <h2>《黄鹤楼送孟浩然之广陵》</h2>
                <p>故人西辞黄鹤楼，烟花三月下扬州。</p>
                <p>孤帆远影碧空尽，唯见长江天际流。</p>
            </div>
            <div class="libai">
                <h2>《与史郎中钦听黄鹤楼上吹笛》</h2>
                <p>一为迁客去长沙，西望长安不见家。</p>
                <p>黄鹤楼中吹玉笛，江城五月落梅花。</p>
            </div>
        </body>
    </html>
```

例 3-5 中，第一个<div>定义了 id 为 poetry 的选择器，其他<div>应用了类名为 libai 的选择器。运行例 3-5，效果如图 3-10 所示。

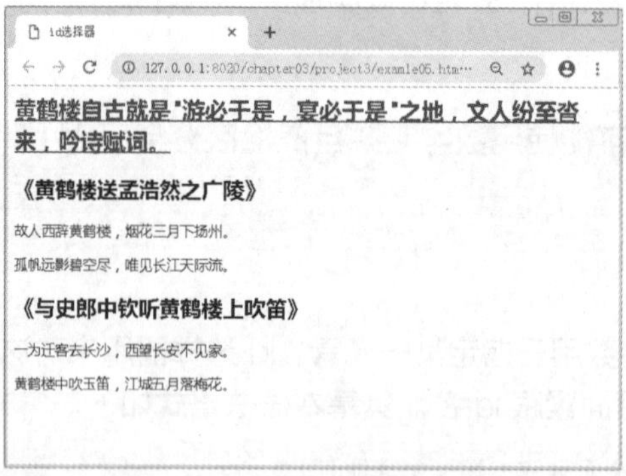


图 3-10　id 选择器使用示例效果

id 选择器与类选择器不同，在一个 HTML 文档中，可以为任意多个标签指定类选择器，但是 id 选择器的名称是唯一的，只能对应文档中一个具体的对象，因此这些对象一般在页面中是唯一、固定的，不会重复出现。

**4．通配符选择器**

如果需要定义一个通配的类样式表，则可以将其定义为通配符选择器。通配符选择器用*标识，它是所有选择器中作用范围最广的，能匹配页面中的所有标签。其基本语法格式如下。

```
*{属性 1:属性值 1;属性 2:属性值 2;属性 3:属性值 3;}
```

例如，以下代码使用通配符选择器定义了 CSS 样式，清除了所有 HTML 标签的默认边距。

```
*{
    margin:0;     /*定义外边距*/
    padding:0;    /*定义内边距*/
}
```

但在实际网页开发中不建议使用通配符选择器，因为它设置的样式对所有 HTML 标签都生效，而不管标签是否需要该样式，这样反而会降低代码的执行速度。

**5. 标签指定式选择器**

标签指定式选择器又称交集选择器，由两个选择器直接连接构成，其结果是选中二者各自元素范围的交集。其中，第一个为标签选择器，第二个为 class 选择器或 id 选择器，两个选择器之间不能有空格，必须连续书写，如 p.class1。

下面通过一个案例来进一步说明标签指定式选择器的使用，如例 3-6 所示。

**例 3-6** example06.html

```
<!doctype html>
<html>
<head>
<meta charset="utf-8">
<title>标签指定式选择器的应用</title>
<style >
h1{color:blue;}
h2{color:blue;}
h3{color:blue;}
p{color:blue;}
h2.special{       <!--标签指定式选择器-->
 color:red;
font-size: 36px;
}
 </style>
</head>
<body>
    <h1>我是一级标题</h1>
<h2 class="special">我是二级标题</h2>
<p  class="special">我是段落文本</p>
 <h3  id="one">我是三级标题</h3>
 <h4>我是四级标题</h4>
</body>
</html>
```

在例 3-6 中，<h1>标签、<h2>标签、<h3>标签、<p>标签统一定义了字体颜色和大小，h2.special 就是标签指定式选择器，这里的<h2>标签部分的文字将显示为红色，大小为 36 像素。

运行例 3-6，效果如图 3-11 所示。

**6. 后代选择器**

后代选择器又称为包含选择器，用来选择作为某标签后代的标签，其功能极其强大。根据祖先标签和后代标签之间分隔符的不同，后代选择器可以有 3 种写法，在作用效果上也有所不同。常见的按祖先标签选择要求格式化的标签，其写法就是把外层标签写在前面，内层标签写在后面，中间用空格分隔；当标签发生嵌套时，内层标签就成为外层标签的后代，示例如例 3-7 所示。

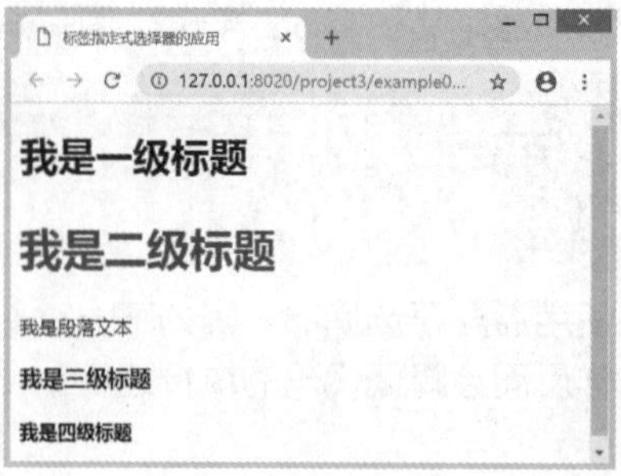


图 3-11　标签指定式选择器使用示例效果

例 3-7　example07.html

```
    <!doctype html>
    <html>
    <head>
    <meta charset="utf-8">
        <title>后代选择器</title>
    <style>
     article p{color:blue;}
     </style>
</head>
<body>
   <article >
   <p>我是段落 1 的内容。 </p>
 </article>
  <p>我是段落 2 的内容。</p>
</body>
</html>
```

例 3-7 中定义了两个<p>标签，将第一个<p>标签嵌套在<article>标签中，并单独设置 article p 的样式。

运行例 3-7，效果如图 3-12 所示。

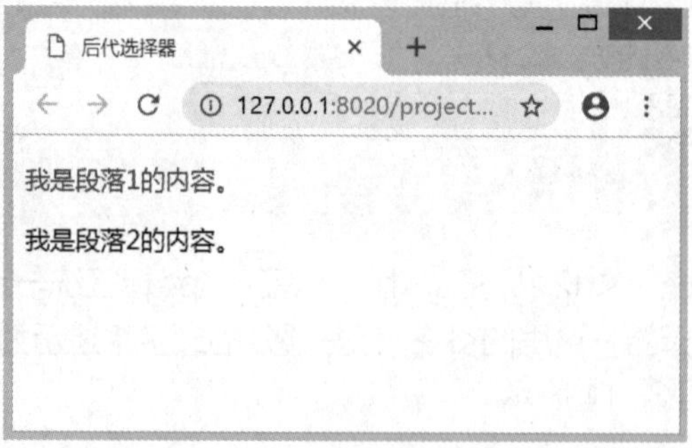


图 3-12　后代选择器使用示例效果

### 7. 并集选择器

并集选择器是指同时选中各个基本选择器所选择的范围，任何形式的选择器都可以。并集选择器是多个选择器间通过逗号连接而成的。其基本语法格式如下。

```
选择器 1,选择器 2,…{属性 1:属性值 1;属性 2:属性值 2;属性 3:属性值 3;}
```

各并列的选择器之间使用逗号分隔，并列的选择器可以是标签名称，也可以是 id、class 名称，示例如例 3-8 所示。

**例 3-8** example08.html

```
 <!doctype html>
<html>
 <head>
     <meta charset="UTF-8">
     <title>并集选择器</title>
  <style>
   h1,h2,.p1{color:blue;}
   </style>
 </head>
 <body>
     <h1>我是标题</h1>
     <h2>我是小标题</h2>
     <p class="p1">我是段落 1</p>
     <p>我是段落 2</p>
 </body>
 </html>
```

运行例 3-8，效果如图 3-13 所示，可以看出，使用并集选择器定义样式与使用各个基础选择器单独进行定义样式的效果完全相同，而且这种方式书写的 CSS 代码更简洁、直观。

图 3-13 并集选择器使用示例效果

## 3.3 文本样式属性

### 3.3.1 字体属性

字体属性用于控制页面文本字符的显示方式，如字体类型、文字大小、加粗、倾斜等。CSS 中，字体样式通过一个与字体相关的属性系列来指定。

**1. font-family 属性**

font-family 属性用于指定网页中文本的字体，取值可以是字体名称，也可以是字体家族名称，值之间用逗号分隔。例如，以下代码设置了标签<p>的字体属性。

```
p{font-family: "微软雅黑","楷体_GB2312","黑体";}
```

在 CSS 中，有两种不同类型的字体系列名称，分别是通用字体系列和特定字体系列。通用字体系列是指拥有相似外观的字体系统的组合，共有 5 种，分别是 Serif、Sans-serif、Monospace、Cursive 和 Fantasy。例如，Serif 字体家族的特点是字体成比例，而且有上下短线，其典型的字体包括 Times New Roman、Georgia、宋体等。特定字体系列就是具体的字体系列，如 Times 或 Courier。

指定字体时要注意，除了通用字体系列之外，其他字体的首字母均必须大写，如 Arial。若字体名称中间有空格，则需要为其加上引号，如 Times New Roman。

使用 font-family 属性设置字体时，要考虑字体的显示问题，可能用户的计算机中无法正确显示设置的某种字体，因此建议设置多种字体类型，每种字体类型之间用逗号隔开，且将最基本的字体类型放在最后。这样，如果前面的字体类型不能够正确显示，则系统将自动选择后一种字体类型，依次类推。例如：

```
Body{font-family:Verdana,Arial,Helvetica,sans-serif;}
```

**2. font-size 属性**

font-size 属性用于设置文本的大小，可以是绝对值或相对值。

使用绝对值指定文本的大小时，可以使用关键字 xx-small、x-small、small、medium、large、x-large 或 xx-large，其依次表示越来越大的字体，默认值是 medium。另外，pt（点）也属于绝对单位。

使用相对大小时，可以用关键字 smaller、larger、em 及百分比值，它们都是相对于周围的元素来设置文本大小的。px（像素）是相对于显示器屏幕分辨率而言的。

在没有规定字体大小的情况下，普通文本（如段落）的默认大小是 16px，1em 等于当前的字体大小，也就是 16px=1em。在设置字体大小时，em 的值会相对于父标签的字体大小改变。例如，若有 body{font-size:16px;}，则下面对标题 h1 的大小设置是相同的。

```
h1{font-size:1.5em;}
h1{font-size:150%;}
```

例 3-9 分别将字体大小设置为 30px、12pt、120%和 1em，运行例 3-9，效果如图 3-14 所示。

**例 3-9** example09.html

```
 <!DOCTYPE html>
<html>
<head>
    <meta charset="UTF-8">
    <title>字体大小</title>
    <style type="text/css">
  h1 {font-size: 30px;}
h2 {font-size: 12pt;}
h3 {font-size: 120%;}
p {font-size: 1em;}
</style>
</head>
<body>
    <h1>标题 &lt;h1> 大小 30px</h1>
    <h2>标题 &lt;h2> 大小 12pt</h2>
    <h3>标题 &lt;h3> 大小 120%</h3>
    <p>段落 &lt;p> 大小 1em</p>
</body>
</html>
```

图 3-14　使用 font 属性综合设置字体样式效果

### 3. font-weight 属性

font-weight 属性用于设置文本字体的粗细，取值可以是关键字 normal、bold、bolder 和 lighter，也可以是数值 100～900。其默认值为 normal，表示正常粗细，数值上相当于 400；bold 表示粗体，相当于 700。下面的代码设置了 3 个不同 font-weight 属性的段落。

```
p.normal{font-weight:normal;}
p.thick{font-weight:bold;}
p.thicker{font-weight:900;}
```

### 4. font-style 属性

font-style 属性用于定义文本的字形，取值包括 normal、italic 和 oblique，分别表示正常字体、斜体和倾斜字体，默认值为 normal。

斜体（italic）是一种简单的字体风格，对每个字母的结构都有一些小改动来反映变化的外观。与此不同，倾斜（oblique）文本则是正常竖直文本的一个倾斜版本。通常情况下，italic 和 oblique 文本在 Web 浏览器中看上去完全一样。

### 5. font-variant 属性

font-variant 属性可以设定小型大写字母，其取值有 normal、small-caps 和 inherit。其默认值为 normal，表示使用标准字体；samll-caps 表示小型大写字母，即小写字母看上去与大写字母一样，但比标准的大写字母要小一些。例如，下面的代码用于把段落设置为小型大写字母字体。

```
p.small{font-variant:small-caps;}
```

### 6. font 属性

使用 font 属性，可以在一个声明中综合设置所有字体属性，各分属性的值用空格隔开。font 属性的取值顺序如下。

```
选择器{font: font-weight font-style font-variant font-size/line-height font-family;}
```

使用 font 属性时，必须按以上语法格式中的顺序书写。其中，line-height 指的是行高，在 3.3.2 节中将具体介绍。例如：

```
p{
        font-family:Arial, "微软雅黑";
        font-size:12px;
        font-style:italic;
        font-weight:bold;
        font-variant:small-caps;
```

```
        line-height:20px;
    }
```

其等价于

```
p{font:italic small-caps bold 12px/20px Arial, "微软雅黑";}
```

其中不需要设置的属性可以省略（取默认值），但必须保留 font-size 和 font-family 属性，否则 font 属性将不起作用。

### 7. @font-face 属性

@font-face 属性是 CSS3 的新增属性，用于定义服务器字体。通过@font-size 属性，开发者可以在用户计算机未安装字体时使用任何喜欢的字体。使用@font-face 属性定义服务器字体的基本语法格式如下。

```
@font-face{
        font-family:字体名称;
        src:字体路径;
}
```

在上面的语法格式中，font-family 属性用于指定该服务器字体的名称，该名称可以随意定义；src 属性用于指定该字体文件的路径。

下面通过一个剪纸字体的案例来演示@font-face 属性的具体用法，如例 3-10 所示。

**例 3-10**　example10.html

```
<!doctype html>
<html>
<head>
<meta charset="utf-8">
<title>@font-face 属性</title>
<style>
<style>
 @font-face {
  font-family: 'Pinyon Script';
  src: url("fonts/PinyonScript-Regular.ttf") ;
  font-weight: normal;
  font-style: normal;}
 h3 {
  font-size: 3rem;
  font-family: 'Pinyon Script';
  font-weight: 600;}
</style>
</head>
<body>
     <h3>One world, One dream</h3>
</body>
</html>
```

在例 3-10 中，第 8～12 行代码用于定义服务器字体，第 15 行代码用于为段落标签设置字体样式。

运行例 3-10，效果如图 3-15 所示。

由图 3-15 容易看出，定义并设置服务器字体后，页面就可以正常显示英文花体字。需要注意的是，服务器字体定义完成后，还需要对标签应用 font-family 字体样式。

图 3-15 @font-face 属性使用示例效果

总结例 3-10，可以得出使用服务器字体的步骤如下。

（1）下载字体，并存储到相应的文件夹中。

（2）使用@font-face 属性定义服务器字体。

（3）对标签应用 font-family 字体样式。

### 3.3.2 文本属性

使用 HTML 可以对文本外观进行简单的控制，但是效果并不理想。为此，CSS 提供了一系列的文本属性，可以定义文本的外观。通过文本属性，可以改变文本的颜色、字符间距、对齐文本、装饰文本、对文本的缩进等。CSS 常用的文本属性有 text-align 属性、text-indent 属性、line-height 属性、word-spacing 属性、letter-spacing 属性、text-decoration 属性和 text-transform 属性等。

**1. text-align 属性**

text-align 属性用于设置所选标签的对齐方式，取值可以是 left（左对齐）、center（居中）、right（右对齐）、justify（两端对齐）。对于从左到右阅读的语言，此属性的默认值为 left；对于从右到左阅读的语言，此属性的默认值为 right。text-align 属性的适用对象是块元素和表格的单元格，与<center>标签不同，text-align 不会控制元素的对齐，而只影响内部内容，标签本身不会从一端移到另一端，只是其中的文本受影响，示例如例 3-11 所示。

例 3-11 example11.html

```
 <!doctype html>
 <html>
 <head>
 <meta charset="utf-8">
 <title>文本对齐</title>
 <style type="text/css">
TH {
TEXT-ALIGN:left;}
TD {
TEXT-ALIGN: center;}
P {
TEXT-ALIGN: justify;}
</style>
</head>
```

```
    <body>
        <H1>文本对齐</H1>
        <H2>表格里的文本对齐</H2>
      <TABLE width="100%" border=1>
     <TBODY>
    <TR>
      <TH>初唐四杰</TH>
      <TH>唐宋八大家</TH></TR>
    <TR>
      <TD>王勃</TD>
      <TD>欧阳修</TR>
    <TR>
      <TD>杨炯</TD>
      <TD>苏轼</TD></TR></TBODY></TABLE>
   <H2>段落中文本两端对齐</H2>
   <P>唐代文学家韩愈、柳宗元，宋代文学家欧阳修、苏洵、苏轼、苏辙、曾巩、王安石八人的合称。八人在散文创作上皆有较高
文学成就。</P>
    </body>
   </html>
```

运行例 3-11，文本对齐效果如图 3-16 所示。

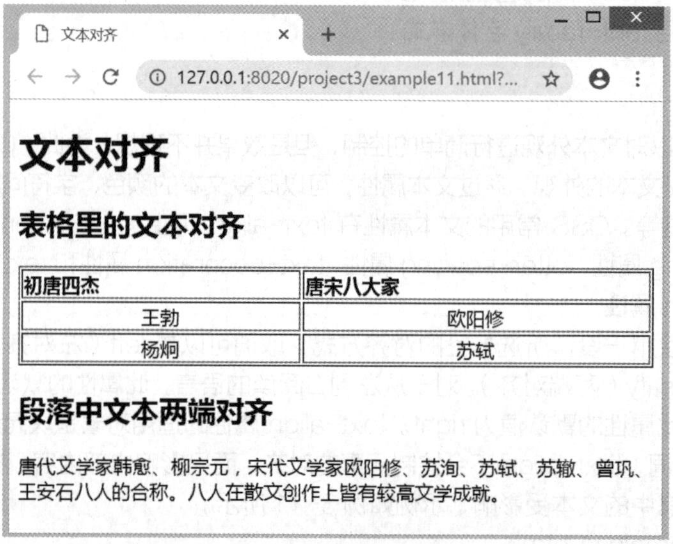


图 3-16 文本对齐效果

## 2. text-indent 属性

Web 页面中段落的首行缩进是一种常见的文本格式化效果。使用 text-indent 属性可以方便地选定标签的第一行，使其缩进一个给定的长度。例如，下面的规则会使所有段落的首行缩进 2em，即首行缩进 2 个字符。

```
p{text-indent:2em;}
```

通常，text-indent 属性会对段落首行开头文本文字进行缩进显示。如果使用<br/>换行标签，则从第二个换行开始不会出现缩进效果；如果使用<p>标签换行，则每个<p>标签换行开头都缩进。下面通过一个案例来学习 text-indent 属性的使用，如例 3-12 所示。

**例 3-12** example12.html

```
<!doctype html>
<html>
<head>
<meta charset="utf-8">
<title>首行缩进 text-indent</title>
<style type="text/css">
#div{ text-indent:25px; }
</style>
</head>
<body>
    <div id="div">
  <p>第一段开始缩进效果<br />
      使用 br 标签的换行将不会缩进
    </p>
    <p>第二段使用 p 标签段落首行也会缩进<br />
      第二行使用了 br 不会缩进<br />
      第三行提行使用了 br 也不会缩进</p>
  </div>
</body>
</html>
```

运行例 3-12，段落缩进效果如图 3-17 所示，以<p>标签段落开始的文字会缩进，使用<br/>标签的部分不会缩进。

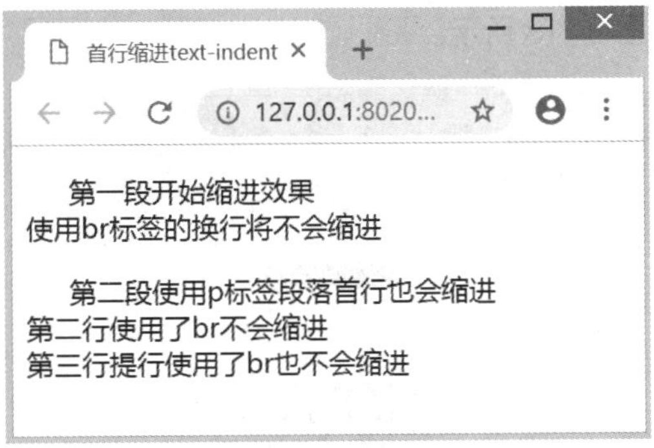


图 3-17 段落缩进效果

### 3. line-heigh 属性

CSS 中常使用 line-height 属性设置内容、文字、图片之间的行高、上下居中样式效果。line-height 属性多用于文字排版，实现上下排文字间隔距离的设置以及单排文字在一定高度情况下的居中布局。

line-height 属性的语法格式为 line-height:数字+单位，一般以 px 为单位，也可以 em 为单位，还可以是百分比，百分比取值基于字体的高度尺寸。下面通过一个案例来学习 line-height 属性的使用，如例 3-13 所示。

**例 3-13** example13.html

```
<!doctype html>
<html>
<head>
<meta charset="utf-8">
```

```
    <title>行高 line-height 的使用</title>
    <style type="text/css">
    body { font-size:12px; }
       h1 { font: bold italic 200%/1.2  Verdana, Arial, sans-serif; }
      .p1{line-height:2;}
      .p2{line-height:2em;}
      .p3{line-height:200%;}
      </style>
      </head>
      <body>
             <body>
          <h1 align="center">钱塘湖春行 </h1><Hr>
      <p align="center" class="p1">作者:白居易</p>
          <p align="center"  class="p2">
              孤山寺北贾亭西，水面初平云脚低。<br>
              几处早莺争暖树，谁家新燕啄春泥。<br>
              乱花渐欲迷人眼，浅草才能没马蹄。<br>
              最爱湖东行不足，绿杨阴里白沙堤。<br>
      </p>
          <p class="p3">
      【说明】此诗为作者任杭州刺史时作。写西湖的山光水色、花草亭
    树，<br/>加上早莺、新燕生机盎然，旖旎动人。是摹写西湖春色名篇。</p>
       </body>
    </html>
```

在例 3-13 中分别使用 px、em 和百分比设置 3 个段落的行高。

运行例 3-13，效果如图 3-18 所示。

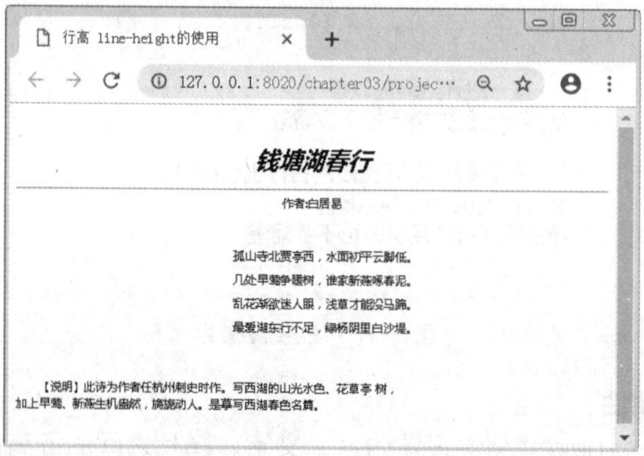


图 3-18　行高效果

## 4. word-spacing 属性

word-spacing 属性可以改变字（单词）之间的标准间隔，取值可以是 normal 或具体的长度值，也可以是负值。其默认值是 normal，与设置值为 0 时效果是一样的。word-spacing 取正值时会增加字之间的间隔，取负值时会缩小间隔，即将它们拉近，示例如例 3-14 所示。

例 3-14　example14.html

```
    <!doctype html>
    <html>
    <head>
```

```
        <meta charset="utf-8">
        <title>word-spacing 用法 </title>
        <style type="text/css">
        p.spread {word-spacing: 15px;}
       p.tight {word-spacing: -0.5em;}
       </style>
       </head>
       <body>
           <p class="spread">This is some text. This is some text.</p>
           <p class="tight">This is some text. This is some text.</p>
       </body>
</html>
```

运行例 3-14，字符间隔效果如图 3-19 所示。

图 3-19　字符间隔效果

### 5. letter-spacing 属性

letter-spacing 属性用于设置字符之间的间距，可以控制汉字中字与字之间、英文中字母与字母之间的距离，取值包括所有长度，也可以是负值，输入的长度值会使字符之间的间隔增加或减少，示例如例 3-15 所示。

**例 3-15**　example15.html

```
<!DOCTYPE html>
<html>
    <head>
        <meta charset="UTF-8">
        <title>letter-spacing 用法</title>
        <style type="text/css">
        .p1{letter-spacing:normal; }
        .p2{ letter-spacing:20px;  }
        .p3{ letter-spacing:14px;  }
        </style>
    </head>
    <body>
        <p class="p1">I am a good student.</p>
        <p class="p2">测试改变汉字间距样式</p>
        <p class="p3">Test the space of english!</p>
    </body>
</html>
```

运行例 3-15，文字间距效果如图 3-20 所示，第一行文字间距保持默认间距，第二行汉字间距及第三行英语字符间距均发生了变化。

图 3-20 文字间距效果

### 6. text-decoration 属性

text-decoration 属性可以为文本添加装饰效果，其可用属性值如下。

（1）none：没有装饰（正常文本默认值）。

（2）underline：对元素添加下划线。

（3）overline：对元素添加上画线。

（4）line-through：在文本中间画一条删除线。

（5）blink：添加闪烁效果.

下面通过一个案例来演示 text-decoration 各属性值的显示效果，如例 3-16 所示。

**例 3-16** example16.html

```
<!doctype html>
<html>
<head>
        <meta charset="UTF-8">
    <title>text-decoration 属性</title>
    <style type="text/css">
    H1 {TEXT-DECORATION: underline}
    H2 {TEXT-DECORATION: overline}
    H3 {TEXT-DECORATION: line-through}
    </style>
</head>
<body>
    <H1>加了下划线的文本</H1>
    <H2>加了上划线的文本</H2>
    <H3>加了删除线的文本</H3>
</body>
</html>
```

例 3-16 中定义了 3 个段落文本，并且使用 text-decoration 属性对它们分别添加了不同的文本装饰效果。运行例 3-16，效果如图 3-21 所示。

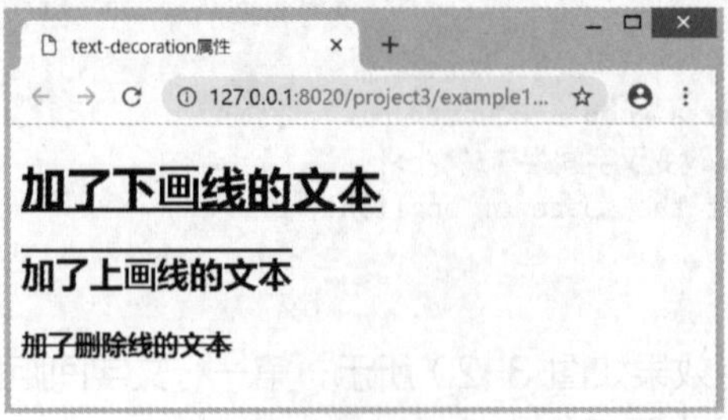


图 3-21 文本装饰效果

### 7. text-transform 属性

text-transform 属性用于控制英文字符的大小写，其可用属性值如下。

（1）none：不转换（默认值）。

（2）capitalize：只对每个单词的首字母大写。

（3）uppercase：将文本转换成全大写。

（4）lowercase：将文本转换成全小写。

下面通过一个案例来演示 text-transform 各属性值的显示效果，如例 3-17 所示。

**例 3-17** example17.html

```
<!DOCTYPE html>
<html>
    <head>
        <meta charset="UTF-8">
        <title>text-transform 属性</title>
        <style type="text/css">
        H1 {
            TEXT-TRANSFORM: uppercase
        }
        LI {
            TEXT-TRANSFORM: capitalize
        }
        </style>
    </head>
    <body>
        <H1>这个标题采用大写字母 abcd</H1>
    <UL>
      <LI>peter hanson
      <LI>max larson
      <LI>joe doe
      <LI>paula jones
      <LI>monica lewinsky
      <LI>donald duck </LI></UL>
    <P>注意，我们用 CSS 实现了令所有人名的首字母大写。</P>
    </body>
</html>
```

例 3-17 中使用 text-decoration 属性把所有<h1>标签变成大写字母，把列表项中每个单词的首字母变成大写。运行例 3-17，效果如图 3-22 所示。

图 3-22 大小写字母转换效果

### 8. white-space 属性

HTML 中的“空白符”包括空格（space）、制表符（tab）、换行符（CR/LF）3 种。在默认情况下，HTML 源码中的空白符均显示为空格，并且连续的多个空白符会被视为一个，或者说连续的多个空白符会被合并。通过 white-space 属性可以设置文本中空白符的处理规则，其属性值如下。

（1）normal：将空白符合并，忽略换行符，允许自动换行。

（2）nowrap：将空白符合并，忽略换行符，不允许自动换行。

（3）pre：保留空白符、换行符，不允许自动换行。

（4）pre-wrap：不合并空白符，允许自动换行（在 pre 的基础上保留自动换行），推荐使用。

（5）pre-line：合并空白符，保留换行符，允许自动换行。

### 9. color 属性

CSS 提供了多种颜色表示方法，如颜色名称、十六进制颜色值、RGB 函数等，且可以为颜色设置透明度。color 属性用于定义文本的颜色，其取值方式有如下 4 种。

（1）预定义的颜色值，CSS 颜色规范中定义了 147 种颜色名，其中有 17 种标准色，如 red、green、blue 等，颜色名便于记忆，容易使用，只需要将其放在任何颜色相关属性的属性值处即可。

（2）十六进制颜色值，利用了三原色的混合原理，如#FFFF00，其中前两位 FF 表示红色最大值，中间两位 FF 表示绿色最大值，后面两位 00 表示蓝色值，这样混合出来的是黄色。实际工作中，十六进制颜色值是最常用的定义颜色的方式。

（3）RGB 函数，也利用了三原色的混合原理，每种颜色的色阶范围是[0,255]，如红色可以表示为 rgb（255,0,0）或 rgb（100%,0%,0%）。

（4）RGBA（red,green,blue,alpha）函数，前 3 个参数与 RGB 函数相似，alpha 参数用于指定该颜色的透明度，其可以是 0～1 内的任意数，0 表示完全透明。

下面通过一个案例来演示不同 color 属性值的显示效果，如例 3-18 所示。

**例 3-18** example18.html

```
<!DOCTYPE html>
<html>
    <head>
        <meta charset="UTF-8">
        <title>文字颜色属性</title>
        <style type="text/css">
    .text{background: rgba(255,0,0,0.3); }
        </style>
    </head>
    <body>
        <div class="text">此行背景色为 30%透明度的红色</div>
    </body>
</html>
```

在例 3-18 中，将.text 部分背景颜色设为红色，透明度为 30%，效果如图 3-23 所示。

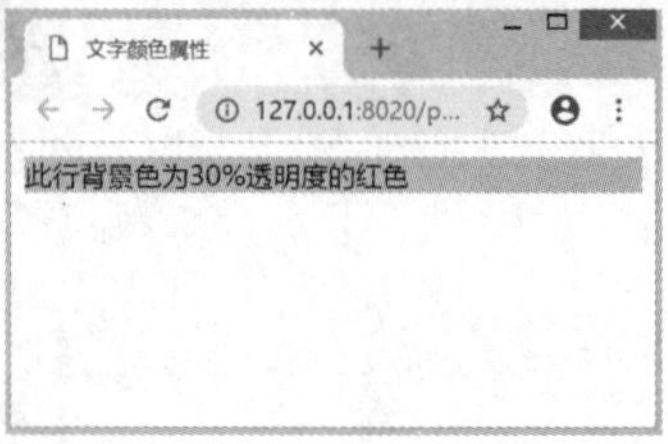


图 3-23　颜色透明度效果

#### 多学一招：颜色值的缩写

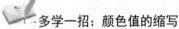

十六进制颜色值由#开头的 6 位十六进制数值组成，每两位为一个颜色分量，分别表示颜色的红、绿、蓝 3 个分量。当 3 个分量的两位十六进制都各自相同时，在 CSS 代码中可使用缩写，如#FF6600 可缩

写为#F60，#FF0000 可缩写为#F00，#FFFFFF 可缩写为#FFF。使用颜色值的缩写可简化 CSS 代码。

### 10. text-shadow 属性

在 CSS3 中，text-shadow 属性可给文本添加阴影效果，以实现向标题添加阴影文字的文本特效。其基本语法格式如下。

```
text-shadow:[x-轴(X-Offset)  y 轴(Y-Offset)  模糊半径(Blur)  颜色(Color)]]
```

其中，X-Offset 表示阴影的水平偏移距离，其值为正值时，阴影向右偏移，其值为负值时，阴影向左偏移；Y-Offset 表示阴影的垂直偏移距离，其值是正值时，阴影向下偏移，其值是负值时，阴影向顶部偏移；Blur 表示阴影的模糊程度，其值不能是负值，值越大，阴影越模糊，值越小，阴影越清晰，如果不需要阴影模糊，则可以将 Blur 值设置为 0；Color 表示阴影的颜色，其可以使用 RGBA 函数表示。

下面通过一个案例来演示不同 text-shadow 属性值的显示效果，如例 3-19 所示。

**例 3-19**　example19.html

```
<!DOCTYPE html>
<html>
    <head>
        <meta charset="UTF-8">
        <title> text-shadow 属性</title>
         <style>
         p{
           text-align:center;
           margin:0;
          font-family: helvetica,arial,sans-serif;
          color:#999;
          font-size:80px;
          font-weight:bold;
          text-shadow:10px 10px #333;
         }
    </style>
    </head>
 <body>
     <p>Text Shadow</p>
 </body>
</html>
```

在例 3-19 中，文字部分出现右下角阴影效果，效果如图 3-24 所示。

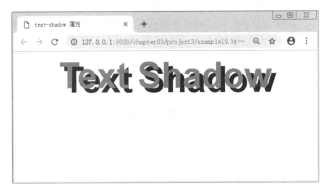

图 3-24　文本阴影效果

# 3.4 CSS 高级特性

## 3.4.1 层叠性和继承性

文档中的一个元素可能同时被多个 CSS 选择器选中，每个选择器都有一些 CSS 规则，这就是层叠；而所谓继承，就是父标签的规则也适用于子标签。

### 1. 层叠性

层叠性是指 CSS 能够对同一个标签应用多个样式表的能力，一般原则是最接近目标的样式定义为最高优先级。

下面通过一个案例帮助读者更好地理解 CSS 的层叠性，如例 3-20 所示。

例 3-20　example20.html

```
<!DOCTYPE html>
<html>
    <head>
        <meta charset="UTF-8">
        <title>CSS 层叠性</title>
        <link rel="stylesheet" type="text/css" href="css/style20.css" />
        <style type="text/css">
            h2{text-align: right;
            font-size:16pt;}
        </style>
    </head>
    <body>
        <h2 >文字色彩为蓝色，向右对齐，大小为 16pt</h2>
    </body>
</html>
```

其在 CSS 文件夹中新建了一个名为 style20.css 的样式表文件，代码如下。

```
h2{
    color: blue;
    text-align: left;
    font-size: 8pt;
}
```

在例 3-20 中，<h2>叠加样式效果为“文字色彩为蓝色，向右对齐，大小为 16pt”，字体颜色从外部样式表保留下来，而当对齐方式和字体尺寸各自都有定义时，按照后定义优先的规则使用内部样式表的定义。

运行例 3-20，效果如图 3-25 所示。

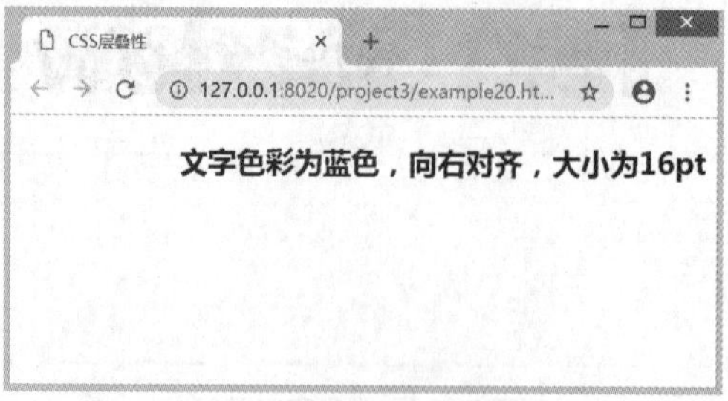


图 3-25　CSS 层叠样式效果

### 2. 继承性

继承是一种机制，它允许样式不仅可以用于某个特定的元素，还可以用于它的后代。要想了解 CSS 样式表的继承，要先从文档树（HTML DOM）开始讲起。文档树由 HTML 标签组成。如图 3-26 所示，各个标签之间呈现树形关系，处于最上端的<html>标签称为“根”，它是所有标签的源头，往下层层包含。在每一个分支中，上层标签为其下层标签的父标签，相应的，下层标签为其上层标记的子标签。

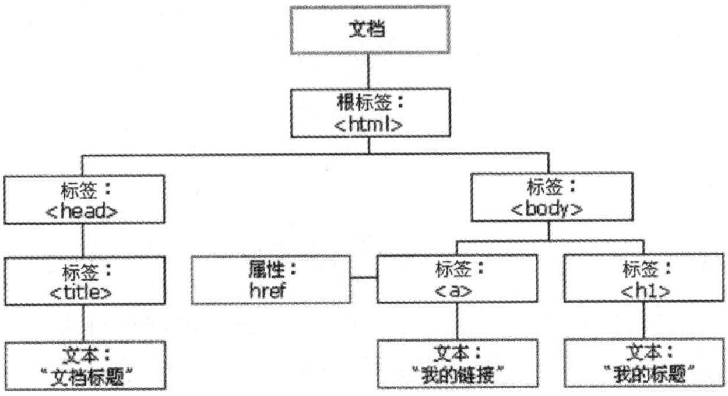


图 3-26　文档树的结构

文档树和家族树类似，也有祖先、后代、父亲、孩子和兄弟。CSS 样式表继承就是指特定的 CSS 属性向下传递到子孙后代标签。例如：

```
<p> CSS 样式表<em>继承特性</em>的示例代码 </p>
```

当给 p 指定 CSS 样式时，代码如下。

```
p{font-weight:bold;}
```

em 会有什么变化呢？在浏览器中，<p>和<em>字体同时变粗。这里并没有指定<em>的样式，但<em>继承了它的父标签<p>的样式特性，这就是继承。

继承性最典型的应用是整个网页的样式预设及整体布局声明。在实际工作中，人们编写代码时，往往在 CSS 文档的最前部定义

```
*{margin: 0; padding: 0; border0;}
```

这些代码的真正用意在于，在默认情况下，所有元素的 margin、padding、border 属性值都为 0，这就是整个网页的样式预设、整体布局声明。当需要应用其他不同样式的时候，再单独对某标签进行定义即可。

## 3.4.2　优先级

多个选择器选择同一标签，并且给同一个标签设置相同的属性时，如何层叠由优先级来决定。如果外部样式、文档样式和行内式样式同时应用于同一元素，则一般情况下优先级为浏览器默认<外部样式<文档样式<行内式。

有一个例外的情况，即如果外部样式放在内部样式（文档样式和内联样式）的后面，则外部样式将覆盖内部样式，示例如例 3-21 所示。

**例 3-21**　example21.html

```
<!DOCTYPE html>
```

```
<html>
    <head>
        <meta charset="UTF-8">
        <style type="text/css">
            h2{font-size: 12px;}
        </style>
        <link rel="stylesheet" type="text/css" href="css/style21.css" />
        <title>CSS 优先级特性</title>
    </head>
    <body>
        <h2>优先级特性测试</h2>
    </body>
</html>
```

其对应的 CSS 代码如下。

```
h2{font-size: 32px;
color: yellowgreen;}
```

例 3-21 中先定义了文档样式规则<h2>的大小为 12px，随后在外部样式表中定义了规则<h2>的大小为 32px，虽然文档样式规则的优先级高于外部样式表，但是因为外部样式表写在文档样式的后面，所以呈现的效果如图 3-27 所示。

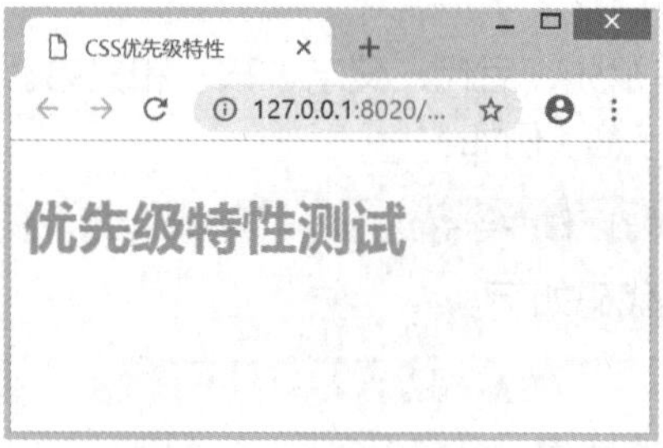


图 3-27　优先级特性测试效果

如果有多个选择器同时应用于一个元素，则一般情况下，优先级顺序为类选择器<类派生选择器<id 选择器<id 派生选择器，示例如例 3-22 所示。

例 3-22　example22.html

```
<!DOCTYPE html>
<html>
    <head>
        <meta charset="UTF-8">
        <title>优先级测试</title>
        <style type="text/css">
            #IdName{font-size: 16px;}
            .ClassName{font-size: 30px;}
        </style>
    </head>
    <body>
        <div id="IdName" class="ClassName">
            优先级特性测试 2
        </div>
    </body>
</html>
```

在例 3-22 中，虽然 font-size:30px 写在 font-size:16px 后面，但最终显示效果仍为 16px。

此外，在考虑优先级时，涉及 CSS 样式覆盖的问题，有如下规则。

（1）样式表的标签选择器选择越精确，其中的样式优先级越高。

例 3-22 中，#IdName 样式的优先级大于.ClassName 样式的优先级，因此最终起作用的是 #IdName 样式。

（2）对于相同类选择器指定的样式，在样式表文件中，越靠后的优先级越高，示例如例 3-23 所示。

**例 3-23**　example23.html

```
<!DOCTYPE html>
<html>
    <head>
    <meta charset="UTF-8">
    <title>CSS 优先级</title>
     <style type="text/css">
     .class1{font-size:16px;}
     .class2{font-size:30px;}
     </style>
     </head>
     <body>
     <div class="class2 class1">优先级特性测试 3</div>
</body>
</html>
```

标签采用 class="class2 class1"方式指定时，虽然.class1 在标签中指定时排在.class2 的后面，但因为在样式表文件中.class1 处于.class2 前面，所以此时仍然是.class2 样式的优先级更高，页面被解析后，文字的大小属性值是 30px。

（3）制作网页时，有些特殊的情况需要为某些样式设置最高权值，这时候可以使用!important 来解决，示例如例 3-24 所示。

**例 3-24**　example24.html

```
<!DOCTYPE html>
<html>
    <head>
        <meta charset="UTF-8">
        <title></title>
        <style type="text/css">
            p{color: blue!important;}
            p{color: red;}
        </style>
    </head>
    <body>
        <p>这里的文本应该是什么颜色呢？</p>
    </body>
</html>
```

由于!important 样式的优先级高于所有样式，例 3-24 段落文本颜色为蓝色。

扫码观看视频

## 3.5 阶段案例——制作励志故事页面

本章前几节重点介绍了 CSS3 的浏览器支持情况、CSS 样式规则、选择器、

CSS 文本相关样式及高级特性。为了使读者更好地认识 CSS，本节将通过案例的形式应用网页中常见的格式，其效果如图 3-28 所示。

图 3-28　励志故事页面效果

## 3.5.1　分析效果图

### 1. 结构分析

图 3-28 所示的励志故事页面效果一共由 4 部分组成，第一部分为标题（标题分为主标题和子标题）可以结合图片来进行定义；第二部分为导语；第三部分为图文信息；第四部分为底部信息。

### 2. 样式分析

仔细观察效果图，第一部分的标题分为主标题和子标题，主标题中文部分为黑色、微软雅黑，英文部分为栗色、大写字母，子标题由图标和文字组成；第二部分的导语均由一条左对齐灰色直线分割，可以设置分割线的颜色、宽度和对齐方式；第三部分图文信息的文字由标题和首行缩进 2 个字符的段落组成，可以设置类选择器和 id 选择器的样式；第四部分底部信息的文字颜色可以使用 id 选择器分别进行单独设置。

## 3.5.2　制作页面

对效果图有了一定的了解后，下面使用相应的 HTML 标签搭建页面结构，如例 3-25 所示。

例 3-25　example25.html

```
<!DOCTYPE html>
<html>
    <head>
        <meta charset="UTF-8">
        <title>励志故事</title>
```

```
    </head>
    <body>
     <!--第一部分 标题-->
    学习是永恒的主题，是开启成功之门的金钥匙。整个世界都在进步，要想成功，想超过千万个甘于平庸的人，你就得不断的学习。
    <div id="header"><h1> 励志故事<span id="e-header">(短文精选推荐)</span></h1></div>
    <div id="subhead" ><img src="img/tubiao.png" />发布时间：2019-05-18 16:23 浏览次数：1378 </div>

    <!--第二部分 导语-->
    <div id="guidance">
    <br/>
    <hr align="left"/>
    <img src="img/daodu.png" align="left">
    <p style="width:550px;line-height:200%;text-align:left;font-size:13px;font-family:Microsoft YaHei;color:#876;">学习是永恒的主题，是开启成功之门的金钥匙。整个世界都在进步，要想成功，想超过千万个甘于平庸的人，你就得不断的学习。学习才是永续成功的动力，“逆水行舟，不进则退”。</p>
    <hr align="left"/>
    </div>

    <!--第三部分 图文信息-->
    <div class="art">
    <p>社会在发展、在变化，在知识飞速发展的今天，不加强学习，提高自身修养，将无法适应高速发展的社会，更无法把工作做好。华罗庚教授曾经说：“勤能补拙是良训，一份辛苦一份才。”</p>
    <img src="img/pic.jpg" border="blue">
    </div>

    <div class="art">
    <h3>富兰克林</h3>
    <p>美国物理学家富兰克林，是家中 12 个男孩中最小的。由于家境贫寒，12 岁就到哥哥开的小印刷所去当学徒。他把排字当作学习的好机会，从不叫苦。在他阅读了许多书籍后，由最初化名练习写作，直至富兰克林的文章经常在报上发表受到人们称赞，到很有名气后，他的哥哥才知道这位“名家”竟是自己的弟弟。</p>

    <h3>自己的事，自己干</h3>
    <p>“滴自己的汗，吃自己的饭。自己的事，自己干。”这是郑板桥所言。学习是自己的事，只有勤奋好学，才会有所收获。</p>
    </div>
    <!--第四部分 底部信息-->
    <div id="note">
    <h3>注：文章转载自网络</h3>
    <p id="color">学习是自己的事，是给自己补充能量，先有输入，才能输出。尤其在知识经济时代，知识更新的周期越来越短，只有不断的学习，才能不断摄取能量，才能适应社会的发展，才能生存下来。</p>
    </div>

    <div id="footer">
            <p class="info">
                <a href="#">联系我们</a>  |
                <a href="#">收藏本站</a>  |
                <a href="#">人才招聘</a>  |
                <a href="https://www.csdn.net/">开源社区</a>  |
                <a href="#">信息反馈</a>
            </p>
            <p class="copy">&copy; 武汉城市职业学院</p>
    </div>
      </body>
    </html>
```

例 3-25 中分别使用了标签选择器（h1、h3）、类选择器和 id 选择器，第二部分的<p>标签直接应用了行内式样式表，定义了字体的行距、对齐方式、大小、颜色等，并直接在浏览器中显示效果。运行例 3-21，效果如图 3-29 所示。

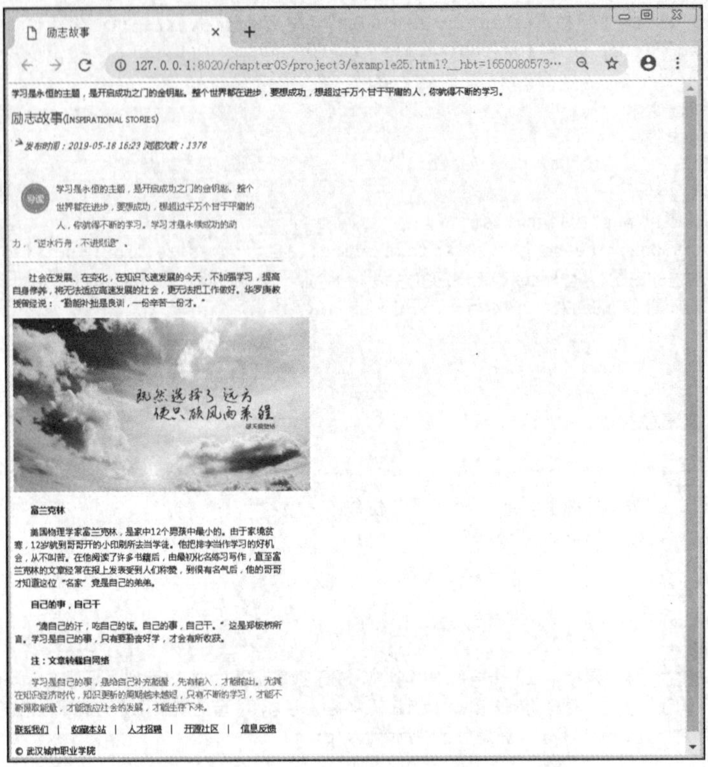


图 3-29　HTML 结构页面效果

### 3.5.3　定义 CSS 样式

例 3-25 中使用 HTML 标签得到的是没有任何样式修饰的页面，要想实现图 3-30 所示的 CSS 样式效果，就需要使用 CSS 对文本样式进行控制，步骤如下。

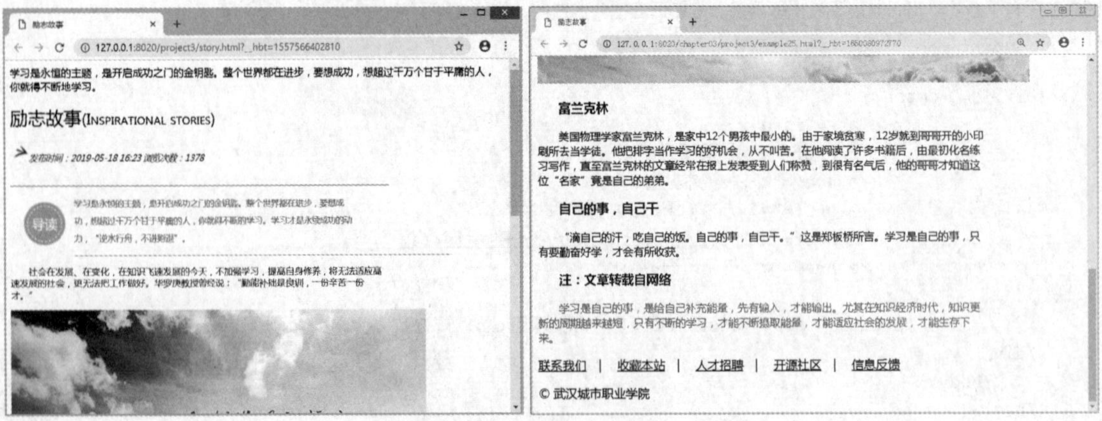


图 3-30　CSS 样式效果

**1. 设置第一部分**

通过外链 CSS 文件方式，在 CSS 文件夹中新建 story.css 文件，将以下样式规则写在该文件中。

（1）使用标签选择器 h1：设置字体大小为 28px、字体颜色为#333；字体为微软雅黑（"Microsoft YaHei"）、正常粗细（font-weight）。

（2）定义 id 选择器#subhead：设置文字大小为 small，斜体，字体颜色为#444，正常粗细，外边距为 5px。

（3）定义 id 选择器 e-header：设置字体大小为 0.8em，字体颜色为栗色（maroon），应用 small-caps 样式，即 font-variant:small-caps。

**2. 设置第二部分和第三部分**

通过链入内部 CSS 方式，在<head></head>标签对中加入<style>……</style>。

（1）定义标签选择器 hr：设置 hr 标签的背景颜色为#aaa、宽度为 600px、高度为 1px、左对齐、边框为 none。

（2）定义类选择器 art 来设置第三部分的样式，定义 id 选择器 note 来设置第四部分的样式，它们具有相同的样式，即宽度为 600px，颜色为#333，字体大小为 14px；段落首行缩进 2 个字符（text-indent:2em）。

（3）定义 h3 标签选择器：设置无首行缩进；使用<em>标签来设定<h3>标签为<body>标签文本尺寸的 1.5 倍，即设定 font-size 属性值为 150%。

**3. 设置第四部分**

定义 id 选择器 color，设置宽度为 600px，文本缩进 2em，颜色为#ff6600，字体大小为 14px，字体为微软雅黑。

在 example25.html 文件<head>标签内的<title>标签之后书写如下 CSS 代码，引入外部样式表 story.css。

```
<link rel="stylesheet" href="css/story.css" type="text/css">
```

**4. 书写 CSS 样式**

设置第一部分的内容，标题分为主标题、子标题和英文标题，具体代码如下。

```
h1 {
        font-size:28px;
        color:#333;
        font-family:"Microsoft YaHei";
        font-weight:normal;
    }
#subhead{
         color:#444;
         font-size:small;
         font-style:italic;
         font-weight:normal;
         margin:5px;
     }
#e-header{
          font-size:0.8em;
          color:maroon;
          font-variant:small-caps;
          }
```

### 5. 书写内嵌式 CSS 样式

具体代码如下。

```
<style type="text/css">
   hr{
        background-color:#aaa;
        border:none;
        width:600px;
        height:1px;
        text-align:left;
   }
  .art,#note{
               width: 600px;
               text-indent: 2em;
               color:#333;
               font-size: 14px;
           }
  h3{font-size:1.5em;
        text-indent:0em;}
  #color{
       width: 600px;
       text-indent: 2em;
       font-size: 14px;
       color:#ff6600;
       font-family: "Microsoft YaHei";
       }
 </style>
```

## 本章小结

本章首先介绍了 CSS3 的发展历程、CSS 样式规则、引入方式及 CSS 基础选择器，然后讲解了常用的 CSS 文本样式属性，以及 CSS 的层叠性、继承性及优先级，最后通过 CSS 修饰文本制作出了一个励志故事网页。

通过本章的学习，读者应该对 CSS3 有一定的了解，能够充分理解 CSS 所实现的结构与表现的分离及 CSS 样式的优先级规则，可以熟练地使用 CSS 控制页面中的字体和文本外观样式。

# 第 4 章

# CSS3 选择器

**学习目标**

- 掌握属性选择器的使用方法，能够运用属性选择器为标签添加样式。
- 理解层次选择器的用法，能够正确判断标签与标签间的关系。
- 掌握常用的结构伪类选择器，能够对页面中使用相同名称的标签设置不同的样式。
- 掌握伪标签选择器的使用，能够在标签的前面或后面插入内容。

CSS3 扩充了属性选择器、层次选择器、结构伪类选择器等，可以实现各种复杂的选择，可以让网页代码更简洁、结构更清晰，并免除了取名的烦恼，可以大幅度提高代码书写和修改样式的效率。

扫码观看视频

## 4.1 属性选择器

属性选择器可以根据标签的属性及属性值来选择标签。CSS3 通过使用“^”“$”“*”等通配符扩展了属性选择器的功能，如表 4-1 所示。

**表 4-1 属性选择器**

| 属性选择器 | 说明 |
|---|---|
| E[att] | 选择具有 att 属性的 E 标签 |
| E[att=value] | 选择具有 att 属性且属性值等于 value 字符串的 E 标签 |
| E[att^=value] | 选择具有 att 属性且属性值包含前缀为 value 字符串的 E 标签 |
| E[att$=value] | 选择具有 att 属性且属性值包含后缀为 value 字符串的 E 标签 |
| E[att*=value] | 选择具有 att 属性且属性值包含 value 字符串的 E 标签 |

### 4.1.1 E[att]属性选择器

E[att]属性选择器是指选择具有 att 属性的 E 标签，而不管其属性值是什么。例如，p[class]

表示匹配包含 class 属性的<p>标签，示例如例 4-1 所示。

例 4-1　example01.html

```
<!doctype html>
<html>
<head>
<meta charset="utf-8">
<title>E[att] 属性选择器的应用</title>
  <style type="text/css">
    p[class]{
        color:red;
    }
  </style>
</head>
<body>
   <h2>隐形的翅膀</h2>
   <p class="one">我知道我一直有双隐形的翅膀</p>
   <p class="two">带我飞给我希望</p>
   <p class="three">我终于看到所有梦想都开花</p>
   <p class="four">追逐的年轻歌声多嘹亮</p>
   <p class="five">我终于翱翔用心凝望不害怕</p>
   <p class="six">哪里会有风就飞多远吧</p>
   <p>隐形的翅膀让梦恒久比天长</p>
   <p>留一个愿望让自己想象</p>
</body>
</html>
```

例 4-1 中，p[class]表示包含 class 属性的<p>标签都会被选中，从而呈现 8 行代码属性的文本效果。

运行例 4-1，效果如图 4-1 所示。

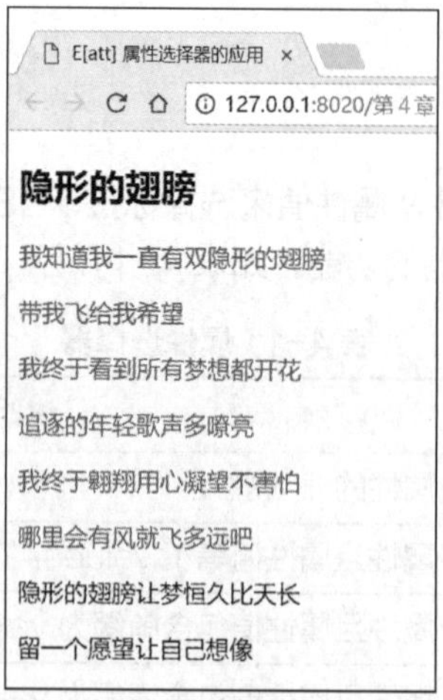


图 4-1　E[att]属性选择器效果

### 4.1.2　E[att=value]属性选择器

E[att=value]属性选择器是指选择具有 att 属性且属性值等于 value 的 E 标签。例如，p[class="text"]表示匹配包含 class 属性且属性值等于 text 的<p>标签，示例如例 4-2 所示。

例 4-2　example02.html

```
<!doctype html>
<html>
<head>
<meta charset="utf-8">
<title>E[att=value] 属性选择器的应用</title>
  <style type="text/css">
    p[class="one"]{
       color:red;
    }
  </style>
</head>
<body>
   <h2>隐形的翅膀</h2>
   <p class="one">我知道我一直有双隐形的翅膀</p>
   <p class="two">带我飞给我希望</p>
   <p class="three">我终于看到所有梦想都开花</p>
   <p class="four">追逐的年轻歌声多嘹亮</p>
   <p class="five">我终于翱翔用心凝望不害怕</p>
   <p class="six">哪里会有风就飞多远吧</p>
   <p class="seven">隐形的翅膀让梦恒久比天长</p>
   <p class="eight">留一个愿望让自己想象</p>
</body>
</html>
```

例 4-2 中，p[class="one"]表示包含 class 属性且属性值等于 text 的<p>标签都会被选中，从而呈现 8 行代码属性的文本效果。

运行例 4-2，效果如图 4-2 所示。

图 4-2　E[att=value]属性选择器效果

### 4.1.3　E[att^=value]属性选择器

E[att^=value]属性选择器是指选择具有 att 属性且属性值包含前缀为 value 字符串的 E 标签。例如，p[class^=text]表示匹配包含 class 属性且 class 属性值是以 text 字符串开头的<p>标签，示例如例 4-3 所示。

例 4-3　example03.html

```
<!doctype html>
<html>
<head>
<meta charset="utf-8">
<title>E[att^=value] 属性选择器的应用</title>
<style type="text/css">
p[class^=text]{
   color:red;
   font-family: "微软雅黑";
   font-weight:bold;
}
</style>
</head>
<body>
<p class="text_one">
   总而言之：我将不能常到百草园了。我的蟋蟀们！我的覆盆子们和木莲们！……
```

```
</p>
<p class="two">
    出门向东，不上半里，走过一道石桥，便是我的先生的家了。从一扇黑油的竹门进去，第三间是书房。中间挂着一块匾道：三味书屋；匾下面是一幅画，画着一只很肥大的梅花鹿伏在古树下。没有孔子牌位，我们便对着那匾和鹿行礼。第一次算是拜孔子，第二次算是拜先生。
</p>
<p class="text_three">
    为了看日出，我常常早起。那时天还没有大亮，周围非常清静，船上只有机器的响声。我不知道为什么家里的人要将我送进书塾里去了，而且还是全城中称为最严厉的书塾。也许是因为拔何首乌毁了泥墙吧，也许是因为将砖头抛到间壁的梁家去了吧，也许是因为站在石井栏上跳了下来吧……都无从知道。
</p>
<p class="four">
    总而言之：我将不能常到百草园了。我的蟋蟀们！我的覆盆子们和木莲们！……
</p>
</body>
</html>
```

例 4-3 中，p[class^=text]表示 class 属性值以 text 字符串开头的<p>标签都会被选中，从而呈现第 8～10 行代码属性的文本效果。

运行例 4-3，效果如图 4-3 所示。

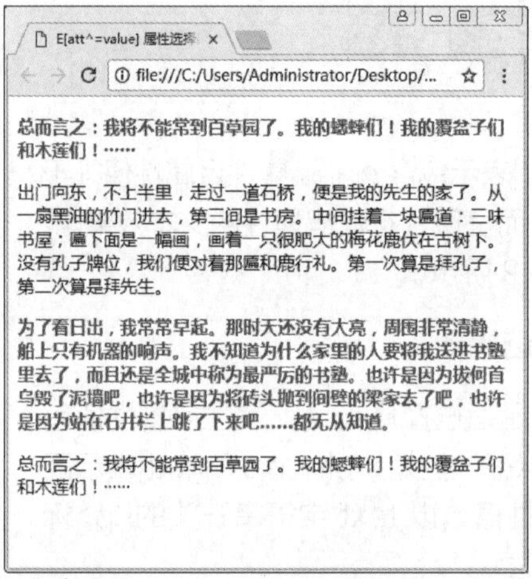


图 4-3 E[att^=value]属性选择器效果

### 4.1.4 E[att$=value]属性选择器

E[att$=value] 属性选择器是指选择具有 att 属性且属性值包含后缀为 value 子字符串的 E 标签。例如，p [class$=text]表示匹配包含 class 属性且 class 属性以 text 字符串结尾的<p>标签，示例如例 4-4 所示。

**例 4-4** example04.html

```
<!doctype html>
<html>
<head>
<meta charset="utf-8">
<title>E[att$=value] 属性选择器的应用</title>
<style type="text/css">
p[class$=text]{
    color:red;
```

```
        font-family: "黑体";
        text-decoration:underline;
    }
    </style>
    </head>
    <body>
    <p class="one">
        如果真相是种伤害，请选择谎言。如果谎言是一种伤害，请选择沉默。如果沉默是一种伤害，请选择离开。
    </p>
    <p class="two_text">
        你见，或者不见我，我就在那里，不悲不喜；你念，或者不念我，情就在那里，不来不去；你爱，或者不爱我，爱就在那里，不增不减；你跟，或者不跟我，我的手就在你手里，不舍不弃。
    </p>
    <p class="three">
        一生至少该有一次，为了某个人而忘了自己，不求有结果，不求同行，不求曾经拥有，甚至不求你爱我，只求在我最美的年华里，遇到你。
    </p>
    <p class="four_text">
        我习惯了等待，于是，在轮回中我无法抗拒的站回等待的原点。我不知道，这样我还要等多久才能看到一个答案；我不知道，如此我还能坚持的等待多久去等一个结果？思念，很无力，那是因为我看不到思念的结果。也许，思念不需结果，它只是证明在心里有个人曾存在过。是不是能给思念一份证书，证明曾经它曾存在过？
    </p>
    </body>
    </html>
```

例 4-4 中，使用了 E[att$=value]属性选择器 p[class$=" text "]，表示 class 属性值以 text 字符串结尾的<p>标签都会被选中，从而呈现第 8～第 10 行代码属性的文本效果。

运行例 4-4，效果如图 4-4 所示。

图 4-4　E[att$=value]属性选择器效果

### 4.1.5　E[att*=value]属性选择器

E[att*=value]属性选择器是指选择具有 att 属性且属性值包含 value 字符串的 E 标签。例如，p[class*=text]表示匹配包含 class 属性，且 class 属性值包含 text 字符串的<p>标签。

下面通过一个案例对 E[att*=value]属性选择器的用法进行演示，如例 4-5 所示。

例 4-5　example05.html

```
<!doctype html>
<html>
<head>
<meta charset="utf-8">
<title>E[att*=value]属性选择器的使用</title>
<style type="text/css">
  p[class*="text"]{
     color:red;
     font-style:italic;
   }
</style>
</head>
<body>
<p class="text_one">
    黝黑的天空里，明星如棋子似的散布在那里。比较狂猛的大风，在高处呜呜的响。马路上行人不多，但也不断。
</p>
< p class="twotextpage">
    汽车过处，或天风落下来，阿斯法儿脱的路上，时时转起一阵黄沙。是穿着单衣觉得不热的时候。马路两旁永夜不息的电灯，比前半夜减了光辉，各家店门已关上了。
</p>
<p class="three">
    两人尽默默的在马路上走。后面的一个穿着一套半旧的夏布洋服，前面的穿着不流行的白纺绸长衫。他们两个原是朋友，穿洋服的是在访一个同乡的归途，穿长衫的是从一个将赴美国的同志那里回来，二人系在马路上偶然遇着的。二人都是失业者。
</p>
<p class="four_text">
    “你上哪里去？”走了一段，穿洋服的问穿长衫的说。穿长衫的没有回话，默默地走了一段，头也不朝转来，反问穿洋服的说：“你上哪里去？”
  “你上哪里去？”走了一段，穿洋服的问穿长衫的说。穿长衫的没有回话，默默地走了一段，头也不朝转来，反问穿洋服的说：“你上哪里去？”
</p>
</body>
</html>
```

例 4-5 中使用了 E[att*=value]属性选择器 p[class*="text"]，表示 class 属性值包含 text 字符串的<p>标签都会被选中，从而呈现第 8 行和第 9 行代码属性的文本效果。

运行例 4-5，效果如图 4-5 所示。

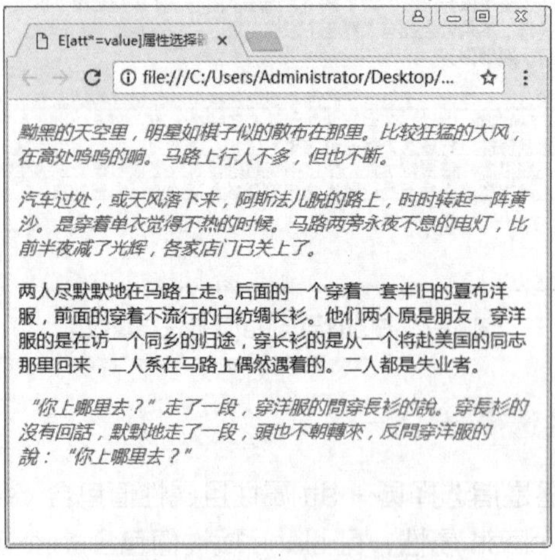
E[att*=value]属性选择
file:///C:/Users/Administrator/Desktop/...
黝黑的天空里，明星如棋子似的散布在那里。比较狂猛的大风，在高处呜呜的响。马路上行人不多，但也不断。
汽车过处，或天风落下来，阿斯法儿脱的路上，时时转起一阵黄沙。是穿着单衣觉得不热的时候。马路两旁永夜不息的电灯，比前半夜减了光辉，各家店门已关上了。
两人尽默默地在马路上走。后面的一个穿着一套半旧的夏布洋服，前面的穿着不流行的白纺绸长衫。他们两个原是朋友，穿洋服的是在访一个同乡的归途，穿长衫的是从一个将赴美国的同志那里回来，二人系在马路上偶然遇着的。二人都是失业者。
“你上哪里去？”走了一段，穿洋服的問穿長衫的說。穿長衫的没有回話，默默地走了一段，頭也不朝轉來，反問穿洋服的說：“你上哪里去？”

图 4-5　E[att*=value]属性选择器效果

## 4.2 层次选择器

扫码观看视频

如表 4-2 所示，层次选择器根据 HTML 的文档对象模型元素的层次来选择对象，主要包含后代、父子、兄弟几种关系，通过它们之间的关系可以快速选择所需的元素。

**表 4-2 层次选择器**

| 层次选择器 | 说明 |
| --- | --- |
| E F（后代选择器） | 选择 E 标签中所有的后代 F |
| E>F（子代选择器） | 选择 E 标签中所有的子代 F |
| E+F（相邻兄弟选择器） | 选择 E 标签中紧跟于 E 标签后面的兄弟 F |
| E~F（通用兄弟选择器） | 选择 E 标签中所有跟在后面的兄弟 F |

### 4.2.1 后代选择器和子代选择器

后代选择器可以选择某标签的后代标签，子代选择器可以选择某标签的子标签。后代选择器在前面已经接触过，现用案例来演示这两种选择器的区别，如例 4-6 所示。

**例 4-6** example06.html

```
<!doctype html>
<html>
<head>
<meta charset="utf-8">
<title>后代和子代选择器的应用</title>
<style type="text/css">
  h3>strong {
    color:red;
    font-style: italic; 10
  }
  p strong{
    color:blue;
    text-decoration:underline;
  }
</style>
</head>
<body>
  <h3>
    <strong>今天</strong>
    <em><strong>天气</strong></em>
    真不错！
  </h3>
  <p>
    <strong><em>我们</em></strong>
    <em><strong>一起</strong></em>
    郊游吧！
  </p>
</body>
</html>
```

例 4-6 中，第 19 行代码中的<strong>标签为<h3>标签的子标签，第 20 行代码中的<strong>标签为<h3>标签的孙标签，因此 h3>strong 设置的样式只对第 19 行代码有效。

同理，第 24 行代码中的<strong>标签为<p>标签的子标签，第 25 行代码中的<strong>标签为<p>标签的孙标签，两个<strong>标签均为<p>标签的后代，因此 p strong 设置的样式同时对第 24 行和第 25 行代码有效。

运行例 4-6，效果如图 4-6 所示。

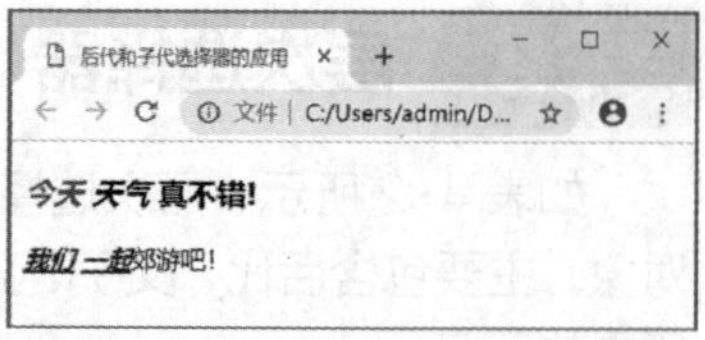


图 4-6 后代选择器和子代选择器效果

## 4.2.2 兄弟选择器

兄弟选择器用来选择某标签之后的兄弟标签。兄弟选择器分为相邻兄弟选择器和通用兄弟选择器两种。

### 1. 相邻兄弟选择器

相邻兄弟选择器使用加号“+”来选择紧跟在另一个标签后面的标签。选择器中的两个标签有同一个父亲，且第二个标签必须紧跟在第一个标签后面并相邻。其示例如例 4-7 所示。

例 4-7 example07.html

```
<!doctype html>
<html>
<head>
<meta charset="utf-8">
<title>相邻兄弟选择器的应用</title>
<style type="text/css">
h2+h4{
    color:red;
    font-weight:bold;
    font-size:20px;
}
</style>
</head>
<body>
  <h2>《送友人》</h2>
  <h4>青山横北郭，白水绕东城。</h4>
  <h4>此地一为别，孤蓬万里征。</h4>
  <h4>浮云游子意，落日故人情。</h4>
  <h4>挥手自兹去，萧萧班马鸣。</h4>
</body>
</html>
```

例 4-7 中，第 7～11 行代码用于为<h2>标签后紧邻的第一个兄弟标签<h4>定义样式。从结构中可以看出，<h2>标签后紧邻的第一个兄弟标签<h4>为第 16 行代码，因此第 16 行代码的文字内容将以所定义好的样式显示。第 17～19 行中的<h4>虽然都是<h2>的兄弟标签，但其都不满足相邻的条件，因此不应用样式。

运行例 4-7，效果如图 4-7 所示。

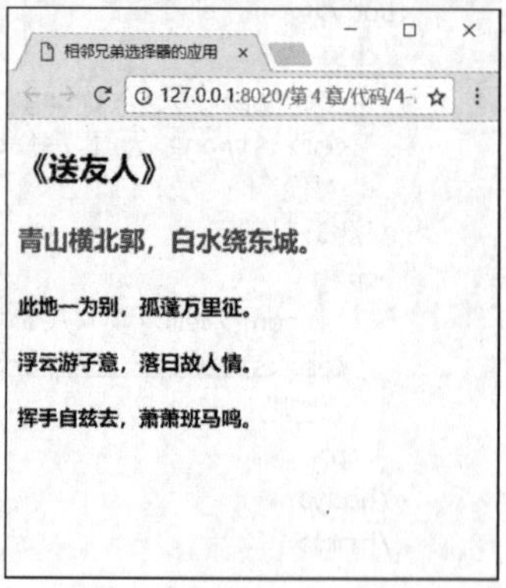


图 4-7 相邻兄弟选择器效果

### 2. 通用兄弟选择器

通用兄弟选择器使用～来选择紧跟在另一个标签后面的所有兄弟标签。选择器中的两个标签有同一个父亲，但第二个标签不必紧邻第一个标签。其示例如例 4-8 所示。

**例 4-8** example08.html

```
<!doctype html>
<html>
<head>
<meta charset="utf-8">
<title>通用兄弟选择器的应用</title>
<style type="text/css">
h2~h4{
   color:red;
   font-style:italic;
   text-decoration:underline;
}
</style>
</head>
<body>
  <h2>《送友人》</h2>
  <h4>青山横北郭，白水绕东城。</h4>
  <h4>此地一为别，孤蓬万里征。</h4>
  <h4>浮云游子意，落日故人情。</h4>
  <h4>挥手自兹去，萧萧班马鸣。</h4>
</body>
</html>
```

例 4-8 中，第 16～19 行中的<h4>标签都是<h2>的兄弟标签，都满足通用兄弟选择器的要求。运行例 4-8，效果如图 4-8 所示。

图 4-8 通用兄弟选择器效果

## 4.3 结构伪类选择器

结构伪类选择器是 CSS3 中新增加的选择器，常用结构伪类选择器如表 4-3 所示。

**表 4-3 常用结构伪类选择器**

| 类型 | 选择器 | 说明 |
|---|---|---|
| 基本结构伪类选择器 | :root | 匹配文档根标签 |
| | :not | 排除某个结构标签下面的子结构标签 |
| | :empty | 选择没有子标签或内容为空的所有标签 |

续表

| 类型 | 选择器 | 说明 |
|---|---|---|
| 基本结构伪类选择器 | :target | 用于为页面中的某个<target>标签（该标签的 id 被当作页面中的超链接来使用）指定样式 |
| 与元素位置有关的结构伪类选择器 | :only-child | 选择属于某父标签的唯一子标签的标签 |
| | :first-child | 选择父标签中的第一个子标签 |
| | :last-child | 选择父标签中的最后一个子标签 |
| | :nth-child(n) | 选择父标签中的第 *n* 个子标签 |
| | :nth-last-child(n) | 选择父标签中的倒数第 *n* 个子标签 |
| | :nth-of-type(n) | 选择属于父标签的特定类型的第 *n* 个子标签 |
| | :nth-last-of-type(n) | 选择属于父标签的特定类型的倒数第 *n* 个子标签 |

## 4.3.1 基本结构伪类选择器

### 1. :root 选择器

:root 选择器用于匹配文档的根标签，通常返回 html，即使用:root 选择器定义的样式对所有页面元素都生效。其示例如例 4-9 所示。

例 4-9　example09.html

```
<!doctype html>
<html>
<head>
<meta charset="utf-8">
<title>root 选择器的使用</title>
<style type="text/css">
  :root{
     text-decoration:underline;
   }
</style>
</head>
<body>
<h2>《我爱这土地》</h2>
<p>
   假如我是一只鸟,
   我也应该用嘶哑的喉咙歌唱
   这被暴风雨所打击着的土地
   这永远汹涌着我们的悲愤的河流
   这无止息地吹刮着的激怒的风
</p>
</body>
</html>
```

例 4-9 中，第 7 行代码使用:root 选择器将页面中的所有文本设置为红色。

运行例 4-9，效果如图 4-9 所示。

如果对象需要设置其他属性，则可以对该对象属性进行单独设置。例如，添加代码“p{ text-decoration:none;}”后，<p>标签的下划线就会去掉。

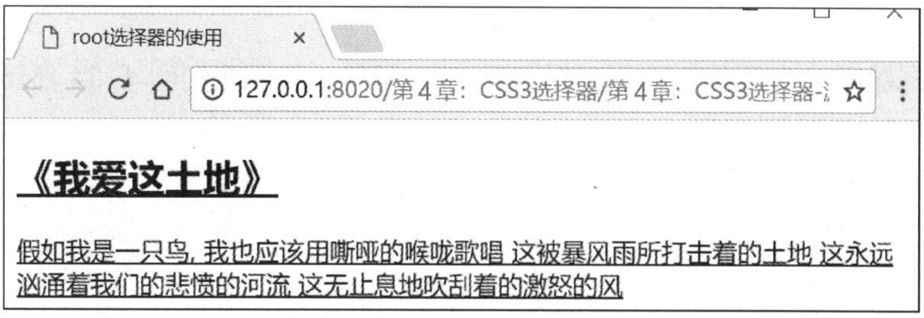


图 4-9　:root 选择器效果

### 2. :not 选择器

如果想样式不应用于某个结构标签下面的子结构标签，则可以使用:not 选择器。其示例如例 4-10 所示。

例 4-10　example10.html

```
<!doctype html>
<html>
<head>
<meta charset="utf-8">
<title>not 选择器的使用</title>
<style type="text/css">
body *:not(h2){
   color:red;
   font-style:italic;
   font-family: "微软雅黑";
}
</style>
</head>
<body>
<h2>《登岳阳楼》</h2>
<p>昔闻洞庭水，今上岳阳楼。</p>
<h5>吴楚东南坼，乾坤日夜浮。</h5>
<h4>亲朋无一字，老病有孤舟。</h4>
<h3>戎马关山北，凭轩涕泗流。</h3>
</body>
</html>
```

例 4-10 中，第 7～11 行代码定义了页面文体的文本样式，用 body *:not(h2)选择器排除了 body 结构中的子结构标签<h2>，使其不应用该文本样式。

运行例 4-10，效果如图 4-10 所示。

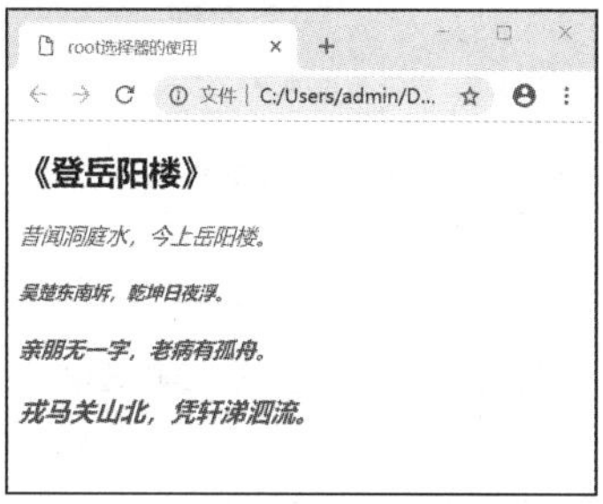


图 4-10　:not 选择器效果

### 3. :empty 选择器

:empty 选择器用来选择没有子标签或内容为空的标签。其示例如例 4-11 所示。

例 4-11 example11.html

```
<!doctype html>
<html>
<head>
<meta charset="utf-8">
<title>empty 选择器的使用</title>
<style type="text/css">
p{
   width:200px;
   height:30px;
}
:empty{
   border:1px solid;
}
</style>
</head>
<body>
  <p>好句欣赏</p>
  <p></p>
  <p>薄雾浓云愁永昼，瑞脑销金兽。</p>
  <p>佳节又重阳，玉枕纱厨，半夜凉初透。</p>
  <p>东篱把酒黄昏后，有暗香盈袖。</p>20
  <p>莫道不销魂，帘卷西风，人比黄花瘦。</p>
</body>
</html>
```

例 4-11 中，第 18 行代码定义了空标签<p>，第 11 行代码使用:empty 选择器对该空标签设置了边框效果。

运行例 4-11，效果如图 4-11 所示。

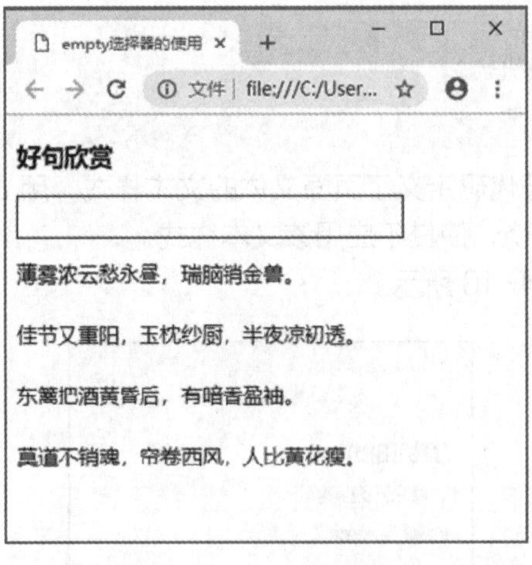


图 4-11 :empty 选择器效果

### 4. :target 选择器

:target 选择器用于为页面中的某个<target>标签（该标签的 id 被当作页面中的超链接来使用）

指定样式。只有用户单击了页面中的链接，并跳转到<target>标签后才起作用。其示例如例 4-12 所示。

**例 4-12** example12.html

```
<!doctype html>
<html>
<head>
<meta charset="utf-8">
<title>target 选择器的使用</title>
<style type="text/css">
   :target{ border:1px solid; }
</style>
</head>
<body>
  <h2>商场活动</h2>
  <p><a href="#news1">查看活动 1</a></p>
  <p><a href="#news2">查看活动 2</a></p>
  <p>当单击超链接时,:target 选择器设置的样式就会起作用。</p>
  <h3 id="news1">活动 1: 充值 500 送 300</h3>
  <h3 id="news2">活动 2: 充值 1000 送 1000</h3>
</body>
</html>
```

运行例 4-12，效果如图 4-12 所示。

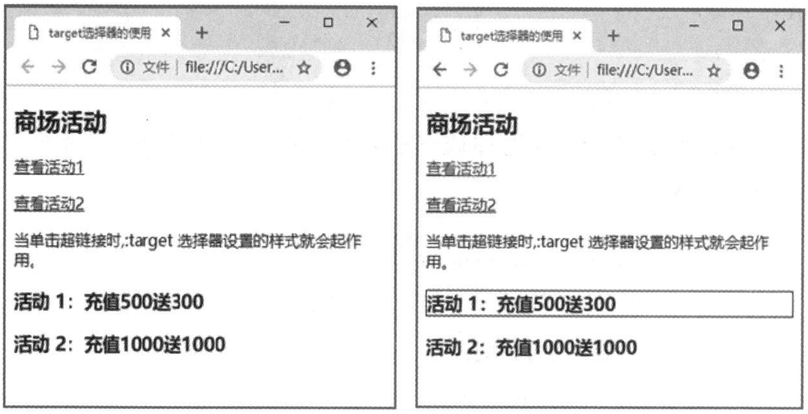


图 4-12 :target 选择器效果

### 4.3.2 与元素位置有关的结构伪类选择器

扫码观看视频

#### 1. :only-child 选择器

如果某个父标签仅有一个子标签，则可以使用:only-child 选择器选择这个子标签。其示例如例 4-13 所示。

**例 4-13** example13.html

```
<!doctype html>
<html>
<head>
<meta charset="utf-8">
```

```
<title>only-child 选择器的使用</title>
<style type="text/css">
li:only-child{
   text-decoration:underline;
}
</style>
</head>
<body>
    <div>
        <h2>新生专业班级：</h2>
        计算机应用专业
        <ul>
             <li>计应 1901 班</li>
             <li>计应 1902 班</li>
             <li>计应 1903 班</li>
             <li>计应 1904 班</li>
        </ul>
        多媒体技术专业
        <ul>
             <li>多媒体 1901 班</li>
        </ul>
        计算机网络专业
        <ul>
             <li>计网 1901 班</li>
             <li>计网 1902 班</li>
        </ul>
    </div>
</body>
</html>
```

例 4-13 中 li:only-child 表示选择为 ul 唯一子标签的 li 标签，并设置其文本样式。

运行例 4-13，效果如图 4-13 所示。

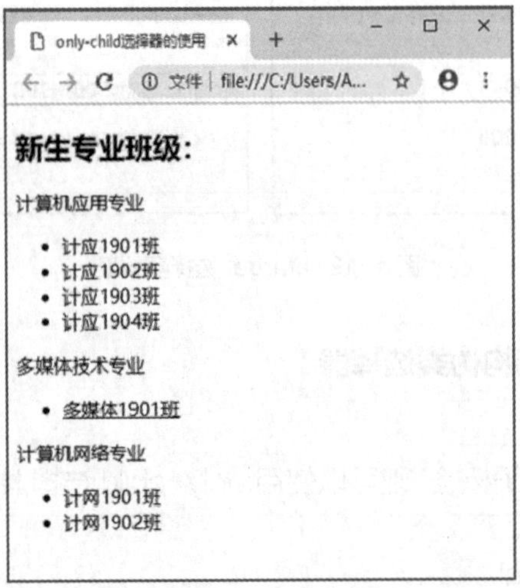


图 4-13　:only-child 选择器效果

### 2. :first-child 和:last-child 选择器

:first-child 选择器和:last-child 选择器分别用于选择父标签中的第一个和最后一个子标签，并设置其文本样式。其示例如例 4-14 所示。

**例 4-14**　example14.html

```
<!doctype html>
<html>
<head>
<meta charset="utf-8">
<title> first-child 和 last-child 选择器的使用</title>
<style type="text/css">
    p:first-child{
      color:red;
      text-decoration:underline;
      font-family:"黑体";
   }
   p:last-child{
     color:blue;
     font-style:italic;
     font-family:"宋体";
   }
</style>
</head>
<body>
    <p>计应 1901 班</p>
    <p>计应 1902 班</p>
    <p>计应 1903 班</p>
    <p>计应 1904 班</p>
    <p>计应 1905 班</p>
    <p>计应 1906 班</p>
</body>
</html>
```

例 4-14 中，选择器 p:first-child 选择父标签中的第一子标签<p>，p:last-child 选择最后一个子标签<p>（本案例中的父标签为<body>），并设置其文本样式。

运行例 4-14，效果如图 4-14 所示。

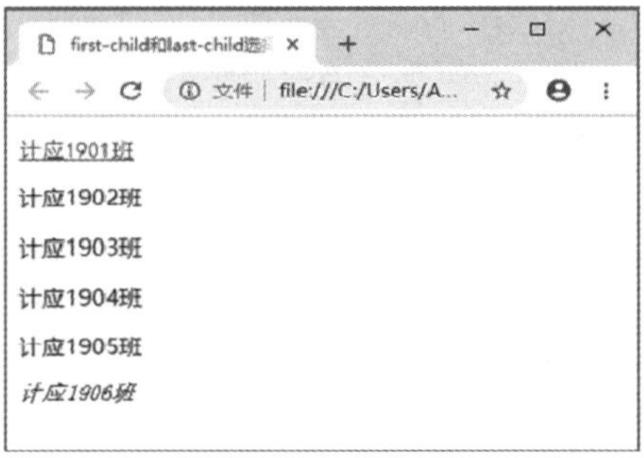


图 4-14　:first-child 和:last-child 选择器效果

### 3. :nth-child(n)和:nth-last-child(n)选择器

使用:first-child 选择器和:last-child 选择器可以选择某个父标签中的第一个和最后一个子标签，但是如果用户想要选择其他子元素，则这两个选择器无法满足要求。为此，CSS3 引入了:nth-child(n)和:nth-last-child(n)选择器，用于选择某个父标签中的第 *n* 个子标签。其示例如例 4-15 所示。

例 4-15　example15.html

```
<!doctype html>
 <html>
 <head>
 <meta charset="utf-8">
 <title> nth-child(n)和 nth-last-child(n)选择器的使用</title>
 <style type="text/css">
     p:nth-child(2){
       color:red;
       text-decoration:underline;
       font-family:"黑体";
    }
    p:nth-last-child(2){
      color:blue;
      font-style:italic;
      font-family:"宋体";
    }
 </style>
 </head>
 <body>
     <p>计应 1901 班</p>
     <p>计应 1902 班</p>
     <p>计应 1903 班</p>
     <p>计应 1904 班</p>
     <p>计应 1905 班</p>
     <p>计应 1906 班</p>
 </body>
</html>
```

例 4-15 中分别使用选择器 p:nth-child(2)和 p:nth-last-child(2)选择父标签<body>的第 2 个子标签<p>和倒数第二个子标签<p>，并为其设置特殊的文本样式。

运行例 4-15，效果如图 4-15 所示。

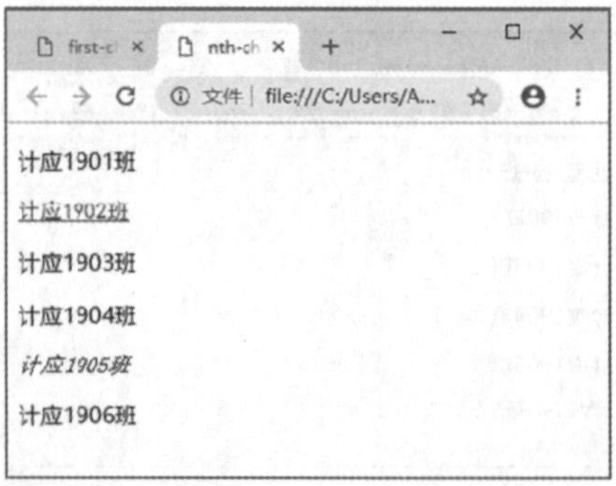


图 4-15　:nth-child(n)和:nth-last-child(n)选择器效果

#### 4. :nth-of-type(n)和:nth-last-of-type(n)选择器

:nth-child(n)和:nth-last-child(n)选择器用于选择属于父标签的第 *n* 个子标签和倒数第 *n* 个子标签，与标签类型无关。使用:nth-of-type(n)和:nth-last-of-type(n)选择器，可以选择属于父标签的某个类型的第 *n* 个子标签和倒数第 *n* 个子标签。其示例如例 4-16 所示。

注意，*n* 的取值可以是数字(*n* 代表第 *n* 个子标签，2*n* 代表 *n* 的倍数行 2、4、6，等，即偶数行)，也可以是字母（字母 odd 代表该子标签的奇数行，even 代表该子标签的偶数行）。

**例 4-16** example16.html

```
<!doctype html>
<html>
<head>
<meta charset="utf-8">
<title>nth-of-type(n)和 nth-last-of-type(n)选择器的使用</title>
<style type="text/css">
  h2:nth-of-type(odd){ color:red;}
  h2:nth-of-type(2n){ font-style:italic;}
  p:nth-of-type(2){text-decoration:underline;}
</style>
</head>
<body>
    <h2> UI 设计</h2>
    <p> UI 即 User Interface（用户界面）的简称。UI 设计是指对软件的人机交互、操作逻辑、界面美观的整体设计。</p>
    <h2> HTML5 </h2>
   <p>万维网的核心语言、标准通用标签语言下的一个应用——超文本标签语言（ HTML）的第五次重大修改。</p>
   <h2> Java </h2>
   <p> Java 是一种可以撰写跨平台应用程序的面向对象的程序设计语言。</p>
   <h2>嵌入式</h2>
   <p>嵌入式系统（Embedded System）是一种“完全嵌入受控器件内部，为特定应用而设计的专用计算机系统”。  </p>
</body>
</html>
```

例 4-16 中，第 7 行代码 h2:nth-of-type(odd){ color:red;}将所有奇数行的<h2>标签的文字颜色设置为红色；第 8 行代码 h2:nth-of-type(2n){ font-style:italic;}将所有偶数行的<h2>标签中的文字设置为倾斜体；第 9 行代码 p:nth-of-type(2){text-decoration:underline;}表示为第 2 个<p>标签中的文字添加下划线。

运行例 4-16，效果如图 4-16 所示。

图 4-16 :nth-of-type(n)和:nth-last-of-type(n)选择器效果

## 4.4 伪元素选择器

伪元素选择器可在效果上使文档增加一个临时标签，常用伪元素选择器如表 4-4 所示。

表 4-4 常用伪元素选择器

| 伪元素选择器 | 说明 |
| --- | --- |
| :first-letter | 选择元素内容的首字符 |
| :first-line | 选择元素的首行文字 |
| :before | 在元素之前插入内容 |
| :after | 在元素之后插入内容 |

### 4.4.1 :first-letter 和:first-line 选择器

:first-letter 用于选择标签内容的首字符，:first-line 用于选择标签内容的首行文字，可以选择每个段落的首行。其示例如例 4-17 所示。

例 4-17 example17.html

```
<!doctype html>
<html>
<head>
<meta charset="utf-8">
<title>: first-letter 和:first-line 选择器的使用</title>
<style type="text/css">
    p:first-letter{
        font-size:30px; color:red;
    }
   p:first-line{  font-style:italic;  }
</style>
</head>
<body>
<p class="text_one">
    黝黑的天空里，明星如棋子似的散布在那里。比较狂猛的大风，在高处呜呜的响。马路上行人不多，但也不断。
</p>
< p class="twotextpage">
    汽车过处，或天风落下来，阿斯法儿脱的路上，时时转起一阵黄沙。是穿着单衣觉得不热的时候。马路两旁永夜不息的电灯，比前半夜减了光辉，各家店门已关上了。
</p>
<p class="three">
    两人尽默默地在马路上走。后面的一个穿着一套半旧的夏布洋服，前面的穿着不流行的白纺绸长衫。他们两个原是朋友，穿洋服的是在访一个同乡的归途，穿长衫的是从一个将赴美国的同志那里回来，二人系在马路上偶然遇着的。二人都是失业者。
</p>
</body>
</html>
```

例 4-17 中使用选择器: first-letter 给<p>标签中的第一个文字设置了红色加大的效果，使用选择器: first- line 给<p>标签中所有段落的第一行文字设置了倾斜的效果。

运行例 4-17，效果如图 4-17 所示。

first-letter和:first-line
127.0.0.1:8020/第 4 章：CSS3选择器/第 4 章：CSS3
黝黑的天空里，明星如棋子似的散布在那里。比较狂猛的大风，在高处呜呜的响。马路上行人不多，但也不断。
汽车过处，或天风落下来，阿斯法儿脱的路上，时时转起一阵黄沙。是穿着单衣觉得不热的时候。马路两旁永夜不息的电灯，比前半夜减了光辉，各家店门已关上了。
两人尽默默的在马路上走。后面的一个穿着一套半旧的夏布洋服，前面的穿著不流行的白纺绸长衫。他们两个原是朋友，穿洋服的是在访一个同乡的归途，穿长衫的是从一个将赴美国的同志那里回来，二人系在马路上偶然遇着的。二人都是失业者。

图 4-17　:first-letter 和:first-line 选择器效果

## 4.4.2　:before 选择器和:after 选择器

扫码观看视频

:before 和:after 两个选择器必须配合 content 属性使用才有意义，作用是在指定的标签内产生一个新的行内标签，该行内标签的内容由 content 属性的内容决定。

:before 选择器用于在元素之前插入内容，格式如下。

```
<标签>:before
{
    content:文字/url();
}
```

:after 选择器用于在元素之后插入内容，格式如下。

```
<标签>:after
{
    content:文字/url();
}
```

:before 和:after 两种选择器的示例如例 4-18 所示。

**例 4-18**　example18.html

```
<!doctype html>
<html>
<head>
  <meta charset="utf-8">
  <title>:before 选择器和:after 选择器的使用</title>
  <style type="text/css">
     li:after{
       content:"(第一学期学习课程)";
       color:red;
       font-style:italic;
     }
     p:before{
      content:url(images/flower.png);
     }
```

```
    </style>
    </head>
    <body>
      <h2>学习课程</h2>
      <ul>
         <li><a href="#computer">计算机基础</a></li>
         <li><a href="#web">静态网页</a></li>
         <li><a href="#java">Java 程序设计</a></li>
     </ul>
     <h2 id="computer">计算机基础</h2>
     <p>Word</p>
     <p>Excel</p>
     <p>PowerPoint</p>
    </body>
</html>
```

例 4-18 中，选择器 p:before 用于在<p>标签前面添加图片，选择器:after 用于在<li>标签后面添加文字，添加的内容使用 content 属性来指定。

运行例 4-18，效果如图 4-18 所示。

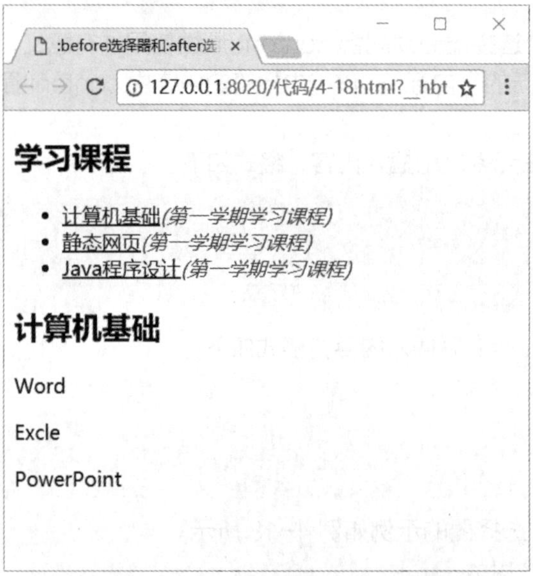


图 4-18 :before 选择器和:after 选择器效果

## 4.5 阶段案例——制作 Office 简介页面

本章主要讲解了 CSS3 选择器，下面通过一个案例来巩固本章知识点。Office 简介页面默认效果如图 4-19 所示。

扫码观看视频

### 4.5.1 分析效果图

**1. 结构分析**

Office 简介页面由标题、组件列表及组件介绍 3 部分组成，如图 4-20 所示。

图 4-19　Office 简介页面默认效果

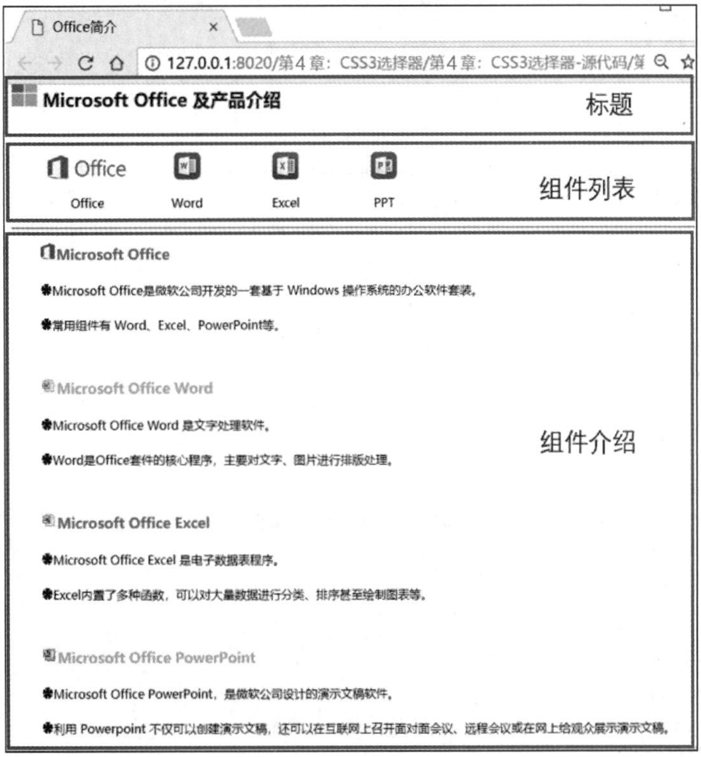


图 4-20　结构分析

### 2. 样式分析

仔细观察效果图可以发现，组件列表有超链接样式、锚点跳转效果，组件介绍部分的内容标题的奇数行与偶数行颜色有差异，组件介绍部分的文字内容前面都有图片项目符号，可以使用 CSS3 选择器进行样式设置。

## 4.5.2 制作页面

下面使用相应的 HTML 标签搭建页面结构，如例 4-19 所示。

例 4-19 example19.html

```
<!DOCTYPE html>
<html lang="en">
<head>
  <meta charset="UTF-8" />
  <title>Office 简介</title>
</head>
<body>
 <!-- 标题 -->
  <h2>
      <img src="images/office.png" alt="office 图标">
    Microsoft Office 及产品介绍
  </h2>
<!-- 组件列表 -->
  <ul class="logo">
     <li>
        <a href="#office">
           <img src="images/office1.png" alt="office 简介">
           <p>office</p>
        </a>
     </li>
     <li>
        <a href="#word">
          <img src="images/word.png" alt="Word 简介">
          <p>word</p>
        </a>
     </li>
     <li>
        <a href="#excel">
          <img src="images/excel.png" alt="Excel 简介">
          <p>excel</p>
        </a>
     </li>
     <li>
        <a href="#ppt">
          <img src="images/ppt.png" alt="PowerPoint 简介">
          <p>ppt</p>
        </a>
     </li>
  </ul>
  <hr size="2" color="grey">
 <!-- 组件介绍 -->
  <ul class="content">
     <li id="office">
         <h3>Microsoft Office</h3>
```

```
                <p>Microsoft Office 是微软公司开发的一套基于 Windows 操作系统的办公软件套装。</p>
                <p>常用组件有 Word、Excel、PowerPoint 等。</p>
            </li>
            <li id="word">
                <h3>Microsoft Office Word</h3>
                <p>Microsoft Office Word 是文字处理软件。</p>
                <p>Word 是 Office 套件的核心程序，主要对文字、图片进行排版处理。</p>
            </li>
            <li id="excel">
                <h3>Microsoft Office Excel</h3>
                <p>Microsoft Office Excel 是电子数据表程序。</p>
                <p>Excel 内置了多种函数，可以对大量数据进行分类、排序甚至绘制图表等。</p>
            </li>
            <li id="ppt">
                <h3>Microsoft Office PowerPoint</h3>
                <p>Microsoft Office PowerPoint，是微软公司设计的演示文稿软件。</p>
                <p>利用 Powerpoint 不仅可以创建演示文稿，还可以在互联网上召开面对面会议、远程会议或在网上给观众展示演示文稿。</p>
            </li>
        </ul>
    </body>
</html>
```

运行例 4-19，效果如图 4-21 所示。

图 4-21　HTML 结构页面效果

### 4.5.3 定义 CSS 样式

搭建完页面的结构后，接下来为页面添加 CSS 样式，代码如下。

```
/* 设置通用样式 */
 body{
    font:16px "微软雅黑";
  }
 ul{
    list-style:none
  }
 a{
    text-decoration:none;
    color:black;
  }
  /* 设置超链接样式 */
 a:hover{
    color:#f35325;
    text-decoration:underline;
  }
 h2{
    height:100px;
    line-height:100px;
  }
 .logo>li{
    text-align:center;
    display: inline-block;/* 将块元素变为行内元素 */
    height:80px;
    width:130px;
  }
 .content>li{
    height:160px;
    line-height:30px;
  }
 /*  nth-of-type 属性选择器选择奇数行和偶数行 */
 .content>li:nth-of-type(odd)>h3{
   color:#f35325;
  }
 .content>li:nth-of-type(even)>h3{
   color:#ffba08;
  }
  /* 在 h3 的前面添加项目图片 */
 #office>h3:before{
    content:url(images/office2.png);
  }
 #word>h3:before
    content:url(images/word.jpg);
  }
 #excel>h3:before{
    content:url(images/excel.jpg)
  }
 #ppt>h3:before{
   content:url(images/ppt.jpg);
  }
 .content p:before{
```

```
    content:url(images/flower.png);
  }
```

将该样式应用于网页后，保存 HTML 文件，刷新页面，完成案例效果。

**注意** 本案例中使用了 display 属性，display:inline-block 用于将标签类型转换为行内元素，display:none 用于将标签设置为隐藏状态，display:block 用于将标签转换为显示状态。后面章节中将会详细介绍，这里了解即可。

## 本章小结

本章主要介绍了 CSS3 新增的选择器，它可以便捷地选择页面内的元素，对其进行各种样式设置，使代码更加简洁，提高了程序的可读性和书写效率。

本章仅仅演示了这些选择器比较常用的功能和使用方法，读者可以自行深入研究学习其他高级功能。

# 第 5 章

# CSS 盒子模型

**学习目标**

- 理解盒子模型的概念，学会应用相关属性。
- 掌握常用背景属性的设置方法。
- 理解渐变属性的原理，能够设置渐变背景。

在网页设计中，盒子模型是网页布局的基础，网页中显示的对象都具有盒子模型的各种规律和特征，只有掌握了盒子模型，才能更好地控制各对象的呈现效果。本章将对盒子模型的概念、盒子相关属性进行详细讲解。

## 5.1 盒子模型概述

扫码观看视频

### 5.1.1 认识盒子模型

所谓盒子模型，就是把 HTML 页面中的显示对象看作一个矩形的盒子，每个盒子由对象的内容（content）、填充（padding）、边框（border）和边界（margin）4 个部分组成，如图 5-1 所示。

content：表示显示对象的主体内容，可以设置对象文本内容的宽和高。

padding：表示主体内容与边框之间的距离。

border：表示显示内容的边框，可以设置边框的粗细、颜色、样式等。

margin：表示显示对象的外边界，用来设置显示对象与其他对象之间的距离。

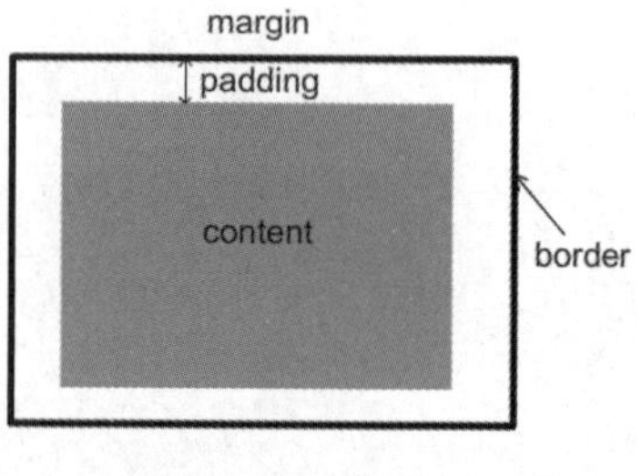


图 5-1　盒子模型的构成

background（背景）：可以设置显示对象的背景，显示对象的背景包括边框内的区域，背景区域只包括 content、padding 和 border，不包括 margin。

在 CSS 中定义显示对象时，content、padding、border、margin 都可以设置宽度和高度，显示对象所占的实际大小并不是内容的宽度和高度，而是 4 个方面所占宽度和高度的总和。CSS 规范盒子模型的总宽度和总高度的计算原则如下。

（1）盒子的总宽度=width+左右填充之和+左右边框宽度之和+左右边界之和。

（2）盒子的总高度=height+上下填充之和+上下边框高度之和+上下边界之和。

下面通过一个具体的案例来认识到底什么是盒子模型。如例 5-1 所示，新建一个 HTML 页面，在页面中添加 DIV，在 DIV 中插入 4 张图片，并设置 CSS 代码。

**例 5-1** example01.html

```
<html>
<head>
<meta charset="utf-8">
<title>认识盒子模型</title>
<style type="text/css">
.div0 {
    width: 400px;
    height: 200px;
    border: 1px solid #000000;
}img {
    width: 100px;
    height: 75px;
    padding: 10px;
    border: 5px solid #000000;
    margin: 10px;
}
</style>
</head>
<body>
<div class="div0">
  <img src="pic.jpg"/>
  <img src="pic.jpg"/>
  <img src="pic.jpg"/>
  <img src="pic.jpg"/>
</div>
</body>
</html>
```

运行例 5-1，效果如图 5-2 所示。

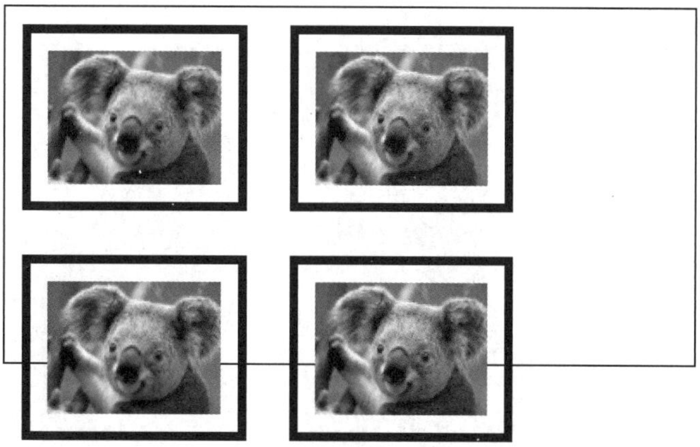

图 5-2 例 5-1 的运行效果

在例 5-1 中，div0 中有 4 张图片，图片的宽度（width）为 100px，边框（border）为 5px，填充（padding）为 10px；边界（margin）为 10px，图片所占位置的实际宽度为 100+2×10+2×5+2×10=150px，而 div0 的宽度只有 400px，因此一行只能显示两张图片。图片的高度 height

为 75px，图片的实际高度为 75+2×10+2×5+2×10=125px，两张图片的高度为 250px，明显超过了 div0 的高度 200px，可见图片超出了 div0 的显示范围。div0 要想装载下 4 张图片，高度必须大于或等于 250px。

网页中的所有显示对象都由图 5-1 所示的基本结构组成，并呈现出矩形的盒子效果。在浏览器看来，网页就是多个盒子嵌套排列的结果。虽然每个盒子又可以定义边界、边框、填充、内容的宽和高等基本属性，但是并不要求每个元素都必须定义这些属性。还要注意外边盒子的宽和高应该大于等于盒内所有对象的宽和高的总和。

### 5.1.2 <div>标签

扫码观看视频

div 是英文 division 的缩写，意为“分割、区域”。<div>标签是一个常用的区块标签，它本身没有任何显示内容，只相当于一个容器，可以将网页分割为相对独立的部分，可以更好地实现网页的规划和布局。<div>与</div>之间相当于一个“盒子”，可以设置边界、边框、填充、内容的宽和高、背景，同时内部可以容纳段落、标题、表格、图像等各种网页显示标签，即大多数 HTML 标签都可以嵌套在<div>标签中。此外，<div>中可以嵌套多层<div>，利用<div>的嵌套和层叠可以非常方便地布局网页。

<div>标签功能非常强大，通常使用 id、class 等属性配合设置<div>的 CSS 样式，下面通过一个案例给一张图片加上七彩边框来演示其用法。如例 5-2 所示，要给图片加上七彩边框，很多人的第一想法就是为图片加一个边框，再在外面嵌套 6 个<div>，每个<div>都有一个边框，很容易解决问题。但实际操作中并不需要 6 个<div>嵌套，因为每个区块标签都有两个属性可以设置颜色边框和背景，利用背景包括填充和主体区域，设置图片和<div>的填充并加上背景也可以给图片和<div>加上一个边框，因此只要在图片的外边嵌套 3 个<div>就足够给图片加上七彩边框了。

**例 5-2** example02.html

```
<html>
<head>
<meta charset="utf-8">
<title>七彩边框</title>
<style type="text/css">
#one {
    width: 360px;
    height: 260px;
    border: 5px solid #000;
}
.two {
    background-color: #f0f;
    width: 340px;
    height: 240px;
    padding: 5px;
    border: 5px solid #ff0;
}
#three {
    background-color: #0f0;
    width: 320px;
    height: 220px;
    padding: 5px;
    border: 5px solid #f00;
}
img {
```

```
        padding: 5px;
        background-color: #00f;
        border: 5px solid #0ff;
    }
    </style>
    </head>
    <body>
    <div id="one">
        <div class="two">
            <div id="three">
                <img src="pic.jpg" width="300" height="200" alt=""/>
            </div>
        </div>
    </div>
    </body>
    </html>
```

例 5-2 中定义了 3 个<div>标签和 1 个<img>标签，分别添加 class 属性，并通过 CSS 控制其宽、高、填充、边框、背景颜色等。这里只需了解宽、高、背景颜色的设置即可，本书后面的内容会做详细讲解。

运行例 5-2，效果如图 5-3 所示。

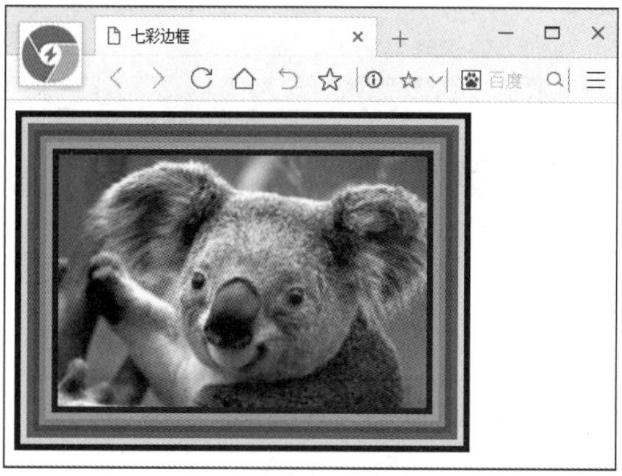


图 5-3　七彩边框示例效果

从图 5-3 中可以看出，通过对<div>标签设置相应的 CSS 样式实现了预期的效果。

## 5.2 盒子模型相关属性

理解了盒子模型的结构后，要想自如地控制页面中每个盒子的样式，还需要掌握盒子模型的相关属性，本节将对这些属性进行详细讲解。

### 5.2.1 宽度和高度

网页是由多个显示对象排列而成的，每个显示对象都有大小属性，在 CSS 中使用宽度属性 width 和高度属性 height 可以设置对象的大小。width 和 height 的属性值可以为不同单位的数值或相对于父对象的百分比，在实际工作中最常用的是像素值。

下面通过 width 与 height 属性来控制网页中的段落文本，如例 5-3 所示。

例 5-3　example03.html

```
<!doctype html>
<html>
<head>
<meta charset="utf-8">
<title>盒子模型 CONTENT 的宽度与高度</title>
<style type="text/css">
.box {
    width: 200px;
    height: 100px;
    background-color: #BDE9FF;
}
</style>
</head>
<body>
<p class="box"> 盒子模型 CONTENT 的宽度与高度</p>
</body>
</html>
```

在例 5-3 中，通过 width 与 height 属性分别控制了<p>标签的宽度与高度，同时对段落应用了盒子模型的其他相关属性。

运行例 5-3，效果如图 5-4 所示。

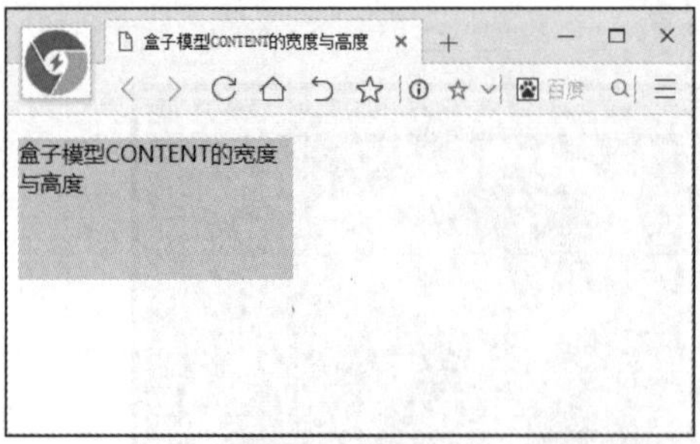


图 5-4　盒子模型显示内容的宽度与高度示例效果

> **注意**　**宽度属性 width 和高度属性 height 仅适用于块级标签，对行内标签无效。例如，<a>标签的 CSS 的 display 默认属性为 inline，<a>标签是行内标签，无法设置<a>标签的宽度属性 width 和高度属性 height，因此必须在 CSS 中加上“display: block;”将<a>标签设置成块级标签才能设置其对象的宽和高。**

### 5.2.2　边框

扫码观看视频

在网页设计中，很多显示对象都有边框。CSS 边框属性包括边框样式属性、边框宽度属性、边框颜色属性及边框的综合属性。同时，为了进一步满足设计需求，CSS3 中还增加了如圆角边框及图片边框等许多新的属性。

#### 1. 边框样式属性

在 CSS 属性中，border-style 属性用于设置边框的样式。其基本语法格式如下。

```
border-style:上边样式[右边样式 下边样式 左边样式];
border-left-style:左边样式;
```

```
border-right-style:右边样式;
border-top-style:上边样式;
border-bottom-style:下边样式;
```

在设置边框样式时，既可同时设置 4 条边的样式，也可分别进行设置。border-style 属性的常用属性值有 5 个，分别用于定义不同的显示样式，具体如下。

（1）none：无（默认）。

（2）solid：边框为单实线。

（3）dashed：边框为虚线。

（4）dotted：边框为点线。

（5）double：边框为双实线。

使用 border-style 属性设置 4 边样式时，可以设置为一个值，也可设置为多个值。一个值表示 4 边相同，两个值表示上下边样式和左右边样式分别相同，3 个值表示上边样式、左右边样式、下边样式分别相同，4 个值分别表示上、右、下、左边样式。

例如，<p>只有下边为单实线（solid），其他三边为虚线（dashed），此时可以使用（border-style）综合属性分别设置各边的样式，其语法格式如下。

```
p{border-style:dashed dashed  solid;}
```

下面通过一个案例对边框样式属性进行演示。新建 HTML 页面，并在页面中添加标题和段落文本，通过边框样式属性控制标题和段落的边框效果，如例 5-4 所示。

**例 5-4** example04.html

```
<!DOCTYPE html>
<html>
<head>
<meta charset="UTF-8">
<title>设置边框样式</title>
<style type="text/css">
    .one
    {
        border-style: solid;
    }
    .two
      {
        border-style: dotted solid ;
    }
    .three
      {
        border-style: solid dotted dashed;
    }
    .four
      {
        border-style: solid dotted dashed double;
    }
    .five
      {
        border-bottom-style: double;
    }
</style>
</head>
<body>
```

```
        <p class="one">一个属性值：四边框实线</p>
        <p class="two">两个属性值：上下边框点线、左右边框实线</p>
        <p class="three">三个属性值：上边框单实线、左右边框点线、下边框虚线</p>
        <p class="four">四个属性值：上边框单实线、右边框点线、下边框虚线、左边框双实线</p>
        <p class="five">单独设置下边框双实线</p>
    </body>
    </html>
```

在例 5-4 中，使用边框样式 border-style 的综合属性和单边属性设置了标题和段落文本的边框样式。

运行例 5-4，效果如图 5-5 所示。

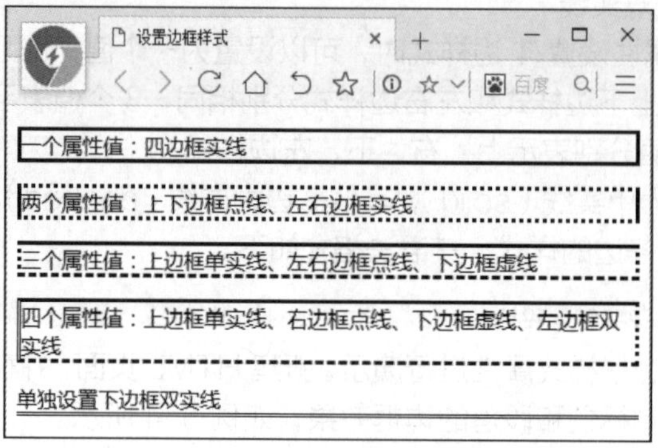


图 5-5　边框样式效果

需要注意的是，由于兼容性的问题，在不同的浏览器中点线（dotted）和虚线（dashed）的显示样式可能会略有差异。

**2. 边框宽度属性**

border-width 属性用于设置边框的宽度。其基本语法格式如下。

```
border-width:上边宽度值[右边宽度值 下边宽度值 左边宽度值 ];
border-left-width:左边宽度值;
border-right-width:右边宽度值;
border-top-width:上边宽度值;
border-bottom-width:下边宽度值;
```

边框宽度不能单独设置，设置边框宽度时，必须同时设置边框样式。设置边框宽度和设置边框样式一样，既可同时设置 4 条边的样式，也可分别设置每条边的样式。border-width 属性的常用属性值有 4 个，分别用于定义不同的显示样式，具体如下所述。

（1）thin：细线。

（2）medium：中等粗细（默认）。

（3）thick：粗线。

（4）取值：单位为像素（px）。

设置四边边框宽度属性和设置边框样式一样，可以设置为一个值，也可设置为多个值。一个值表示四边宽度值相同，两个值表示上下边的宽度值和左右边的宽度值分别相同，3 个值表示上边的宽度值、左右边的宽度值和下边的宽度值分别相同，4 个值表示上、右、下、左边的宽度值。

下面通过一个案例对边框宽度属性设置进行演示。新建 HTML 页面，并在页面中添加段落文本，通过边框宽度属性对段落进行控制，如例 5-5 所示。

**例 5-5** example05.html

```
<!DOCTYPE html>
<html>
<head>
<meta charset="UTF-8">
<title>设置边框宽度</title>
<style type="text/css">
    p
    {
        border-style:solid;
    }
    .one
    {
        border-width: thin;
    }
        .two
    {
        border-width: thin medium;
    }
    .three
    {
        border-width: thin medium thick;
    }
    .four
    {
        border-width: 1px 2px 4px 8px;
    }
    .five
    {
        border-bottom-style:solid;
        border-bottom-width:1px ;
    }
</style>
</head>
<body>
    <p>无边框属性，默认为 medium 中等粗细</p>
    <p class="one">一个属性值：四边框细线</p>
    <p class="two">两个属性值：上下边框细线、左右边框中等粗细</p>
    <p  class="three">三个属性值：上边框细线、左右边框中等粗细线、下边框粗线</p>
    <p class="four">四个属性值：上边框宽 1px、右边框宽 2px、下边框宽 4px、左边框宽 8px</p>
    <h3 class="five">下边框宽 1px</h3>
</body>
</html>
```

例 5-5 中使用边框样式 border-width 的综合属性和单边属性设置了标题和段落文本的边框宽度。

运行例 5-5，效果如图 5-6 所示。

### 3. 边框颜色属性

border-color 属性用于设置边框颜色。其基本语法格式如下。

```
border-color:上边颜色[右边颜色 下边颜色 左边颜色 ];
border-top-colors:颜色;
border-right-colors:颜色;
```

```
border-bottom-colors:颜色;
border-left-colors:颜色;
```

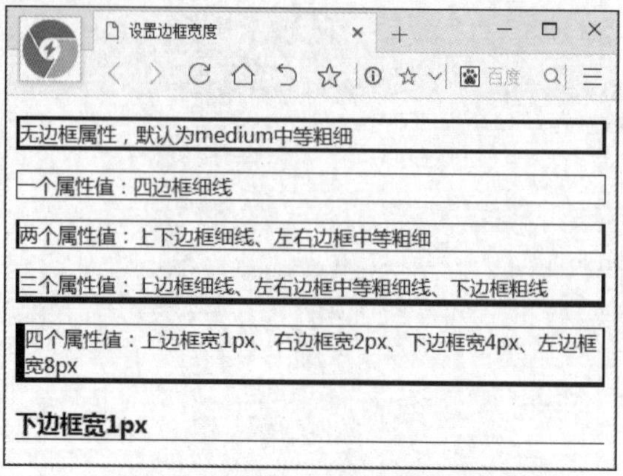


图 5-6　设置边框宽度属性示例效果

在上面的语法格式中，border-color 的属性值可设置的方法有如下几种。

（1）预定义的颜色值，使用颜色相应的英语单词，如 red、blue 等。

（2）十六进制颜色值，#RRGGBB 最常用，三原色红、绿、蓝分别用两位十六进制数表示。

（3）十六进制简写，#RGB 三原色红、绿、蓝分别用 1 位十六进制数表示两位十六进制数的缩写，如#05F 表示的颜色值是#0055FF。

（4）方法 rgb(r,g,b)，方法中的 r、g、b 分别表示三原色红、绿、蓝，取值为(0～255)。

（5）方法 rgba(r,g,b,a)，方法参数 r、g、b 同上，a 表示透明度，取值为(0～1)。

border-color 的属性值同样可以设置为 1 个、2 个、3 个和 4 个，遵循原则同于边框样式属性和边框宽度属性。下面通过一个案例对边框颜色属性进行演示。新建 HTML 页面，并在页面中添加段落文本，通过边框颜色属性对段落进行控制，如例 5-6 所示。

**例 5-6**　example06.html

```
<!DOCTYPE html>
<html>
<head>
<meta charset="UTF-8">
<title>设置边框颜色</title>
<style type="text/css">
    p
    {
        border-style:solid;
    }
    .one
    {
        border-color:green;
    }
    .two
    {
        border-color: #ff0000 #00f;
    }
    .three
    {
        border-color: rgb(255,255,0) rgb(0,255,255) rgb(255,0,255);
```

```
        }
        .four
        {
            border-color: rgba(132,19,21,1.00) rgba(32,148,21,0.80) rgba(32,148,168,0.60) rgba(200,
    148,21,0.40);
        }
        .five
        {
            border-bottom-style:solid;
            border-bottom-color:red;
        }
    </style>
    </head>
    <body>
        <p class="one">一个属性值：四边框为绿色</p>
        <p class="two">两个属性值：上下边框为红色、左右边框为蓝色</p>
       <p class="three">三个属性值：左右颜色相同</p>
        <p class="four">四个属性值：四边颜色不同，透明度也不同</p>
       <h3 class="five">下边框为红色</h3>
    </body>
    </html>
```

在例 5-6 中使用边框颜色 border-color 的综合属性和单边属性设置了标题和段落文本的边框颜色。

运行例 5-6，效果如图 5-7 所示。

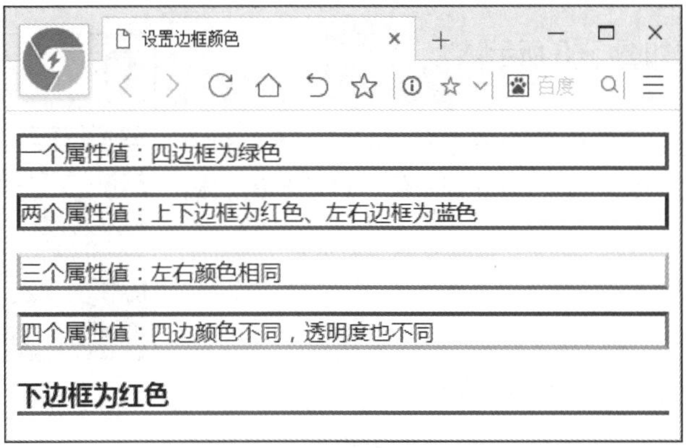


图 5-7　设置边框颜色示例效果

### 4. 综合设置边框样式

将 border-style、border-width、border-color 写在一起可以综合设置边框，易读易写。其基本格式如下。

```
border:宽度 样式 颜色;
border-left:宽度 样式 颜色;
border-right:宽度 样式 颜色;
border-top:宽度 样式 颜色;
border-bottom:宽度 样式 颜色;
```

在上面的属性设置中，宽度、样式、颜色的顺序不分先后，可以只指定需要设置的属性，宽度和颜色可以省略，省略时取默认值。当每侧的边框样式都不相同时，也可以单独定义每一侧的边框。

下面对综合设置边框样式进行演示，如例 5-7 所示。

例 5-7　example07.html

```
<!DOCTYPE html>
<html>
<head>
<meta charset="UTF-8">
<title>综合设置边框样式</title>
<style type="text/css">
h3
{
    border-bottom:#FF0004 double 10px;/*单侧设置边框样式*/
}
img
{
    border: solid #000 5px;/*综合设置边框样式*/
}
</style>
</head>
<body>
    <h3>综合设置边框样式</h3>
    <img src="pic.jpg" width="300" height="200" />
</body>
</html>
```

例 5-7 中先使用边框的单侧复合属性设置二级标题，再使用复合属性 border 为图像设置 4 条相同的边框。

运行例 5-7，效果如图 5-8 所示。

图 5-8　综合设置边框样式示例效果

### 5. 圆角边框

在网页设计中，有时需要设置圆角边框，运用 CSS3 中的 border-radius 属性可以将矩形边框圆角化。其基本语法格式如下。

```
border-radius:参数 1 [/参数 2];
```

其参数格式如下。

```
半径 1 [半径 2 半径 3 半径 4]
```

在上面的语法格式中，border-radius 的属性值可设置的方法如下。

（1）参数：在上面的语法格式中，border-radius 的属性值由 1 或 2 个参数组成，参数 1 表示水平半径，参数 2 表示垂直半径。水平半径和垂直半径中间用/隔开，如垂直半径省略，则垂直半径与水平半径相同。

（2）半径：水平半径和垂直半径都可以由 1～4 个半径组成，设置一个半径时，表示 4 个圆角的水平半径或垂直半径相同；设置两个半径时，表示两条对角线上的圆角的半径相同，第一个值表示左上和右下，第二个值表示右上和左下；设置 3 个半径时，表示三条对角线上的圆角的半径相同，第一个值表示左上，第二个值表示右上和左下，第三个值表示右下；设置 4 个半径时，表示将顺序设置每个圆角，顺序为左上、右上、右下、左下。

下面通过 3 个案例对 border-radius 属性设置进行演示，如例 5-8～例 5-10 所示。

**例 5-8** example08.html

```
<!DOCTYPE html>
<html>
<head>
<meta charset="UTF-8">
<title>圆角边框</title>
<style type="text/css">
img
{
    float: left;                /*图片水平排列*/
    margin-right: 10px;         /*图片右边界为 10px*/
    border: solid #000 5px;     /*综合设置边框样式*/
}
.one
{
    border-radius:50px;         /*只设置了一个参数，半径为 50px*/
}
.two
{
    border-radius:10%/20%;      /*设置了两个参数，水平半径为宽度的 10%，垂直半径为宽度的 20%*/
}
</style>
</head>
<body>
    <img class="one" src="pic.jpg" width="300" height="200" />
    <img class="two" src="pic.jpg" width="300" height="200" />
</body>
</html>
```

在例 5-8 中，border-radius 的参数只设置了一个半径，图片一圆角边框的水平半径为 50px；图片二的水平半径为总宽度的 10%，垂直半径为总高度的 20%。

运行例 5-8，效果如图 5-9 所示。

图 5-9　圆角边框设置一个参数的效果

**例 5-9** example09.html

```
<!DOCTYPE html>
<html>
<head>
<meta charset="UTF-8">
<title>圆角边框设置了一个参数多个半径间的比较</title>
```

```
<style type="text/css">
img
{
    float: left;              /*图片水平排列*/
    margin-right: 10px;       /*图片右边界为 10px*/
    border: solid #000 5px;   /*综合设置边框样式*/
}
.one
{
    border-radius:20px 40px;              /*圆角边框设置两个半径*/
}
.two
{
    border-radius:20px 40px 60px;         /*圆角边框设置 3 个半径*/
}
.three
{
    border-radius:20px 40px 60px 80px;   /*圆角边框设置 4 个半径*/
}
</style>
</head>
<body>
    <img class="one" src="pic.jpg" width="300" height="200" />
    <img class="two" src="pic.jpg" width="300" height="200" />
    <img class="three" src="pic.jpg" width="300" height="200" />
</body>
</html>
```

在例 5-9 中，border-radius 设置了一个参数，参数中设置了多个半径。其只有一个参数，因此水平半径和垂直半径相同。参数中半径数量不同，表示各个角的半径不同，图片一设置了两个半径，两个对角圆角相同；图片二设置了 3 个半径，右上和左下圆角效果相同；图片三设置了 4 个半径，4 个圆角效果都不同。

运行例 5-9，效果如图 5-10 所示。

图 5-10 圆角边框设置多个参数的效果

例 5-10 example10.html

```
<!DOCTYPE html>
<html>
<head>
<meta charset="UTF-8">
<title>圆角边框设置两个参数，每个参数半径数量不同</title>
<style type="text/css">
img
```

```
{
    float: left;               /*图片水平排列*/
    margin-right: 10px;        /*图片右边界为 10px*/
    border: solid #000 5px;    /*综合设置边框样式*/
}
.one
{
    border-radius:40px/20px 40px 60px 80px;
}
.two
{
    border-radius:20px 40px 60px 80px/40px;
}
.three
{
    border-radius:20px 60px /20px 40px 80px;
}
</style>
</head>
<body>
   <img class="one" src="pic.jpg" width="300" height="200" />
   <img class="two" src="pic.jpg" width="300" height="200" />
   <img class="three" src="pic.jpg" width="300" height="200" />
</body>
</html>
```

在例 5-10 中，border-radius 设置了两个参数，参数中设置了多个半径。图片一水平半径为 40px,垂直半径设置了 4 个不同的值；图片二垂直半径为 40px，水平半径设置了 4 个不同的值；图片三水平半径设置了两个值，垂直半径设置了 3 个值。

运行例 5-10，效果如图 5-11 所示。

图 5-11　圆角边框设置两个参数，每个参数半径数量不同的效果

### 6. 图片边框

在网页设计中，运用 CSS3 中的 border-image 属性可以轻松实现图形边框的设置。border-image 属性是一个简写属性，用于设置 border-image-source、border-image-slice、border-image-width、border-image-outset 以及 border-image-repeat 等属性。其基本语法格式如下。

```
border-image: border-image-source border-images-slice / border-image-width / border-image-outset
        border-image-repeat;
```

（1）border-image-source：指定图片的来源，即指定图片的 URL 地址。

（2）border-image-slice：边框图片的划分，指定边框图像的顶部、右侧、底部、左侧内偏移量。

（3）border-image-width：指定边框图片宽度。

（4）border-image-outset：指定边框背景向盒子外部延伸的距离。

（5）border-image-repeat：指定背景图片的平铺方式。

下面通过一个案例来演示图片边框的设置方法，如例 5-11 所示。

例 5-11　example11.html

```
<!DOCTYPE html>
<html>
<head>
<meta charset="UTF-8">
<title>图片边框</title>
<style type="text/css">
    div
    {
         width: 180px;
         height:180px;
         padding:45px;
         border-image-source:url(images/beij9.png); /*设置边框图片路径*/
         border-image-slice: 33.3%;          /*设置图像顶部、右侧、底部、左侧内偏移量*/
         border-image-width:30px;            /*设置边框图片宽度*/
         border-image-outset:0px;            /*设置边框图像区域超出边框量*/
         border-image-repeat: repeat;        /* 设置图片的平铺方式*/
    }
</style>
</head>
<body>
    <div>图片边框</div>
</body>
</html>
```

在例 5-11 中，通过设置图片、内偏移、边框宽度和填充方式定义了一个图片边框的盒子。边框图片素材如图 5-12 所示，运行例 5-11，效果如图 5-13 所示。

图 5-12　边框图片素材

图 5-13　图片边框效果

对比图 5-12 和图 5-13 可以发现，边框图片素材的四角位置（即数字 1、3、7、9 标示位置）和盒子边框四角位置的数字是吻合的。也就是说，在使用 border-image 属性设置边框图片时，会将素材分割成 9 个区域，即图 5-13 中所示的数字占位区域。在显示时，将“1”“3”“7”“9”作为四角位置的图片，将“2”“4”“6”“8”作为四边的图片，如果尺寸不够，则按照指定的方式进行填充。

例如，将例 5-8 中第 14 行代码中图片的填充方式改为“拉伸填充”，具体代码如下。

```
border-image-repeat: stretch;
```

保存 HTML 文件，刷新页面，效果如图 5-14 所示，“2”“4”“6”“8”区域中的图片被拉伸填充边框区域。

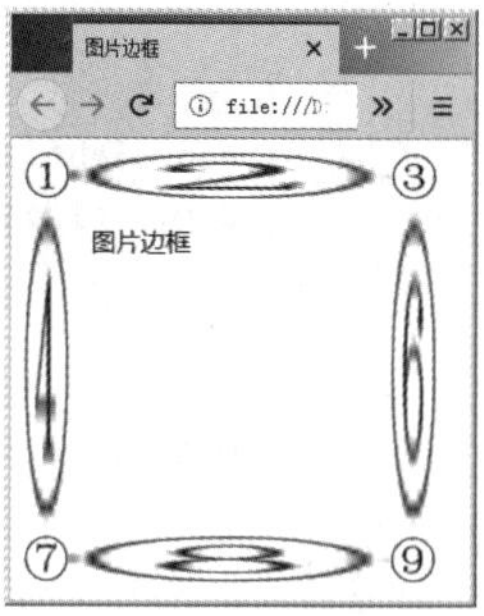

图 5-14　拉伸填充显示效果

与边框样式和宽度相同，图片边框也可以进行综合设置，如例 5-11 中第 12～14 行代码可以用以下代码进行替换。

```
border-image: url(images/beij9.png) 33.3%/30px;
```

在上面的示例代码中，33.3%表示边框的内偏移，30px 表示边框的宽度，二者用“/”隔开。

**注意**　**图形边框不是所有浏览器都能识别的，因此在实际工作中应尽量少用，新版的火狐浏览器可以识别图形边框。**

### 5.2.3　边距

CSS 的边距属性包括填充和边界两种，对它们的具体解释如下。

**1. 填充**

所谓填充，是指显示对象的内容与边框之间的距离，也常称为内边距。在 CSS 中，padding 属性用于设置填充，以调整显示对象的位置。padding 属性的设置与边框属性 border 一样，也是复合属性，其基本语法格式如下。

```
padding:参数 1 [参数 2 参数 3 参数 4];
padding-top:参数;
padding-right:参数;
padding-bottom:参数;
padding-left:参数;
```

填充可以单独设置一个方向的填充，padding 相关属性的取值可为 auto（自动，默认值）、相对于父元素（或浏览器）宽度的百分比（%）、不同单位的数值，不允许使用负值。实际工作中最常用的单位是像素（px）。

使用复合属性 padding 定义填充时，必须按顺时针的顺序采用值复制，参数为一个值时，表示指定四边填充相同；参数为两个值时，表示指定上下填充、左右填充；参数为 3 个值时，表示指定上填充、左右填充、下填充；参数为 4 个值时，表示指定上填充、右填充、下填充、左填充。

下面通过一个案例来演示内边距的用法和效果。新建 HTML 页面，在页面中添加一张图片和一个段落，使用 padding 相关属性控制它们的显示位置，如例 5-12 所示。

**例 5-12**　example12.html

```
<!DOCTYPE html>
<html>
<head>
<meta charset="UTF-8">
<title>填充的设置</title>
<style type="text/css">
img
```

```
{
    float: left;                /*图片水平排列*/
    margin-right: 10px;         /*图片右边界为 10px*/
    border: solid #000 5px;     /*综合设置边框样式*/
}
.one
{
    padding:10px;     /*只设置了一个参数，填充四边都为 10px*/
}
.two
{
    padding:10px 5% ;     /*设置了两个参数，上下填充为 10px，左右填充为父对象 body 的宽度的 5%*/
}
.three
{
    padding-bottom:10px;     /*设置对象的下填充为 10px*/
}
</style>
</head>
<body>
    <img class="one" src="pic.jpg" width="300" height="200" />
    <img class="two" src="pic.jpg" width="300" height="200" />
    <img class="three" src="pic.jpg" width="300" height="200" />
</body>
</html>
```

例 5-12 中使用 padding 相关属性设置图片和段落内边距，其中段落内边距使用%数值表示。运行例 5-12，效果如图 5-15 所示。

图 5-15　填充的设置效果

由于段落的内边距使用%数值表示，当拖动浏览器窗口改变其宽度时，图片二的填充会随之发生变化，图片二的父标签为<body>。

**注意**　**如果设置填充为百分比，则不论上下或左右的填充，都是相对于父标签宽度而言的，随父标签宽度的变化而变化，和父标签高度无关。**

### 2. 边界

边界属性用于显示对象与相邻对象之间的距离，也称为外边距。网页是由多个盒子排列而成的，要想拉开盒子与盒子之间的距离，合理布局网页，就需要为盒子设置边界。在 CSS 中，margin 属性用于设置外边距，它是一个复合属性，与内边距 padding 的用法类似，设置外边距的方法如下。

```
margin:参数 1 [参数 2 参数 3 参数 4 ];
```

```
margin-top:参数;
margin-right:参数;
margin-bottom:参数;
margin -left:参数;
```

margin 相关属性的值以及复合属性 margin 取 1～4 个值的情况与 padding 相同，但是外边距可以使用负值，使相邻元素重叠。

当对块级元素应用宽度属性 width，并将左右的外边距都设置为 auto 时，可使块级标签在父级对象中水平居中，实际工作中常用这种方式进行网页布局，示例 CSS 代码如下。

```
margin: 0 auto;
```

下面通过一个案例来演示外边距的用法和效果。新建 HTML 页面，在页面中添加一张图片和一个段落，使用 margin 相关属性对图片和段落进行排版，如例 5-13 所示。

**例 5-13** example13.html

```
<!DOCTYPE html>
<html>
<head>
<meta charset="UTF-8">
<title>设置边界</title>
<style type="text/css">
    img
    {
        width: 300px;
        border: 5px solid red;
        float: left;                        /*设置图片左浮动*/
        margin-left: 20px;                  /*设置图片的左外边距*/
        margin-right: 15px;                 /*设置段落的右边界*/
    }
    p
    {
        text-indent: 2em;
        margin-right: 20px;                 /*设置图片的右外边距*/
    }
</style>
</head>
<body>
    <img src="pic.jpg" alt="2017 全新优化升级课程" />
    <p>边界表示显示对象与相邻对象之间的距离，网页是由多个盒子排列而成的，要想拉开盒子与盒子之间的距离，合理
地布局网页，就需要为盒子设置边界。在 CSS 中，margin 属性用于设置外边距，它是一个复合属性，与内边距 padding 的用法类
似。</p>
</body>
</html>
```

例 5-13 中使用浮动属性 float 使图片居左，同时设置图片右边界为 15px，拉开图片与文本之间的距离。另外，设置段落的左边界或左填充也可以拉开图片与文本之间的距离。

运行例 5-13，效果如图 5-16 所示，图片和段落文本之间拉开了一定的距离，实现了图文混排的效果。

但是仔细观察图 5-16 会发现，浏览器边界与网页内容之间也存在一定的距离，但并没有对<p>或<body>标签应用内边距或外边距，可见这些标签默认存在内边距和外边距样式。其中默认存在内外边距的标签有<body>、<h1>～<h6>、<p>等。

图 5-16 设置外边距的效果

为了更方便地控制网页中的标签，制作网页时，可使用如下代码清除所有显示对象的默认填充与边界。*在这里表示所有显示对象，网页效果如图 5-17 所示。

```
*{padding: 0; margin: 0;}
```

通过图 5-17 容易看出，清除标签默认内边距和外边距样式后，浏览器边界与网页内容之间的距离消失了。

图 5-17 清除内边距和边界的网页效果

### 5.2.4 box-shadow

在网页制作中，有时需要对盒子添加阴影效果。CSS3 中的 box-shadow 属性可以轻松实现阴影的添加。其基本语法格式如下。

```
box-shadow:像素值1 像素值2 像素值3 像素值4 颜色值 阴影类型;
```

在上面的语法格式中，box-shadow 属性共包含 6 个参数值，对它们的具体解释如下。

（1）像素值 1：表示标签水平阴影位置，可以为负值（必选属性）。

（2）像素值 2：表示标签垂直阴影位置，可以为负值（必选属性）。

（3）像素值 3：阴影模糊半径（可选属性）。

（4）像素值 4：阴影扩展半径，不能为负值（可选属性）。

（5）颜色值：阴影颜色（可选属性）。

（6）阴影类型：内阴影（inset）/外阴影（默认）（可选属性）。

在 box-shadow 属性参数值中，“像素值 1”和“像素值 2”为必选参数，不可以省略，其余为可选参数。不设置“阴影类型”参数时，默认阴影类型为“外阴影”，设置 inset 参数值后，阴影类型变为内阴影。

下面通过一个为图片添加阴影的案例来演示 box-shadow 属性的用法和效果，如例 5-14 所示。

**例 5-14** example14.html

```
<!DOCTYPE html>
<html>
<head>
<meta charset="UTF-8">
<title>box-shadow 属性</title>
<style type="text/css">
    img
    {
        padding: 20px;
        border: 1px solid #CCC;
        box-shadow: 5px 5px 10px 2px #999 inset;/* 设置阴影效果*/
    }
</style>
</head>
<body>
    <img class="border" src="pic.jpg" width="300" height="200" alt="" />
</body>
</html>
```

在例 5-14 中为图片定义了一个水平位置和垂直位置均为 5px、模糊半径为 10px、扩展半径为 2px 的浅灰色内阴影。

运行例 5-14，效果如图 5-18 所示，图片出现了内阴影效果。

值得一提的是，同 text-shadow 属性（文字阴影属性）一样，box-shadow 属性也可以改变阴影的投射方向及添加多重阴影效果，将例 5-14 中 box-shadow 属性中的代码修改如下，再次运行例 5-14，效果如图 5-19 所示。

```
box-shadow:5px 5px 10px 2px #999 inset,-5px -5px 10px 2px #333 inset;
```

图 5-18　盒子模型阴影效果

图 5-19　多重阴影效果

## 5.2.5 box-sizing

当一个盒子的总宽度确定之后，要想给盒子添加边框或内边距，往往需要更改 width 属性值，才能保证盒子的总宽度不变，操作起来烦琐且容易出错。运用 CSS3 的 box-sizing 属性，可以轻松解决这个问题。box-sizing 属性用于定义盒子的宽度值和高度值是否包含标签的内边距和边框。其基本语法格式如下。

```
box-sizing:content-box/border-box;
```

在上面的语法格式中，box-sizing 属性的取值可以为 content-box 或 border-box，对它们的具体解释如下。

（1）content-box：浏览器对盒子模型的解释遵从 W3C 标准，当定义 width 和 height 时，它的参数值不包括 border 和 padding。

（2）border-box：当定义 width 和 height 时，border 和 padding 的参数值被包含在 width 和 height 之内。

下面通过一个案例对 box-sizing 属性的用法和效果进行演示，如例 5-15 所示。

**例 5-15** example15.html

```
<!DOCTYPE html>
<html>
<head>
<meta charset="UTF-8">
<title>box-sizing 属性</title>
<style type="text/css">
    .one
    {
        width: 300px;
        height: 100px;
        padding-right: 10px;
        background: #F90;
        border: 10px solid #CCC;
        box-sizing: content-box;
        margin-bottom:10px;
    }
    .two
    {
        width: 300px;
        height: 100px;
        padding-right: 10px;
        background: #F90;
        border: 10px solid #CCC;
        box-sizing: border-box;
}
</style>
</head>
<body>
    <div class="one">content_box 属性</div>
    <div class="two">border_box 属性</div>
</body>
</html>
```

例 5-15 中定义了两个盒子，并对它们设置了相同的宽、高、右内边距和边框样式。此外，对第一个盒子定义了 box-sizing:content-box;样式，对第二个盒子定义了 box -sizing:border-box;样式。

运行例 5-15，效果如图 5-20 所示，图 5-20 中应用了 box-sizing:content-box;样式的盒子 1 宽度比 width 参数值多出 30px，总宽度变为 330px；而应用了 box-sizing:border-box;样式的盒子 2 宽度等于 width 参数值，总宽度仍为 300px。

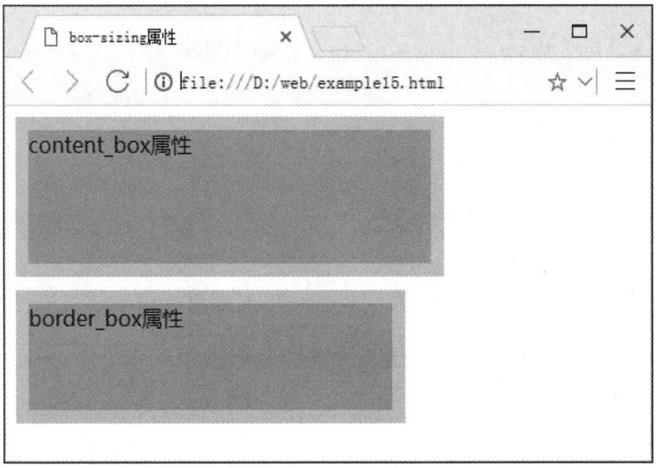


图 5-20　box-sizing 属性演示效果

可见，应用 box-sizing:border-box;样式后，盒子 border 和 padding 的参数值是被包含在 width 和 height 之内的。

## 5.3 背景属性

网页能通过背景样式给读者留下更深刻的印象，所以在网页设计中，合理控制背景颜色和背景图片至关重要。本节将详细介绍 CSS 控制背景样式的方法。

### 5.3.1 背景颜色

在 CSS 中，使用 background-color 属性可设置网页元素的背景颜色，其属性值与文本颜色的取值基本一样。其基本语法格式如下。

```
background-color:颜色;
```

在上面的语法格式中，background-color 的属性值有很多，其默认值为 transparent，即背景透明，可以看到其父对象的背景。其属性设置方法与边框颜色属性的设置方法相同。

下面通过一个案例来演示 background-color 属性的用法。新建 HTML 页面，在页面中添加标题和段落文本，通过 background-color 属性控制标题标签<h2>和主体标签<body>的背景颜色，如例 5-16 所示。

**例 5-16**　example16.html

```
<!DOCTYPE html>
<html>
<head>
<meta charset="UTF-8">
<title>设置背景颜色</title>
<style type="text/css">
    body
    {
       background-color: #9dd;             /*设置网页的背景颜色*/
    }
    h2
    {
```

```
        color: #FFF;
        background-color: #Fd0;              /*设置标题的背景颜色*/
    }
</style>
</head>
<body>
    <h2>背景属性</h2>
    <p>网页能通过背景样式给读者留下更深刻的印象，在网页设计中，合理控制背景颜色和背景图片至关重要。本节将详细介绍 CSS 控制背景样式的方法。</p>
</body>
</html>
```

例 5-16 中通过 background-color 属性分别控制标题和网页主体的背景颜色。

运行例 5-16，效果如图 5-21 所示。

在图 5-21 中，标题文本的背景颜色为黄色，段落标签<p>没有设置背景颜色，默认为透明背景（transparent），显示父标签<body>的背景颜色。

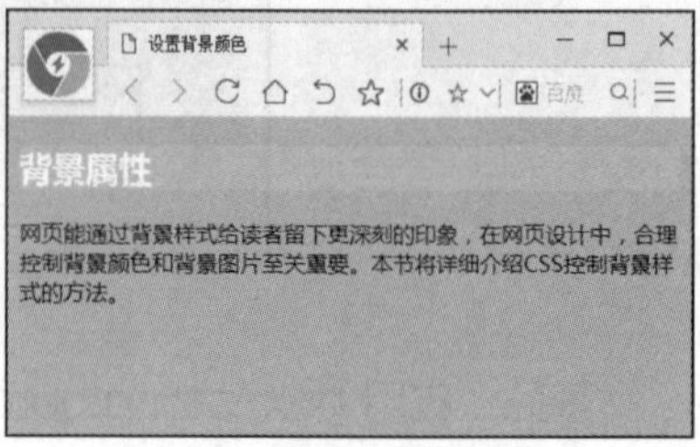


图 5-21 设置背景颜色的效果

## 5.3.2 背景图片

背景不仅可以设置为某种颜色，还可以将图片作为元素的背景。CSS 中可以通过 background- image 属性设置背景图片。

以例 5-16 为基础，准备一张背景图片，要求图片左右、上下是可以互拼的，如图 5-22 所示，将图片放置在 images 文件夹中，在<body>标签的 CSS 样式中将设置网页背景颜色的代码改为设置网页背景图片的代码。

扫码观看视频

```
background-color: #9dd;                      /*设置网页的背景颜色*/
background-image: url(images/beij1.jpg);     /*设置网页的背景图片*/
```

保存 HTML 文件，刷新网页，效果如图 5-23 所示。

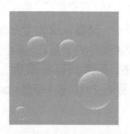

图 5-22 背景图片素材

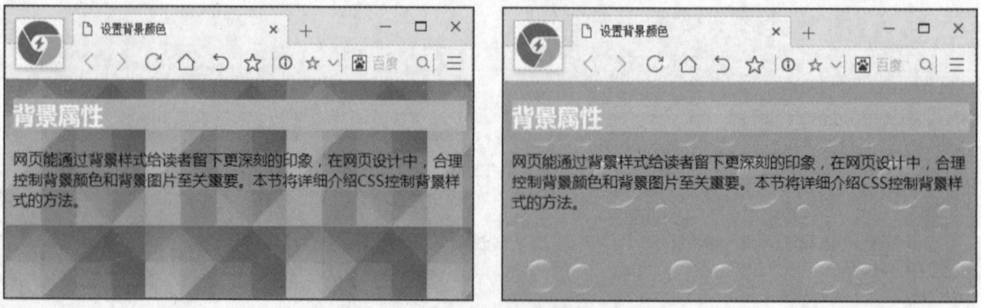


图 5-23 设置背景图片的效果

通过图 5-23 容易看出，背景图片自动沿着水平和竖直两个方向平铺，充满整个页面，并覆盖了<body>标签的背景颜色。

### 5.3.3 背景透明度

在制作网页时，有时想实现半透明的背景，方法主要有 3 种，分别为使用 rgba()方法设置半透明的背景颜色、使用 opacity 属性设置图片的透明度、使用 Photoshop 制作透明图片。下面分别对这 3 种方法进行说明。

#### 1. 使用 rgba()方法设置半透明的背景颜色

rgba()方法是 CSS3 新增的颜色模式，它是 rgb()方法的延伸，该模式在红、绿、蓝三原色的基础上添加了透明度参数。其基本语法格式如下。

```
rgba(r,g,b,a);
```

在上面的语法格式中，前 3 个参数与 rgb()方法中的参数含义相同，a 参数表示 alpha（透明度），取值为 0.0（完全透明）～1.0（完全不透明）。

例如，使用 rgba()方法为 p 元素指定半透明黄色的背景，代码如下。

```
p{background-color:rgba(255,255,0,0.5);}
```

#### 2. 使用 opacity 属性设置图片的透明度

在 CSS3 中，使用 opacity 属性能够使任何元素呈现透明效果。其基本语法格式如下。

```
opacity:opacityValue;
```

在上面的语法格式中，参数 opacityValue 表示透明度的值，它是一个介于 0 和 1 之间的浮点数值。其中，0 表示完全透明，1 表示完全不透明，0.5 表示半透明。

下面通过一个案例来演示如何使用 opacity 属性设置图片的透明度，如例 5-17 所示。

**例 5-17** example17.html

```
<!DOCTYPE html>
<html>
<head>
<meta charset="UTF-8">
<title>图片透明度</title>
<style type="text/css">
img
{
    float: left;                /*图片水平排列*/
    margin-right: 10px;         /*图片右边界为 10px*/
}
.one
{
    opacity:1;
}
.two
{
    opacity:0.8;
}
.three
{
    opacity:0.5;
}
```

```
</style>
</head>
<body>
    <img class="one" src="pic.jpg" width="300" height="200" />
    <img class="two" src="pic.jpg" width="300" height="200" />
    <img class="three" src="pic.jpg" width="300" height="200" />
</body>
</html>
```

例 5-17 中使用 opacity 属性为同一张图片设置了不同的透明度，且 opacityValue 值依次减小。

运行例 5-17，效果如图 5-24 所示，3 张图片的透明度依次增加，这是因为 opacityValue 的值越小，表示透明度越高。

图 5-24　opacity 属性设置图片透明度的效果

#### 3. 使用 Photoshop 制作透明图片

如例 5-17 所示，使用 opacity 属性可以设置图片的透明度，但不能使用这种方法设置背景的透明度，最简单的方法是使用 Photoshop 制作透明的图片。注意，使用 Photoshop 制作透明图片时必须将图片存为 PNG 格式，在网页中使用透明的 PNG 文件作为网页背景。

### 5.3.4　背景图片的平铺

扫码观看视频

默认情况下，背景图片会自动沿着水平和竖直两个方向平铺，可以通过 CSS 中的 background- repeat 属性设置平铺效果。其基本语法格式如下。

```
background-repeat：参数
```

background-repeat 的参数可以有以下 4 种取值。

（1）repeat：沿水平和竖直两个方向平铺（默认值）。

（2）no-repeat：不平铺（图片位于元素的左上角，只显示一次）。

（3）repeat-x：只沿水平方向平铺。

（4）repeat-y：只沿竖直方向平铺。

### 5.3.5　背景图片的位置

如果将背景图片的平铺属性 background-repeat 定义为 no-repeat，则背景图片只显示一次，位于网页的左上角，相关代码如下。

```
body
{
    background-image: url(images/wdjl.jpg);        /*设置网页的背景图片*/
    background-repeat: no-repeat;                  /*设置背景图片不平铺*/
}
```

如果要改变背景图片的位置，则可以用 CSS 中的 background-position 属性来定位。其基本语法格式如下。

```
background-position: 水平方向值 垂直方向值;
```

background-position 属性由两个参数组成，分别表示水平方向定位和垂直方向定位，水平方向定位和垂直方向定位的取值有多种，具体如下。

（1）使用预定义的关键字：指定背景图片在元素中的对齐方式。

① 水平方向值：left、center、right。

② 垂直方向值：top、center、bottom。

两个关键字的顺序任意，若只有一个值，则另一个默认为 center。例如：

```
background-position: right bottom;       /*背景图片在右下角*/
background-position: bottom right;       /*背景图片在右下角*/
background-position: center top;         /*背景图片在上方中间*/
background-position: top;                /*背景图片在上方中间*/
```

（2）使用百分比：按背景图片和元素的指定点对齐，如果只有一个百分数，则其将作为水平值，垂直值默认为 50%。例如：

```
background-position: 0% 0%;              /*背景图片在左上角*/
background-position: 50% 50%;            /*背景图片在中心*/
background-position: 100% 0%;            /*背景图片在右上角*/
background-position: 20% 40%;            /*背景图片在水平 20%、垂直 30%处*/
background-position: 10%;                /*背景图片在水平 10%处，垂直方向居中*/
```

（3）使用不同单位的数值（最常用的单位是像素），以对象的左上角为坐标原点分别设置水平和垂直方向的位置。例如：

```
background-position:20px 20px;  /*背景图片在左上水平 20px、垂直 20px 处*/
```

**注意** **背景图片的宽度可以大于对象的宽度，背景定位的取值可以为负值，背景超出对象边框的部分将不显示，利用这个特点可以用同一张图片来设置不同的背景效果，可以使用 Photoshop 制作一张背景图片，其宽度为 450px，高度为 150px，如图 5-25 所示，并将文件保存到 images 文件夹中。**

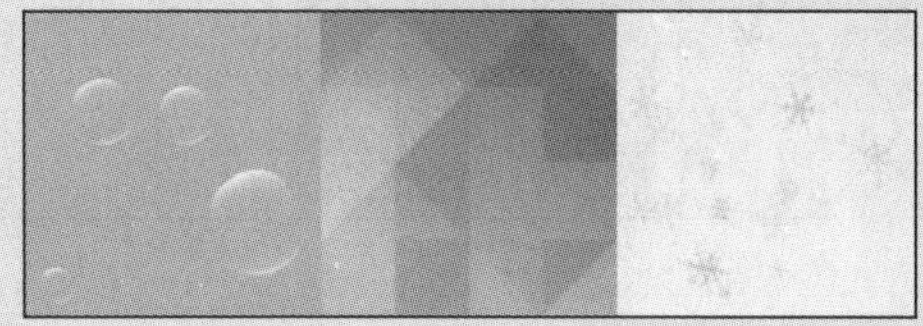

图 5-25　背景图片

下面通过案例演示如何设置背景图片的位置，如例 5-18 所示。

**例 5-18**　example18.html

```
<!DOCTYPE html>
<html>
<head>
<meta charset="UTF-8">
<title>背景图片定位</title>
<style type="text/css">
```

```
    div
    {
        width:150px;
        height:150px;
        border:solid thin;                              /*设置<div>标签的边框*/
        float:left;                                     /*设置<div>标签水平排列*/
        margin-right:10px;                              /*设置网页的背景图片*/
        background-image: url(images/beij4.jpg);        /*设置网页的背景图片*/
        background-repeat:no-repeat;                    /*设置网页的背景图片不平铺*/
    }
    .one {background-position:0px 0px;}                 /*背景图片定位在左上方*/
    .two {background-position: -150px 0px;}             /*背景图片定位一张图片的宽度*/
    .three {background-position:-300px 0px;}            /*背景图片定位在右上方*/
</style>
</head>
<body>
    <div class="one"></div>
    <div class="two"></div>
    <div class="three"></div>
</body>
</html>
```

3 个<div>标签使用定位分别选择了图片的不同部分作为背景，达到了不同的效果，如图 5-26 所示。另外，也可以使用关键词和百分比的方法来定位，代码如下。

```
    .one {background-position:left top ;}       /*背景图片定位在左上方*/
    .two {background-position: center;}         /*背景图片定位一张图片的宽度*/
    .three {background-position:right top;}     /*背景图片定位在右上方*/
或者为
    .one {background-position:0% %0;}           /*背景图片定位在左上方*/
    .two {background-position: 50% 0%;}         /*背景图片定位一张图片的宽度*/
    .three {background-position:100% 0%;}       /*背景图片定位在右上方*/
```

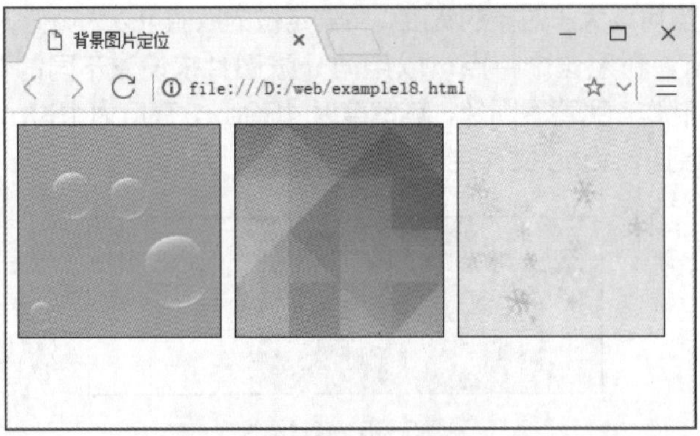


图 5-26　背景图片定位效果

### 5.3.6 背景图片固定

当网页中的内容较多时，网页中的背景图片会随着页面的滚动而移动，如果希望背景图片固定在屏幕的某一位置，不随着页面移动，则可以使用 CSS 样式的 background-attachment 属性来设置。其基本语法格式如下。

```
background-attachment:属性值;
```

background-attachment 属性只有两个属性值，分别代表不同的含义，如下所述。

（1）scroll：图片随页面元素一起滚动（默认值）。

（2）fixed：图片固定在屏幕上，不随页面元素滚动。

如果想让网页的背景图片不随网页移动，使其固定在屏幕上，则在<body>标签的 CSS 样式代码中加上如下代码即可。

```
background-attachment: fixed;          /*设置背景图片的位置固定*/
```

### 5.3.7 背景图片的大小

在 CSS2 及之前的版本中，背景图片的大小是不可以控制的，要想使背景图片填充整个标签区域，只能预设较大的背景图片或者使背景图片以平铺的方式填充。随着移动互联网技术的发展，网页常在移动终端（手机、平板电脑等）上显示，所以要求网页中的显示对象随移动终端屏幕的大小而改变。

运用 CSS3 中的 background-size 属性可以轻松改变显示对象的背景大小。其基本语法格式如下。

```
background-size:属性值1 [属性值2];
```

在上面的语法格式中，background-size 属性可以设置一个或两个值定义背景图片的宽度和高度，属性值 2 可以省略，如果省略，则其默认为 auto。属性的取值方法有以下几种。

（1）像素值：设置背景图片的高度与宽度，第一个值用于设置宽度，第二个值用于设置高度。

（2）百分比：以父元素的百分比来设置背景图片的宽度与高度。

（3）cover：把背景图片扩展至足够大，使背景图片完全覆盖背景区域，背景图片的某些部分可能无法显示在背景图片定位区域中。

（4）contain：把背景图片扩展至最大尺寸，以使其宽度和高度完全适应内容区域。

下面通过一个案例对控制背景图片大小的方法进行演示，如例 5-19 所示。

**例 5-19**　example19.html

```
<!DOCTYPE html>
<html>
<head>
<meta charset="UTF-8">
<title>背景图片定位</title>
<style type="text/css">
    div
    {
        width:80%;
        height:150px;
        border:solid thin;
        margin:0px auto ;                          /*设置<div>标签在屏幕中居中*/
        background-image: url(images/beij1.jpg);   /*设置网页的背景图片*/
        background-repeat:no-repeat;               /*设置网页的背景图片不平铺*/
        background-size:100% ;                     /*设置网页的背景图片大小*/
    }
</style>
</head>
<body>
    <div></div>
```

```
</body>
</html>
```

在例 5-2 中，定义了一个<div>标签，宽度为 80%，背景图片大小为 100%，并为其填充一张居中显示的背景图片，运行代码后会发现<div>标签的大小及背景会随着窗口大小的改变而改变。

### 5.3.8 背景的显示区域

背景在默认情况下显示在边框内，包括填充和内容区域，background-position 属性总是以元素左上角为坐标原点定位背景图片的，运用 CSS3 中的 background-origin 属性可以改变这种定位方式，自行定义背景图片的相对位置。其基本语法格式如下。

```
background-origin:属性值;
```

在上面的语法格式中，background-origin 属性有 3 种取值，分别表示不同的含义，具体解释如下。

（1）padding-box：默认值，背景图片相对于填充区域来定位。

（2）border-box：背景图片相对于边框来定位。

（3）content-box：背景图片相对于内容来定位。

下面通过一个案例对 background-origin 属性的用法进行演示，如例 5-20 所示。

**例 5-20** example20.html

```
<!DOCTYPE html>
<html>
<head>
<meta charset="UTF-8">
<title>设置背景图片的显示区域</title>
<style type="text/css">
p
    {
        width: 300px;
        height: 150px;
        border: 8px solid rgba(255,0,0,0.3);/*将边框设置为半透明的边框*/
        padding: 20px;
        background-image: url(images/beij1.jpg);
        background-repeat: no-repeat;
        background-origin: border-box;      /*背景图片相对边框区域定位*/
    }
</style>
</head>
<body>
    <p>背景在默认情况下显示在边框内，包括填充和内容区域，background-position 属性总是以元素左上角为坐标原点定位背景图片的，运用 CSS3 中的 background-origin 属性可以改变这种定位方式，自行定义背景图片的相对位置。</p>
</body>
</html>
```

运行例 5-20，效果如图 5-27 所示。

图 5-27 中，背景图片在对象边框区域的左上角显示。此时对段落文本修改 background-origin 属性可以改变背景图片的位置。例如，使背景图片相对于文本内容来定位的 CSS 代码如下。

```
background-origin:content-box;  /*背景图片相对文本内容定位*/
```

保存 HTML 文件，刷新页面，效果如图 5-28 所示。

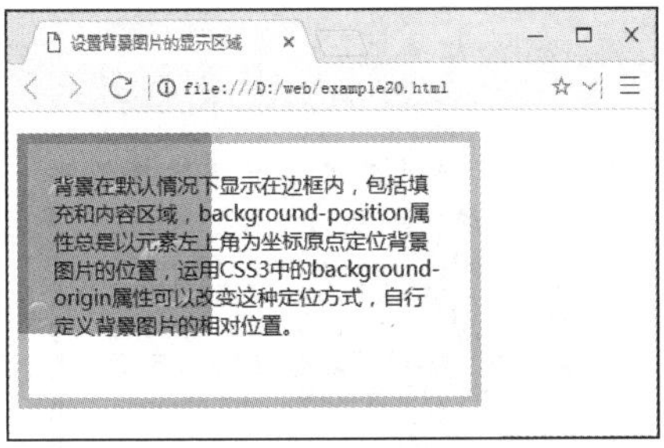


图 5-27　背景图片显示区域 1

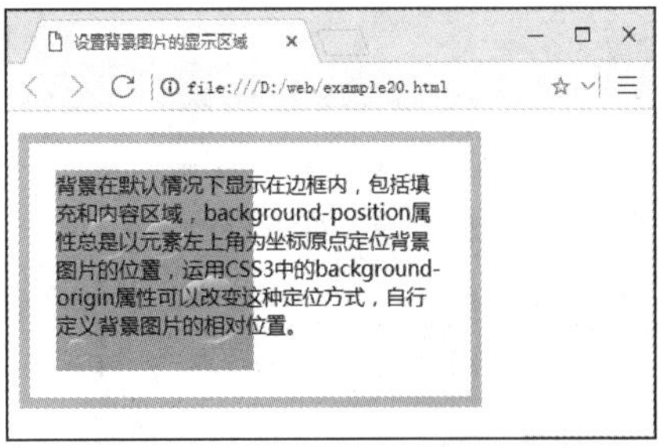


图 5-28　背景图片显示区域 2

### 5.3.9　背景图片的裁剪区域

在 CSS 样式中，background-clip 属性用于定义背景图片的裁剪区域。其基本语法格式如下。

```
background-clip:属性值;
```

background-clip 属性和 background-origin 属性的取值相似，但含义不同，具体解释如下。

（1）border-box：默认值，从边框区域向外裁剪背景。

（2）padding-box：从内边距区域向外裁剪背景。

（3）content-box：从内容区域向外裁剪背景。

下面通过一个案例来演示 background-clip 属性的用法，如例 5-21 所示。

**例 5-21**　example21.html

```
<!DOCTYPE html>
<html>
<head>
<meta charset="UTF-8">
<title>背景图片的裁剪区域</title>
<style type="text/css">
    p
    {
        width: 300px;
        height: 150px;
        border: 8px dashed #777;/*将边框设置为虚线边框*/
        padding: 20px;
        margin-left:20px;
        background-image: url(images/beij1.jpg);
        background-repeat: no-repeat;
        background-position: -10px 20px; /*背景图片定位水平为-10px*/
        background-clip:border-box;      /*背景图片在边框外的区域被裁剪*/
    }
</style>
</head>
<body>
   <p>背景在默认情况下显示在边框内，包括填充和内容区域，background-position 属性总是以元素左上角为坐标原点定位背景图片的，运用 CSS3 中的 background-origin 属性可以改变这种定位方式，自行定义背景图片的相对位置。</p>
</body>
</html>
```

在例 5-21 中，为段落文本<p>的背景图片水平定位为-10px，图片有 10px 超出了边框的范围，案例将边框外的部分图片裁剪了，如图 5-29 所示。

再将 background-clip 的属性改为 content-box，代码如下，此时，内容区域外的部分背景会被裁剪，效果如图 5-30 所示。

```
background-clip:content-box;   /*从内容区域向外裁剪背景*/
```

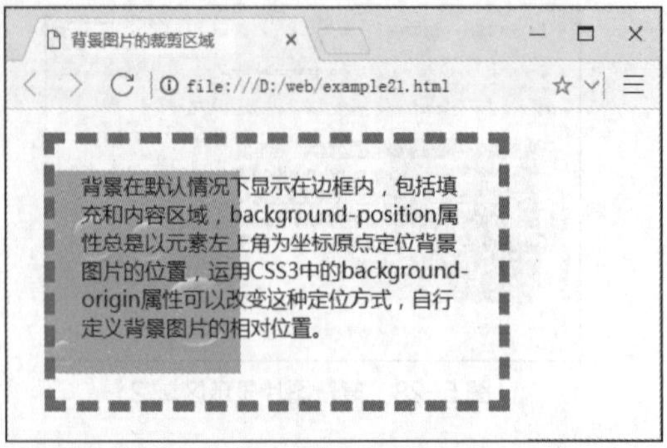


图 5-29　背景图片裁剪区域 1

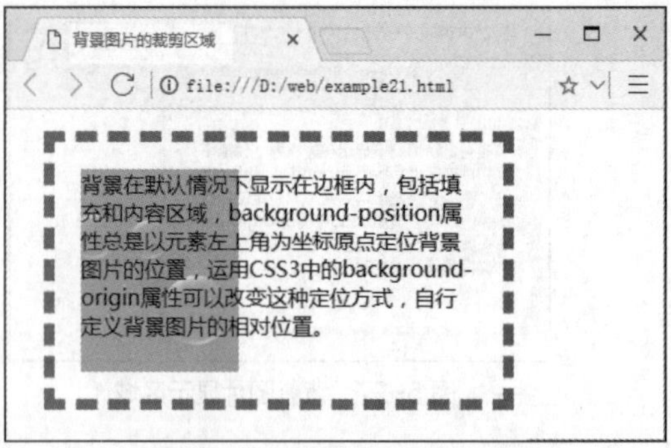


图 5-30　背景图片裁剪区域 2

### 5.3.10　多重背景图片

在 CSS3 之前的版本中，一个容器只能填充一张背景图片，如果重复设置，则后设置的背景图片将覆盖之前的背景图片。CSS3 增强了背景图片的设置功能，允许一个容器中显示多张背景图片，使背景图片效果更容易控制。但是 CSS3 中并没有为实现多背景图片提供对应的属性，而是通过 background-image、background-repeat、background-position 和 background-size 等属性提供多个属性值来实现多重背景图片效果，各属性值之间用逗号隔开。

下面通过一个案例对多重背景图片的设置方法进行演示。先制作两张背景图片，如图 5-31 所示，第一张图片为 PNG 格式的透明图片；再创建网页文件，如例 5-22 所示。

图 5-31　背景图片

例 5-22　example22.html

```
<!DOCTYPE html>
<html>
<head>
<meta charset="UTF-8">
<title>设置多重背景图片</title>
<style type="text/css">
    div
    {
        width: 300px;
        height: 300px;
        border: 1px dotted #999;
        background-image: url(images/beij5.png.png),url(images/beij2.jpg);/*定义多张背景图片*/
        background-repeat:no-repeat, repeat;    /*分别设置它们的平铺形式*/
        background-position:100px 0px,0px 0px;  /*设置第一张图片的定位*/
    }
```

```
</style>
</head>
<body>
    <div>设置多重背景图片</div>
</body>
</html>
```

例 5-22 通过 background-image 属性定义了两张背景图片，并分别设置了其定位和平铺形式。

**注意** **定义多重背景图片时，中间用逗号分隔，每一个属性的参数都是一一对应的，第一个参数对应第一张图片，第二个参数对应第二张图片，如果只写一个参数，则所有图片属性相同，运行例 5-22，效果如图 5-32 所示。**

图 5-32　多重背景图片效果

### 5.3.11　背景复合属性

同边框属性一样，CSS 中的背景属性也是一个复合属性，可以将背景相关的样式都综合定义在一个复合属性 background 中。使用 background 属性综合设置背景样式的语法格式如下。

```
    background:[background-color] [background-image] [background-repeat] [background-attachment]
[background-position] [background-size] [background-clip] [background-origin]
```

在上面的语法格式中，各个属性的顺序任意，可以省略不需要的属性，以使代码更加简捷，更加易读易写。

下面通过一个案例使用背景复合属性实现例 5-22 的效果，如例 5-23 所示。

**例 5-23**　example23.html

```
<!DOCTYPE html>
<html>
<head>
<meta charset="UTF-8">
<title>设置多重背景图片</title>
<style type="text/css">
    div
    {
        width: 300px;
```

```
        height: 300px;
        border: 1px dotted #999;
        background: url(images/beij5.png.png)  no-repeat 50% 0%, url(images/beij2.jpg) ;
    }
</style>
</head>
<body>
    <div>设置多重背景图片</div>
</body>
</html>
```

例 5-23 的代码比例 5-22 更加简捷，其使用背景复合属性为<div>标签定义了背景颜色、背景图片、图片平铺方式、背景图片位置等，效果和例 5-22 完全一至。

## 5.4 CSS 渐变属性

在 CSS3 之前的版本中，如果需要添加渐变效果，则通常要通过设置渐变效果的背景图片来实现。CSS3 中增加了渐变属性，可以轻松实现渐变效果。CSS3 的渐变属性主要包括线性渐变和径向渐变，本节将对其进行讲解。

### 5.4.1 线性渐变

线性渐变的起始颜色会沿着一条直线按顺序过渡到结束颜色。运用 CSS3 中的 “background-image:linear-gradient（参数值）;” 样式可以实现线性渐变效果。其基本语法格式如下。

```
background-image:linear-gradient([渐变角度，]颜色值 1，颜色值 2…颜色值 n);
```

在上面的语法格式中，linear-gradient 用于定义渐变方式为线性渐变，括号内的参数用于设定渐变角度和颜色值，对各参数的具体介绍如下。

**1. 渐变角度**

渐变角度指水平线和渐变线之间的夹角，可以是以 deg 为单位的角度数值或 to 加 left、right、top 和 bottom 等关键词，渐变角度可以省略，默认为 to bottom，如图 5-33 所示。

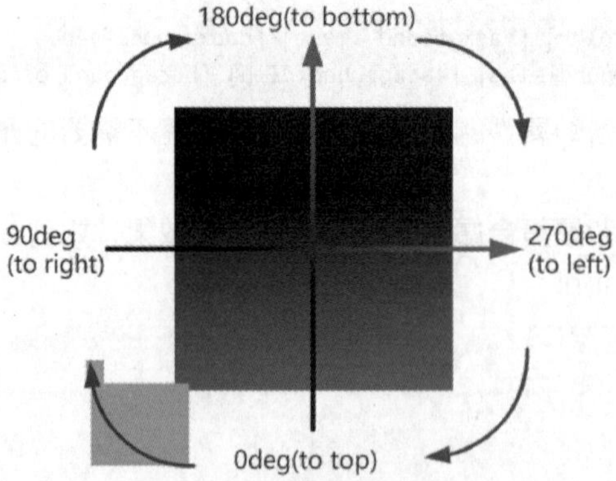


图 5-33 渐变角度

在使用角度设定渐变起点时，以 bottom 为起点顺时针旋转，to top 表示 0deg，to right 表示

90deg，to bottom 表示 180deg（默认值），to left 表示 270deg。

**2. 颜色值**

颜色值用于设置渐变颜色，可取两个以下颜色，其中“颜色值 1”表示起始颜色，“颜色值 *n*”表示结束颜色，各颜色值之间用逗号隔开。

下面通过一个案例对线性渐变的用法和效果进行演示，如例 5-24 所示。

**例 5-24** example24.html

```
<!DOCTYPE html>
<!DOCTYPE html>
<html>
<head>
<meta charset="UTF-8">
<title>线性渐变</title>
<style type="text/css">
div
{
width: 200px;
height: 200px;
background-image: linear-gradient(30deg,#f0f,#0f0,#00F);
}
</style>
</head>
<body>
<div></div>
</body>
</html>
```

例 5-24 中为<div>标签定义了一个渐变角度为 30deg、紫色（#f0f）到绿色（#0fO）再到蓝色（#00f）的线性渐变。

运行例 5-24，效果如图 5-34 所示。

图 5-34 线性渐变效果

值得一提的是，在每一个颜色值后面还可以书写一个百分比数值，用于标识颜色渐变的位置，示例代码如下。

```
background-image:linear-gradient(30deg,#f0f 20% #0f0 50%,#00f 80%);
```

上面的示例代码表示紫色（#f0f）由 20%的位置开始出现渐变，至蓝色（#00f）位于 80%的位置结束渐变。

### 5.4.2 径向渐变

径向渐变是网页中另一种常用的渐变效果，径向渐变的起始颜色会从一个中心点开始，依据椭圆或圆形形状进行扩张渐变。运用 CSS3 中的“background-image: radial-gradient( 参数值 );”样式可以实现径向渐变效果。其基本语法格式如下。

```
background-image:radial-gradient(渐变形状 圆心位置，颜色值1，颜色值2…颜色值n);
```

在上面的语法格式中，radial-gradient 用于定义渐变的方式为径向渐变，括号内的参数值用于设定渐变形状、圆心位置和颜色值，对各参数的具体介绍如下。

**1. 渐变形状**

渐变形状用来定义径向渐变的形状，其取值既可以是定义水平和垂直半径的像素值或百分比，也可以是相应的关键词，关键词主要包括 circle 和 ellipse 两个值，其具体解释如下。

（1）像素值/百分比：用于定义形状的水平和垂直半径，如“80px 50px”表示一个水平半径为 80px、垂直半径为 50px 的椭圆形。

（2）circle：指定圆形的径向渐变。

（3）ellipse：指定椭圆形的径向渐变。

**2. 圆心位置**

圆心位置用于确定渐变的中心位置，使用 at 加上关键词或参数值可以定义径向渐变的中心位置。该属性值类似于 CSS 中的 background-position 属性值，如果省略，则默认为 center。该属性取值主要有以下几种。

（1）像素值/百分比：用于定义圆心的水平和垂直坐标，可以为负值。

（2）left：设置左边为径向渐变圆心的横坐标值。

（3）center：设置中间为径向渐变圆心的横坐标值或纵坐标值。

（4）right：设置右边为径向渐变圆心的横坐标值。

（5）top：设置顶部为径向渐变圆心的纵坐标值。

（6）bottom：设置底部为径向渐变圆心的纵坐标值。

**3. 颜色值**

“颜色值 1”表示起始颜色，“颜色值 *n*”表示结束颜色，起始颜色和结束颜色之间可以添加多个颜色值，各颜色值之间用逗号隔开。

下面运用径向渐变来制作一个小球，如例 5-25 所示。

**例 5-25** example25.html

```
<!DOCTYPE html>
<html>
<head>
<meta charset="UTF-8">
<title>径向渐变</title>
<style type="text/css">
div
{
    width: 200px;
    height: 200px;
    border-radius: 50%;             /*设置圆角边框*/
    background-image: radial-gradient(circle at 50% 50%,#00f,#002);/*设置径
```

```
向渐变*/
}
</style>
</head>
<body>
    <div></div>
</body>
</html>
```

例 5-25 中为<div>标签定义了一个渐变形状为椭圆形，径向渐变位置在容器中心点，蓝色（#00f）到深蓝色（##002）的径向渐变；同时使用 border-radius 属性将容器的边框设置为圆角。

运行例 5-25，效果如图 5-35 所示。

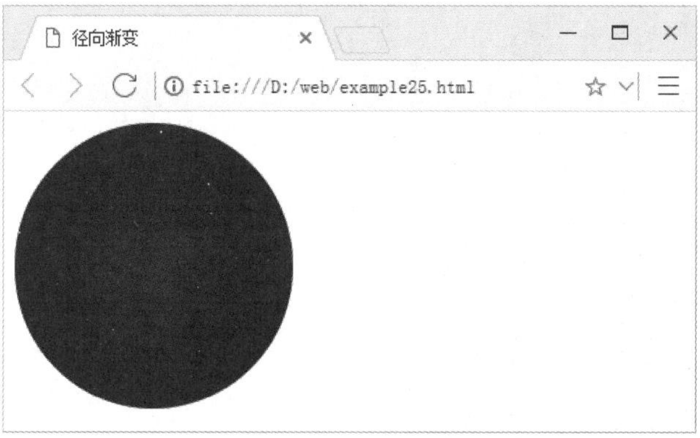


图 5-35　径向渐变效果

值得一提的是，同线性渐变类似，在径向渐变的颜色值后面也可以书写一个百分比数值，用于设置渐变的位置。

### 5.4.3　重复渐变

在网页设计中，经常会遇到在一个背景中重复应用渐变模式的情况，此时就需要使用重复渐变。重复渐变包括重复线性渐变和重复径向渐变，具体解释如下。

**1. 重复线性渐变**

在 CSS3 中，通过“background-image:repeating-linear-gradient（参数值）;”样式可以实现重复线性渐变的效果。其基本语法格式如下。

```
background-image:repeating-linear-gradient(渐变角度，颜色值1，颜色值2…颜色值n);
```

在上面的语法格式中，repeating-linear-gradient 用于定义渐变方式为重复线性渐变，括号内的参数取值和线性渐变相同，分别用于定义渐变角度和颜色值。

下面通过一个案例对重复线性渐变的制作方法进行演示，如例 5-26 所示。

**例 5-26**　example26.html

```
<!DOCTYPE html>
<html>
<head>
<meta charset="UTF-8">
<title>重复线性渐变</title>
<style type="text/css">
```

```
    div
    {
        width: 200px;
        height: 200px;
        background-image:repeating-linear-gradient(90deg,#f00,#ff0 12%,#0f0 20%);
    }
</style>
</head>
<body>
    <div></div>
</body>
</html>
```

运行例 5-26，效果如图 5-36 所示，实现了渐变角度为 90deg，红、黄、绿三色的重复线性渐变。

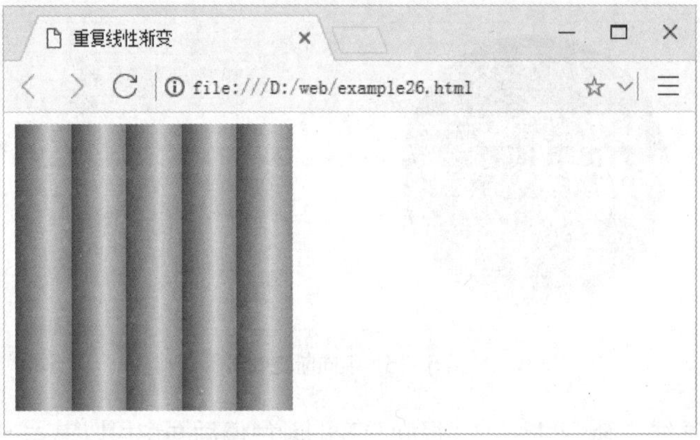


图 5-36　重复线性渐变效果

### 2. 重复径向渐变

在 CSS3 中，通过“background-image:repeating-radial-gradient（参数值）;”样式可以实现重复线性渐变的效果。其基本语法格式如下。

```
background-image:repeating-radial-gradient(渐变形状，圆心位置，颜色值 1，颜色值 2…颜色值 n);
```

在上面的语法格式中，repeating-radial-gradient 用于定义渐变方式为重复径向渐变，括号内的参数取值和径向渐变相同，分别用于定义渐变形状、圆心位置和颜色值。

下面通过一个案例对重复径向渐变的实现方法进行演示，如例 5-27 所示。

**例 5-27**　example27.html

```
<!DOCTYPE html>
<html>
<head>
<meta charset="UTF-8">
<title>重复径向渐变</title>
<style type="text/css">
div
{
    width: 200px;
    height: 200px;
    border-radius: 50%;
```

```
    background-image: repeating-radial-gradient(circle at 50% 50%,#f00,#ff0 12%,#00f 20%);
}
</style>
</head>
<body>
    <div></div>
</body>
</html>
```

运行例 5-27，效果如图 5-37 所示，实现了渐变形状为圆形，径向渐变位置在容器中心点的红、黄、蓝三色径向渐变。

图 5-37　重复径向渐变效果

## 5.5 阶段案例——制作盒子模型页面

扫码观看视频

本章前几节重点讲解了盒子模型的概念、盒子相关属性、背景属性、渐变等。为了使读者更熟练地运用盒子模型相关属性控制页面中的各个元素，本节将通过案例应用所讲知识点分步骤制作一个盒子模型页面，页面最终效果如图 5-38 所示。

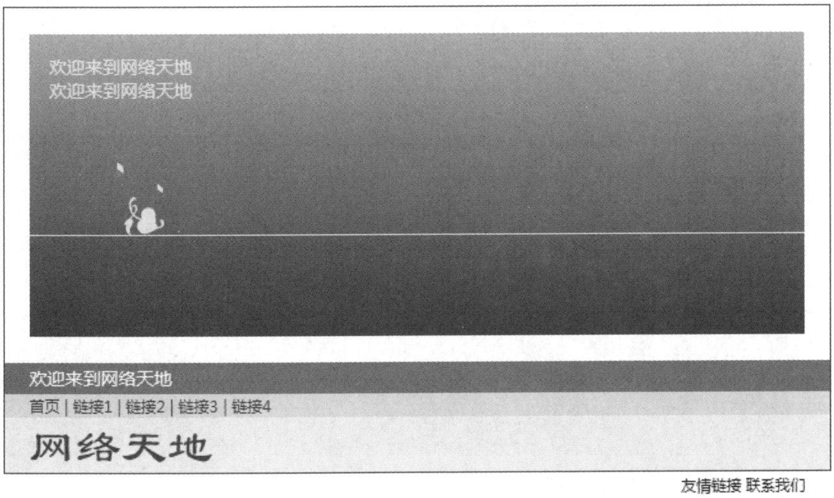


图 5-38　页面最终效果

### 5.5.1 分析效果图

页面的制作并不复杂，先看页面可以分成几个部分，再看每个部分可以怎么划分，一层层划分下去，最后将每部分拼装起来就形成了页面。分析图 5-38 可知，最外层有两个部分，上面又包含 4 个部分，下面有一行文本。在纸上画出页面结构，如图 5-39 所示。

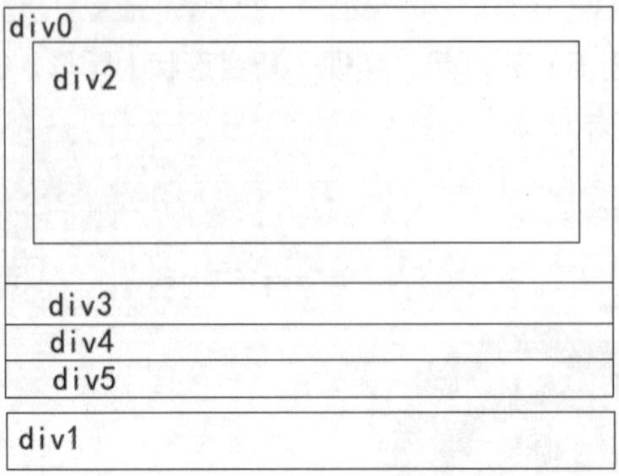


图 5-39 页面结构

### 5.5.2 制作页面

根据上面的分析，利用<div>标签来布局页面，利用<div>标签的层叠和<div>标签的嵌套完成页面布局，并输入相应文本，如例 5-28 所示。

例 5-28 example28.html

```
<!doctype html>
<html>
<head>
<meta charset="utf-8">
<title>无标题文档</title>
</head>

<body>
<div class="div0">
  <div class="div2">
    <p>欢迎来到网络天地<p>
    <p>欢迎来到网络天地<p>
  </div>
  <div class="div3">欢迎来到网络天地</div>
  <div class="div4">首页 | 链接 1 | 链接 2 | 链接 3 | 链接 4 /div>
  <div class="div5">网络天地</div>
</div>
<div class="div1">友情链接 联系我们</div>
</body>
</html>
```

运行例 5-28，效果如图 5-40 所示。

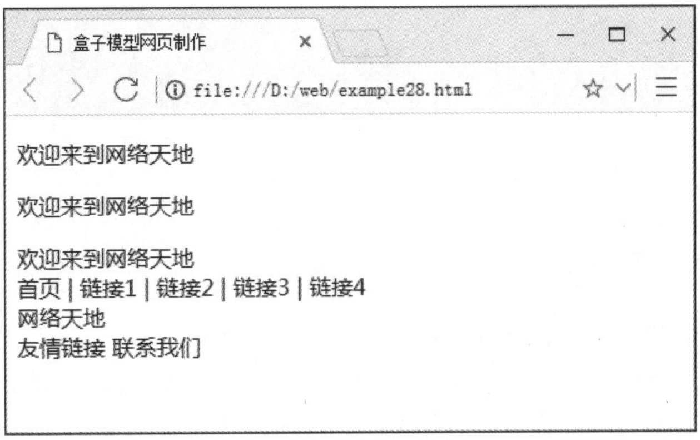


图 5-40　HTML 结构页面内容

## 5.5.3　定义 CSS 样式

搭建完页面的结构后，接下来在纸上标注每部分的大小尺寸即可，如图 5-41 所示。

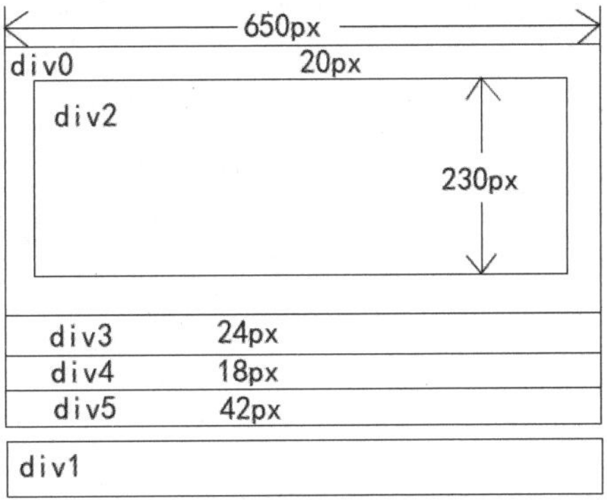


图 5-41　页面结构尺寸

### 1. 清除默认样式

在定义 CSS 样式时，先要清除浏览器默认样式，具体 CSS 代码如下。

```
*{margin:0;padding:0}
```

### 2. 定义最外层<div>标签

最外层有两个<div>标签，div0 包括 4 部分，它的宽度为 650px，高度为 4 部分高度的总和（230+20×2+24+18+42=354px），有一个像素的边框；div1 只包含文字，位于右边，与边界有 20px 的距离，因为 div2 没有边框，所以 20px 设置为右边界或右填充均可；为保持和 div0 一样宽，div1 的宽度为 650+2-20=632px，高度为 20px。具体设置代码如下。

```
.div0 {
    width: 650px;
    height: 354px;
    border: 1px solid #333;
    margin: 80px auto 0px;
}
.div1
```

```
{
    width: 632px;
    height: 20px;
    margin: 0px auto;
    font-size: 12px;
    text-align: right;
    line-height: 20px;
    padding-right:20px;
}
```

### 3. 设置 div0 内的第二层<div>标签的 CSS

div0 中间包括 4 个<div>标签，最上面的 div2 有 20px 的边界，因此宽度为 650-20×2=610px，高度为 230px，有垂直方向的渐变背景；下面 3 个<div>标签相对简单，只有文字，左边有 20px 的填充，因此宽度为 650-20=630px。具体代码如下。

```
.div2
{
    width: 610;
    height: 230px;
    margin:20px;
    background-image:linear-gradient(#a1bac3,#084a62)
}
.div3
{
    width: 630px;
    height: 24px;
    background-color: #777;
    padding-left: 20px;
    color: #fff;
    font-size: 14px;
    line-height: 24px;
}
.div4
{
    width: 630px;
    height: 18px;
    background-color: #ddd;
    padding-left: 20px;
    color: #333;
    font-size: 12px;
    line-height: 18px;
}
.div5
{
    width: 630px;
    height: 42px;
    background-color: #eee;
    padding-left: 20px;
    color: #333;
    font-size: 36px;
    line-height: 42px;
    font-family: "隶书";
}
```

### 4. 设置 div2 内的 CSS

至此，没有完成的效果还有一张背景图片和一条白线，为了更方便地书写 CSS 代码，在 div2 中再嵌套一个<div>标签，并将文本放入这个<div>标签中，为其取类名为 div6，并设置 div6 和文本的 CSS。具体代码如下。

```
.div6
{
    height: 120px;
    padding: 16px;
    border-bottom: thin #eee solid;
    background-image: url(images/beij6.png);
    background-repeat: no-repeat;
    background-position: 60px 100%;
}
p
{
    color: #EBEBEB;
    line-height: 18px;
    font-size: 14px;
}
```

至此，完成 CSS 样式部分的设置，将该样式应用于页面后，效果如图 5-38 所示。

## 本章小结

本章首先介绍了盒子模型的概念及盒子模型的相关属性，然后讲解了背景属性和渐变属性，最后运用所学知识制作了网页。

通过本章的学习，读者应该能够熟悉盒子模型的构成，能够熟练运用盒子模型相关属性控制网页中的元素，完成页面中一些简单模块的制作。

# 第 6 章

# 元素的浮动与定位

学习目标

- 理解标签的浮动，掌握为标签设置浮动和清除浮动的方法。
- 掌握标签的定位，能够为标签设置常见的定位模式。
- 理解标签的类型，掌握标签类型转换的方法。
- 初步具备网页构建的能力。

默认情况下，网页中的元素会按照从上到下或从左到右的顺序一一罗列，如果按照这种默认的方式进行排列，网页将会单调、混乱。为了使网页的排版更加丰富、合理，可以在 CSS 中对元素设置浮动和定位样式。本章将对标签的浮动和定位设置进行详细讲解。

## 6.1 元素的浮动

块级（block）元素的默认排列方式是将元素从上到下一一罗列，这样的布局看起来不仅不美观，还会造成大量区域的浪费，如图 6-1 所示。要让页面变得紧凑且整齐有序，就需要为元素设置浮动，如图 6-2 所示。本节将重点对元素的浮动进行讲解。

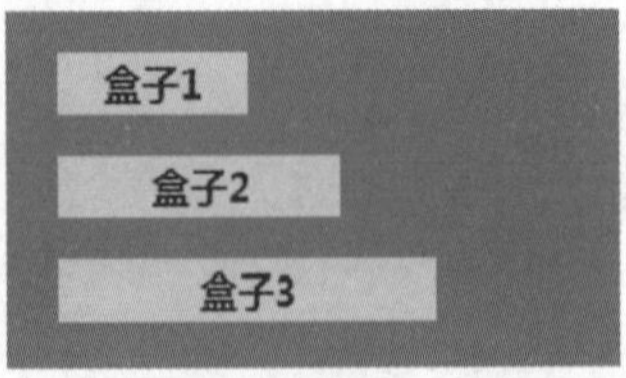


图 6-1　块级元素的默认排列方式

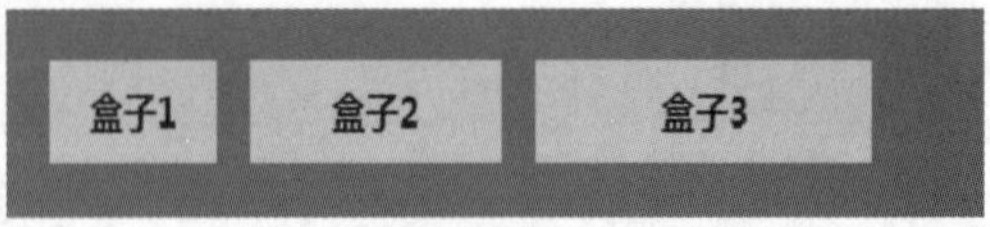


图 6-2　元素浮动后的排列方式

### 6.1.1 浮动属性 float

浮动属性 float 作为 CSS 的重要属性，在网页布局中至关重要。在 CSS 中，通过浮动属性 float 可以定义浮动，设置了浮动属性的标签会脱离标准文档流的控制，移动到其父标签中的指定位置。其基本语法格式如下。

```
选择器{float:属性值}
```

float 的常用属性值有 3 个，如表 6-1 所示。

表 6-1 float 的常用属性值

| 属性值 | 说明 |
|---|---|
| left | 标签向左浮动 |
| right | 标签向右浮动 |
| none | 标签不浮动（默认值） |

下面通过一个案例来学习 float 属性的用法，如例 6-1 所示。

**例 6-1** example01.html

```
<!doctype html>
<html>
<head>
<meta charset="utf-8">
<title>块级元素的默认排列方式</title>
<style type="text/css">
 div{
    width:200px;
    height:200px;
    border:1px solid black;
}
#a{
    background:red;
}
#b{
    background:green;
}
#c{
    background:blue;
}
</style>
</head>
<body>
    <div id="a">div 是块级元素</div>
    <div id="b">默认会将元素从上到下一一罗列</div>
    <div id="c">这样的布局既不美观，还会造成大量区域的浪费</div>
</body>
</html>
```

在例 6-1 中，所有元素均不应用 float 属性，也就是说，标签的 float 属性值都为其默认值 none。

运行例 6-1，效果如图 6-3 所示

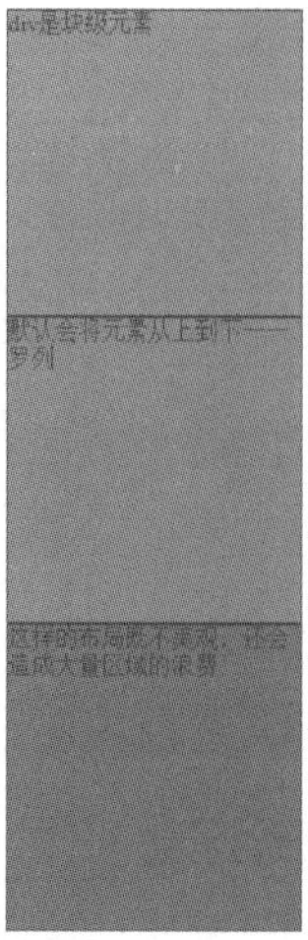


图 6-3 不设置浮动时元素的默认排列效果

在图 6-3 中，3 个 div 从上到下一一罗列。可见如果不对块级元素设置浮动，则该元素将按照标准文档流的样式显示，即块级元素默认会占据页面一整行。

在例 6-1 的基础上演示元素的浮动效果，如例 6-2 所示。

**例 6-2** example02.html

```
<!doctype html>
<html>
```

```
<head>
<meta charset="utf-8">
<title>元素的浮动</title>
<style type="text/css">
body{
    background:#999;
}
div{
    width:380px;
    height:200px;
    border:1px solid black;
    font-size:35px;
}
#a{
    background:red;
    float:left;  /*左浮动*/
}
#b{
    background:green;
    float:right; /*右浮动*/
}
#c{
    background:blue;
    float:left; /*左浮动*/
}
</style>
</head>
<body>
    <div id="a">我作了左浮动（红色）</div>
    <div id="b">我作了右浮动（绿色）</div>
    <div id="c">我也作了左浮动，这样的布局既节约了空间，又显得美观（蓝色）</div>
</body>
</html>
```

运行例 6-2，效果如图 6-4 所示。

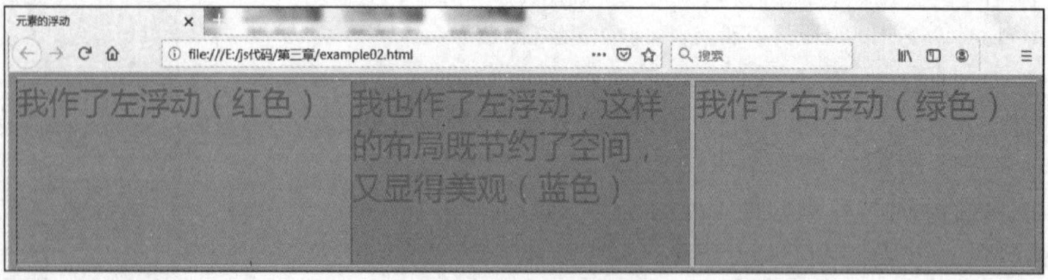


图 6-4　元素的浮动效果

通过图 6-4 容易看出，红色和蓝色 div 漂浮到了页面左侧，绿色 div 漂浮到了页面右侧，这就是左浮动和右浮动对元素排列产生的影响。

扫码观看视频

## 6.1.2　清除浮动

在网页中，因为浮动元素不占用原文档流的位置，所以使用浮动时会影响后面相邻的固定元素，例如，图 6-6 中的段落文本因受到其周围元素浮动的影响而产生了位置上的变化。此时，如果要避免浮动对其他元素的影响，就需要清除浮动。在 CSS 中，可使用 clear 属性清除浮动。其基本语法格式如下。

```
选择器{clear:属性值;}
```

clear 的常用属性值有 3 个，如表 6-2 所示。

**表 6-2 clear 的常用属性值**

| 属性值 | 说明 |
|---|---|
| left | 不允许左侧有浮动元素（清除左侧浮动元素的影响） |
| right | 不允许右侧有浮动元素（清除右侧浮动元素的影响） |
| both | 同时清除左右两侧浮动元素的影响 |

下面通过案例来学习清除浮动的方法，如例 6-3 所示。

**例 6-3** example03.html

```
<!doctype html>
<html>
<head>
<meta charset="utf-8">
<title>清除浮动</title>
<style type="text/css">
body{
    background:#999;
}
div{
    width:490px;
    height:200px;
    border:1px solid black;
    font-size:35px;
}
#a{
    background:red;
    float:left;   /*左浮动*/
}
#b{
    background:green;
    float:right;  /*右浮动*/
}
#c{
    clear:both;  /*清除浮动*/
    width:1000px;
    height:100px;
    background:blue;
}
</style>
</head>
<body>
    <div id="a">我作了左浮动</div>
    <div id="b">我作了右浮动</div>
    <div id="c">我不想受左、右浮动的影响，所以我清除掉所有浮动</div>
```

```
</body>
</html>
```

运行例 6-3，效果如图 6-5 所示。

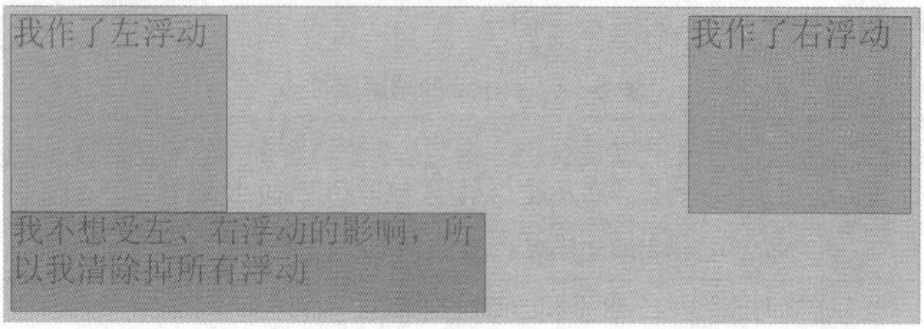


图 6-5　清除浮动后的效果

由图 6-5 可以看出，蓝色 div 清除了浮动，因此不再受到浮动元素的影响，而是按照元素自身的默认排列方式独占一行。需要注意的是，有些初学者比较纠结到底是应该清除左浮动，还是应该清除右浮动。编者认为这个问题其实很容易解决，根本无须判断元素究竟是受到左浮动还是右浮动的影响，直接清除所有浮动即可，如“clear:both”，这也是实际开发中常用到的经验和技巧。

## 6.2 overflow 属性

overflow 属性是 CSS 中的重要属性。当盒子内的元素超出盒子自身的大小时，内容就会溢出，如果想要规范溢出内容的显示方式，则需要使用 overflow 属性。其基本语法格式如下。

```
选择器{overflow:属性值;}
```

overflow 的常用属性值有 4 个，分别表示不同的含义，如表 6-3 所示。

表 6-3　overflow 的常用属性值

| 属性值 | 说明 |
|---|---|
| visible | 内容不会被修剪，会呈现在元素框之外（默认值） |
| hidden | 溢出内容被修剪，且被修剪的内容是不可见的 |
| auto | 在需要时产生滚动条，即自适应所要显示的内容 |
| scroll | 溢出内容被修剪，且浏览器会始终显示滚动条 |

下面通过一个案例来演示 overflow 属性的用法和效果，如例 6-4 所示。

扫码观看视频

例 6-4　example04.html

```
<!doctype html>
<html>
<head>
<meta charset="utf-8">
<title>overflow 的用法</title>
<style type="text/css">
div{
    width:250px;
```

```
        height:300px;
        border:1px solid black;
        font-size:38px;
        background:orange;
        overflow:visible;  /*可省略，因为 visible 为 overflow 属性的默认值*/
    }
    </style>
    </head>
    <body>
        <div>武汉城市职业学院计算机与电子信息工程学院设有计算机应用技术、计算机网络技术等专业</div>
    </body>
    </html>
```

运行例 6-4，效果如图 6-6 所示，溢出的内容不会被修剪，而呈现在元素框之外。

一般而言，没有必要设定 overflow 的属性为 visible，因为 visible 为 overflow 属性的默认值。

如果希望溢出的内容被修剪，且不可见，则可将 overflow 的属性值定义为 hidden，具体如下。

```
    overflow:hidden;        /*溢出内容被修剪，且不可见*/
```

完成修改后，刷新页面，效果如图 6-7 所示。

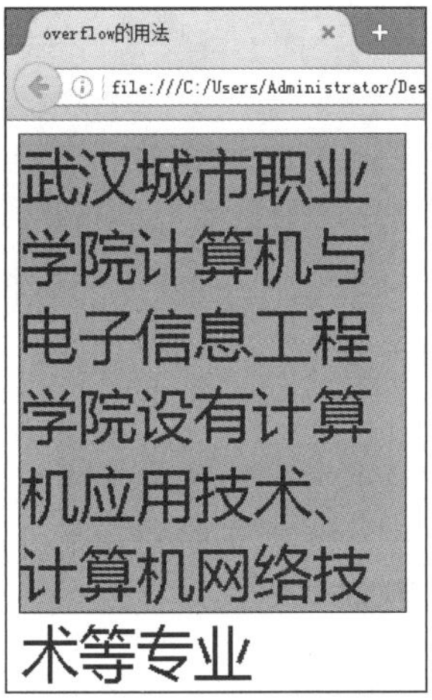


图 6-6　定义“overflow:visible;”的效果

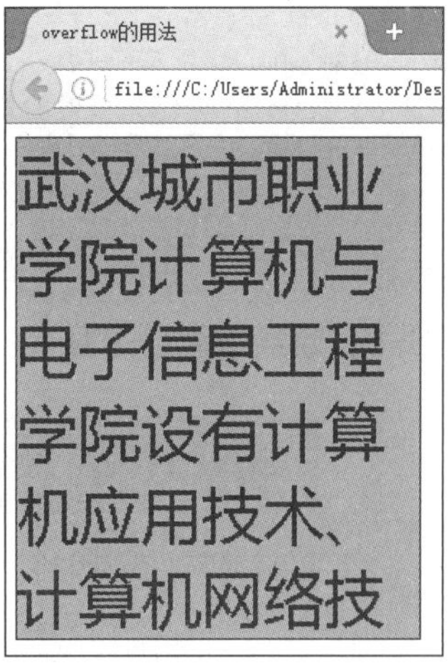


图 6-7　定义“overflow:hidden;”的效果

另外，overflow 属性还有 auto 和 scroll 两个属性值，这两个属性值的效果读者可以自己动手试一试。

在 6.1 节中提到使用 clear 属性可以清除浮动，这里需要注意的是，其实使用 overflow 属性也可以实现浮动的清除。

下面通过一个案例来演示如何使用 overflow 属性清除浮动，如例 6-5 所示。

**例 6-5**　example05.html

```
    <!doctype html>
    <html>
    <head>
    <meta charset="utf-8">
    <title>使用 overflow 属性清除浮动</title>
    <style type="text/css">
```

```
    div.parents{                        /*这里不给父标签设置高度，使其自适应高度*/
        background:orange;
        border:1px dotted black;
        overflow:hidden;                /*将父标签的 overflow 属性值设置为 hidden，目的是清除子标签浮动对父标签带来
的影响*/
    }
    div.son{
        width:180px;
        height:60px;
        background:gold;
        text-align:center;
        line-height:60px;
        font-size:25px;
        font-weight:bold;
        border:1px solid black;
        margin:15px;
        float:left;                     /*使 3 个子标签左浮动*/
    }
    </style>
    </head>
    <body>
    <div class="parents">
        <div class="son">清华大学</div>
        <div class="son">北京大学</div>
        <div class="son">武汉大学</div>
    </div>
    </body>
    </html>
```

运行例 6-5，效果如图 6-8 所示。

图 6-8　使用 overflow 属性清除浮动的效果

在例 6-5 中，如果不使用“overflow:hidden;”来清除浮动，则父标签将受到子标签浮动的影响，没有设置高度的父标签会变成一条直线，即父标签无法自适应子标签的高度，效果如图 6-9 所示。

图 6-9　子标签浮动对父标签的影响

对比图 6-8 和图 6-9，清除了子标签浮动对父标签的影响后，父标签重新被子标签撑开了，即父标签又能自适应子标签的高度了，且父标签上添加的背景颜色也有了效果。

## 6.3 元素的定位

浮动布局虽然灵活，但是无法对元素的位置进行精准控制。在 CSS 中，通过定位属性可以实

现网页中元素的精确定位。本节将对元素的定位属性以及常用的几种定位方式进行详细讲解。

### 6.3.1 定位属性

制作网页时，如果希望元素出现在某个特定的位置，则需要使用定位属性对元素进行精准定位。元素的定位就是将元素放置在页面的指定位置，主要包括定位模式和边偏移两部分。

**1. 定位模式**

在 CSS 中，position 属性用于定义元素的定位模式。其基本语法格式如下。

```
选择器{position:属性值;}
```

position 的常用属性值有 4 个，分别表示不同的定位模式，如表 6-4 所示。

**表 6-4 position 的常用属性值**

| 属性值 | 说明 |
|---|---|
| static | 元素定位的默认值，无特殊定位，对象遵循 HTML 定位规则，不能通过 z-index 进行层次分级 |
| relative | 相对定位，对象不可重叠，可以通过 top、bottom、left 和 right 属性在正常文档中偏移位置，可以通过 z-index 进行层次分级 |
| absolute | 生成绝对定位的元素，相对于 static 定位以外的第一个父标签进行定位，元素的位置通过 top、bottom、left 和 right 属性进行规定 |
| fixed | 生成相对定位的元素，相对于浏览器进行定位，元素的位置通过 top、bottom、left 和 right 属性进行规定 |

从表 6-4 可以看出，定位的方法有很多种，分别为静态定位（static）、相对定位（relative）、绝对定位（absolute）及固定定位（fixed），后面将对它们进行详细讲解。

**2. 边偏移**

定位模式仅仅用于定义元素以哪种方式定位，并不能确定元素的具体位置。在 CSS 中，通过边偏移属性 top、bottom、left 或 right 可以精准定义定位元素的位置，边偏移的常用属性如表 6-5 所示。

**表 6-5 边偏移的常用属性**

| 边偏移属性 | 说明 |
|---|---|
| top | 指定元素纵向距顶部的距离 |
| bottom | 指定元素纵向距底部的距离 |
| left | 指定元素横向距左部的距离 |
| right | 指定元素横向距右部的距离 |

从表 6-5 可以看出，边偏移可以通过 top、bottom、left、right 进行设置，其取值为不同单位的数值或百分比，示例如下。

```
position:relative;            /*相对定位*/
left:50px;                    /*距左边线 50px*/
top:10px;                     /*距顶部边线 10px*/
```

### 6.3.2 静态定位

静态定位是元素的默认定位方式，当 position 属性的取值为 static 时，可以将元素定位于静态位置。所谓静态位置，就是各个元素在 HTML 文档流中默认的位置。

任何元素在默认状态下都会以静态定位来确定自己的位置，所以当没有定义 position 属性时，并不说明该元素没有自己的位置，它会遵循默认值显示在静态位置。在静态定位状态下，无法通过边偏移属性（top、bottom、lefth 和 right）来改变元素的位置。

### 6.3.3 相对定位

如果对一个元素进行相对定位，则它先将出现在其默认位置上，再通过设置垂直或水平位置，让这个元素“相对于”其原始起点进行移动。另外，相对定位时，无论是否进行移动，元素仍然占据原来的空间。因此，元素移动会导致覆盖其他框。

下面通过一个案例来演示对元素设置相对定位的方法和效果，如例 6-6 所示。

**例 6-6** example06.html

```
<!doctype html>
<html>
<head>
<meta charset="utf-8">
<title>相对定位</title>
<style type="text/css">
img{
    position:relative;   /*相对定位*/
    top:160px;       /*纵向距顶部距离 160px*/
    left:100px;    /*横向距左部距离 100px*/
}
</style>
</head>
<body>
    <img src="square.png"/>
    <p>武汉城市职业学院</p>
</body>
</html>
```

运行例 6-6，效果如图 6-10 所示。

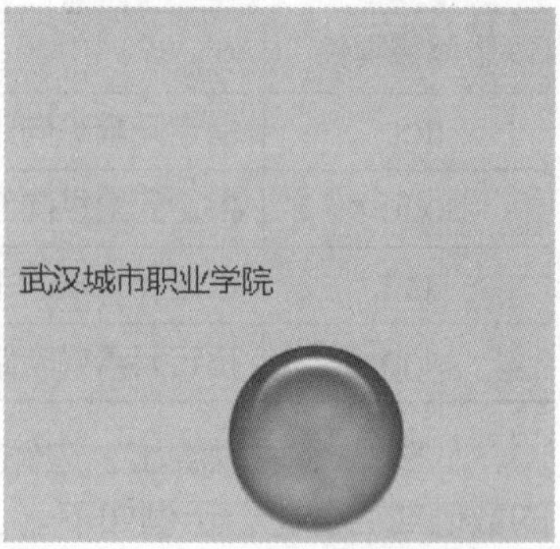


图 6-10 相对定位效果

通过图 6-10 不难看出，图像设置相对定位后，它会相对于自身的原始位置进行偏移，但是它在文档流中的位置仍然保留，例如，这里导致“武汉城市职业学院”无法使用图片移动后留下的大片“闲置”区域，造成了空间的极度浪费。因此，在使用相对定位时一定要慎重，切忌盲目使用，这点可参考例 6-7。

### 6.3.4 绝对定位

绝对定位是参照浏览器的左上角配合 top、bottom、left 和 right 进行定位的，如果没有设置上述 4 个值，则默认以父标签的坐标原点为原始点。绝对定位可以通过上、下、左、右来设置元素，使其处在任意一个位置。当父标签的 position 属性为默认值时，上、下、左、右以<body>标签的坐标原点为起始位置。

绝对定位与相对定位的区别在于绝对定位的坐标原点为上级标签的原点，与上级标签有关；相当定位的坐标原点为本身偏移前的原点，与上级标签无关。

下面通过一个案例来演示对元素设置绝对定位的方法和效果，如例 6-7 所示。

**例 6-7** example07.html

```
<!doctype html>
<html>
<head>
<meta charset="utf-8">
<title>绝对定位</title>
<style type="text/css">
body{
    background:#ccc;
}
img{
    position:absolute; /*绝对定位*/
    top:160px;       /*纵向距顶部距离 160px*/
    left:100px;     /*横向距左部距离 100px*/
}
</style>
</head>
<body>
    <img src="square.png"/>
    <p>武汉城市职业学院</p>
</body>
</html>
```

运行例 6-7，效果如图 6-11 所示。

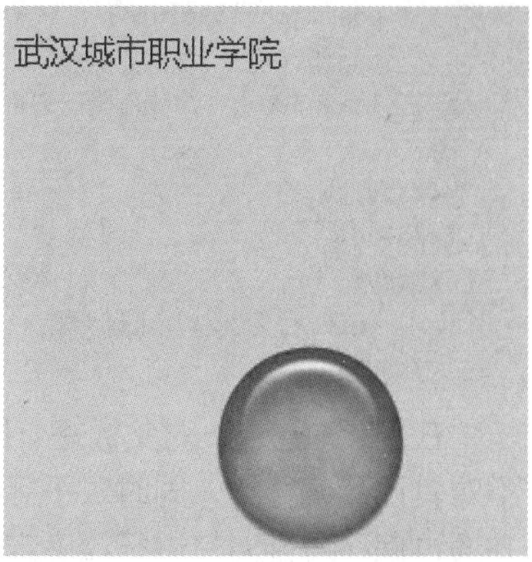

图 6-11　绝对定位效果

图像设置绝对定位后，它会依据浏览器左上角为原点进行定位。对图片进行绝对定位后，不管对其是否设置偏移，图片本身都不再占据标准文档流中的空间，因此“武汉城市职业学院”文字自然占据了原点的位置。这一点可通过对比图 6-10 和图 6-11 进行分析。

优秀的页面设计应能够适应各种屏幕分辨率，并且保持正常显示，但是使用绝对定位也会产生一个问题：目前，大多数网页是居中显示的，且标签于元素之间布局是紧密的，绝对定位的开始位置是浏览器的左上角的原点，当设定各元素块边偏移属性时，由于客户端屏幕分辨率的不同，各元素块的显示可能会有偏差。这是由于页面的显示随着分辨率的大小而自动适应，而各元素块参照绝对定位的位置显示。

要解决这个问题，定位时一般需要子元素相对于其直接父标签的位置保持不变，即子标签依据其直接父标签绝对定位。

对于上述情况，可将直接父标签设置为相对定位，但不对其设置偏移量，再对子标签应用绝对定位，并通过偏移属性对其进行精确定位。这样父标签既不会失去其空间，又能保证子标签依据其直接父标签准确定位。

下面通过一个案例来演示子标签依据其直接父标签进行绝对定位的方法，如例 6-8 所示。

例 6-8 example08.html

```
<!doctype html>
<html>
<head>
<meta charset="utf-8">
<title>子标签相对于直接父标签进行绝对定位</title>
<style type="text/css">
*{
    margin:0;
    padding:0;
}
body{
    background:#ccc;
}
div{
    width:300px;
    height:300px;
    background:orange;
    margin-left:100px;
    margin-top:80px;
    position:relative;   /*父标签使用相对定位，但不对其设置偏移量*/
}
p{
    width:150px;
    height:30px;
    background:blue;
    position:absolute;   /*子标签使用绝对定位*/
    top:80px;    /*纵向距顶部距离 80px*/
    left:50px;  /*横向距左边距离 50px*/
}
</style>
</head>
<body>
    <div><p>武汉城市职业学院</p>哈哈，武汉城市职业学院移动后，我成功占据了原属于它的位置</div>
</body>
```

在例 6-8 中，对父标签<div>设置了相对定位，但不对其设置偏移量；同时对子标签<p>设置了绝对定位，并通过偏移属性对其进行精确定位。

运行例 6-8，效果如图 6-12 所示，子标签相对于父标签进行偏移。此时，无论如何缩放浏览器的窗口，子标签相对于其直接父标签的位置都将保持不变。同时，子标签<p>使用的是绝对定位，它将不再占据标准文档流中的空间，因此当“武汉城市职业学院”移动后，其后面的文本有效使用了它的位置，不会造成空间的浪费。

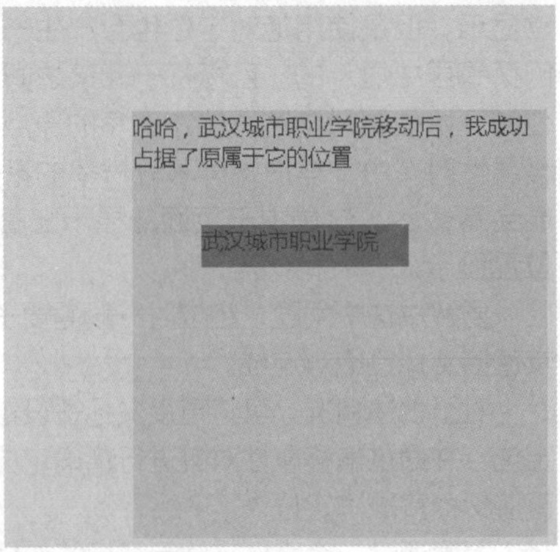

图 6-12　子标签相对于直接父标签绝对定位效果

在实际开发中，子标签相对于父标签绝对定位是一种经常使用的重要技巧，它有效解决了单一使用绝对定位或相对定位带来的弊端。

### 6.3.5 固定定位

固定定位是绝对定位的一种特殊形式，它以浏览器作为参照物来定义网页元素。当 position 属性的取值为 fixed 时，即可将元素的定位模式设置为固定定位。

当对元素设置固定定位后，它将脱离标准文档流的控制，始终依据浏览器来定义自己的显示位置，不管浏览器滚动条如何滚动，也不管浏览器界面的大小如何变化，该元素都会始终显示在浏览器的固定位置。但是，固定定位无法兼容 IE6 浏览器，因此在实际开发中使用较少，本书在这里暂不做详细介绍。

### 6.3.6 z-index 层叠顺序属性

当对多个元素同时设置定位时，定位元素之间有可能会发生重叠，如图 6-13 所示。

图 6-13 元素发生重叠

在 CSS 中，要想调整重叠元素的堆叠顺序，可以对元素应用 z-index 层叠顺序属性。z-index 层叠顺序属性用来设置元素层叠的次序，其方法是为每个元素指定一个数字，数字较大的元素将叠加在数字较小的元素之上。需要注意的是，z-index 层叠顺序属性仅对定位元素生效。

下面通过一个案例来演示 z-index 层叠顺序属性的使用方法和效果，如例 6-9 所示。

扫码观看视频

**例 6-9** example09.html

```
<!doctype html>
<html>
<head>
<meta charset="utf-8">
<title>z-index 的使用</title>
<style type="text/css">
div{
    font-size:80px;
    front-weight:bold;
    font-family:Arial;
    position:absolute;
}
#a{
    color:red;
```

```
    top:18px;
    left:18px;
    z-index:3;   /*将 z-index 层叠顺序属性值设置为 3，保证其在最上面*/
}
#b{
    color:green;
    top:20px;
    left:20px;
    z-index:2;   /*将 z-index 层叠顺序属性值设置为 2，保证其在中间*/
}
#c{
    color:blue;
    top:22px;
    left:22px;
    z-index:1;  /*将 z-index 层叠顺序属性值设置为 1，保证其在最下面*/
}
</style>
</head>
<body>
<div id="a">This is a book</div>
<div id="b">This is a book</div>
<div id="c">This is a book</div>
</body>
</html>
```

运行例 6-9，效果如图 6-14 所示。

图 6-14　z-index 的使用效果

通过图 6-14 可以看出，3 个<div>标签的层叠顺序从上到下依次为红色、绿色和蓝色。为什么会这样显示呢？原因很简单，因为 z-index 的取值越大，定位元素在层叠元素中越居上。

## 6.4 标签的类型与转换

在前面的章节中介绍 CSS 属性时，经常会提到“仅使用于块级元素”，那么究竟什么是块级元素，HTML 中的标签又是如何分类的？本节将对标签的类型与转换进行详细讲解。

### 6.4.1 标签的类型

HTML 提供了丰富的标签，用于组织页面结构。为了使页面结构的组织更加轻松合理，HTML 标签被定义成了不同的类型，一般分为块标签、内联标签和内联块标签。了解它们的特性可以为使用 CSS 设置样式和布局打下基础，具体如下。

**1. 块标签**

块标签（block）在页面中以区域块的形式出现，其特点是每个块标签通常会独自占据一整行或多整行，可以对其设置宽度、高度、对齐等属性，常用于网页布局和网页结构的搭建。

常见的块标签有<h1>～<h6>、<p>、<div>、<ul>、<ol>及<li>等，其中<div>标签是最典型的块标签。

**2. 内联标签**

内联标签（inline）也称为行内标签或内嵌标签，其特点是不必在新的一行开始，同时不强迫其他标签在新的一行显示。一个行内标签通常会和它前后的其他行内标签显示在同一行中，它们不占有独立的区域，仅仅靠自身的字体大小和图像尺寸来支撑结构，一般不可以设置宽度、高度、对齐等属性，常用于控制页面中文本的样式。

常见的内联标签有<strong>、<b>、<em>、<i>、<del>、<s>、<ins>、<u>、<a>及<span>等，其中<span>标签是最典型的内联标签。

**3. 内联块标签**

内联块标签（inline-block）同时吸收了块标签和内联标签各自的部分特点，但与它们之间的任何一个又不完全相同。内联块标签的特点是不必在新的一行开始，同时不强迫其他标签在新的一行显示，这一点和内联标签相同。但内联块元素可以设置宽度和高度，这一点又和块标签相同。

常见的内联块标签有<img>、<input>等，其中<img>标签是最典型的内联块标签。

下面通过一个案例来进一步认识以上 3 类标签，如例 6-10 所示。

**例 6-10** example10.html

```
<!doctype html>
    <html>
    <head>
    <meta charset="utf-8">
    <title>块、内联、内联块标签</title>
    <style type="text/css">
    div{
        width:800px;
        height:30px;  /*块标签是可以设置宽度和高度的*/
        background:gold;
    }
    span{
        width:800px;
        height:100px;  /*给内联标签强行设置宽度和高度是无效的*/
        background:pink;
    }
    img{
        width:300px;
        height:300px;/*内联块标签是可以设置宽度和高度的，但它又不会占一整行*/
    }
    </style>
    </head>
    <body>
        <div>我是块，可以设置宽度和高度且默认会占一整行，所以我后面的"武汉城市职业学院"掉到下一行去了</div>武汉城市职业学院<br />
        <span>我是内联，不可以设置高度和宽度且不会占一整行，所以我后面的"武汉城市职业学院"并没有掉到下一行去</span>武汉城市职业学院<br />
        <img src="linzhiling.png"/>我是内联块，可以设置宽度和高度，但我没有掉到下一行去
    </body>
    </html>
```

运行例 6-10，效果如图 6-15 所示。

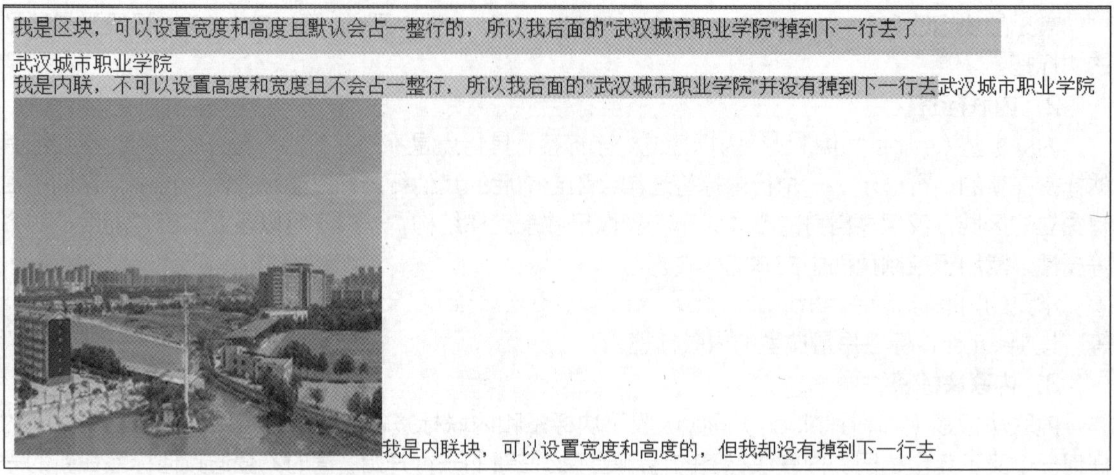


图 6-15　块标签、内联标签和内联块标签的显示效果

### 6.4.2　<span>标签

<span>标签常用于定义网页中某些特殊显示的文本，常配合 class 样式使用。区别于<div>标签的是，<span>是内联标签，不必在新的一行开始，同时不强迫其他元素在新的一行显示。它本身没有固定的格式表现，只有应用样式时才会产生视觉上的变化。当其他内联标签都不适合使用时，就可以使用<span>标签。

下面通过一个案例来演示<span>标签的使用，如例 6-11 所示。

例 6-11　example11.html

```
<!doctype html>
<html>
<head>
<meta charset="utf-8">
<title>span 标签的使用</title>
<style type="text/css">
span{
    color:red;
}
span.one{
    vertical-align:super;
}
span.two{
    vertical-align:sub;
}
</style>
</head>
<body>
<p>今天数学老师给我们布置了一道数学题，题目是求 X<span class="one">2</span>+1 的和</p>
<p>例题：假设有 X<span class="two">1</span>和 X<span class="two">2</span>两个未知数，求当...</p>
</body>
</html>
```

运行例 6-11，效果如图 6-16 所示。

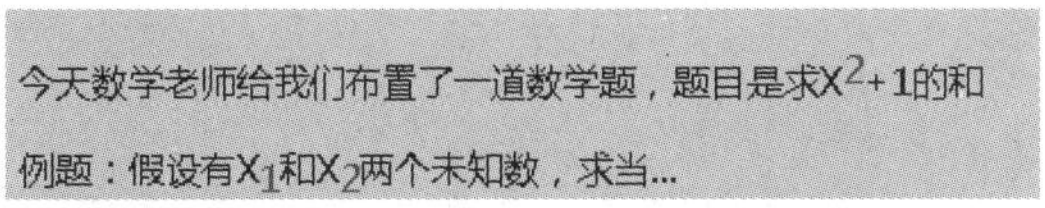
今天数学老师给我们布置了一道数学题，题目是求$X^2$+1的和
例题：假设有$X_1$和$X_2$两个未知数，求当...

图 6-16　span 标签的使用效果

在图 6-16 中，特殊显示的文本（这里指 $X^2$、$X_1$ 和 $X_2$）都是通过 CSS 控制<span>标签设置的。

### 6.4.3　标签的转换

网页是由许多块标签、内联标签和内联块标签构成的盒子排列而成的。如果希望内联标签具有块标签的某些特性（如可以设置宽度和高度），或者需要块标签具有内联标签的某些特性（如不独占一行排列），可以使用 display 属性对标签的类型进行转换。

Display 的常用属性值及其含义如下。

（1）inline：此标签将显示为内联标签。

（2）block：此标签将显示为块标签。

（3）inline-block：此标签将显示为内联块标签，可以对其设置宽度和高度等属性，但是该标签不会独占一行。

（4）none：此标签将被隐藏，不显示，也不占用页面空间，相当于该标签不存在。

扫码观看视频

下面通过一个案例来演示 display 属性的用法和效果，如例 6-12 所示。

**例 6-12**　example12.html

```
<!doctype html>
<html>
<head>
<meta charset="utf-8">
<title>标签类型的转换</title>
<style type="text/css">
ul{
    list-style-type:none;
    font-size:30px;
}
ul li{
    float:left;
    width:200px;
    height:60px;
    background:black;
    border:1px solid pink;
}
a{
    text-decoration:none;
    color:white;
    display:inline-block;   /*转换为内联块标签*/
    width:200px;
    height:60px;
    text-align:center;
    line-height:60px;
}
a:hover{
```

```
    color:gold;
}
</style>
</head>
<body>
<ul>
<li><a href="http://www.baidu.com">百度</a></li>
<li><a href="http://www.sohu.com">搜狐</a></li>
<li><a href="http://www.sina.com">新浪</a></li>
<li><a href="http://www.qq.com/">腾讯</a></li>
</ul>
</body>
</html>
```

例 6-12 中应用“display:inline-block;”样式将内联标签<a>转换成了内联块标签，此时即可设置超链接<a>的宽度和高度。这里将超链接<a>的宽度和高度设置为其父标签<li>的宽度和高度，有效增加了超链接的范围，当用户单击某个链接时，即便鼠标没有放在超链接的文本区域内，也可以实现页面跳转，使用起来非常方便，具有良好的用户体验。读者自己可以动手尝试一下。

运行例 6-12，效果如图 6-17 所示。

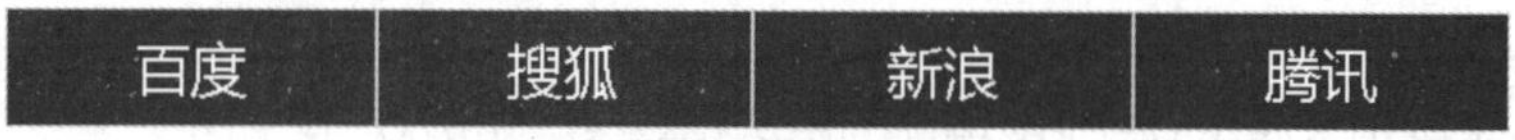


图 6-17　标签类型的转换效果

## 6.5 阶段案例——制作瓢城旅行社首页

扫码观看视频

本章前几节重点讲解了元素的浮动、定位及清除浮动。为了使读者更好地运用浮动与定位组织页面，本节将应用相关知识点制作瓢城旅行社首页，其最终效果如图 6-18 所示。

图 6-18　瓢城旅行社首页最终效果

### 6.5.1 制作页面

根据图 6-18 所示效果，使用相应的 HTML 标签搭建页面结构，如例 6-13 所示。

**例 6-13** index.html

```
<!DOCTYPE html>
<html>
<head>
    <meta charset="utf-8">
    <title>项目实战——瓢城旅行社首页制作</title>
    <link rel="stylesheet" href="css/style.css">  <!--CSS 外部链接样式-->
</head>
<body>
<header id="header">
    <div class="center">
        <h1 class="logo">瓢城旅行社</h1>
        <nav class="link">
            <h2 class="none">网站导航</h2>
            <ul>
                <li class="active"><a href="index.html">首页</a></li>
                <li><a href="###">旅游资讯</a></li>
                <li><a href="###">机票订购</a></li>
                <li><a href="###">风景欣赏</a></li>
                <li><a href="###">公司简介</a></li>
            </ul>
        </nav>
    </div>
</header>
<div id="search">
    <div class="center"></div>
    <input type="text" class="search" placeholder="请输入旅游景点或城市">
    <button class="button">搜索</button>
</div>
<footer id="footer">
    <div class="bottom">Copyright © YCKU 瓢城旅行社 | 本站源代码可供读者参考和学习使用</div>
</footer>
</body>
</html>
```

### 6.5.2 定义 CSS 样式

这里将采取 CSS 外部链接样式，CSS 文件名为 style.css，具体 CSS 代码如下。

```
@charset "utf-8";
*{
    margin: 0;
    padding: 0;
}
body {
    background: #fff;
}
ul {
```

```
        list-style-type:none;
    }
    a {
        text-decoration: none;
    }
    .none {
        display: none;
    }
    #header {
        width: 100%;
        min-width: 1263px;
        height: 70px;
        background: #333;
        box-shadow: 0 1px 10px rgba(0, 0, 0, 0.3);
        position: relative;
        z-index: 9999;
    }
    #header .center {
        width: 1263px;
        height: 70px;
        margin: 0 auto;
    }
    #header .logo {
        width: 240px;
        height: 70px;
        background-image: url(../img/logo.png);
        text-indent: -9999px;
        float: left;
    }
    #header .link {
        width: 650px;
        height: 70px;
        line-height: 70px;
        color: #eee;
        float: right;
    }
    #header .link li {
        width: 120px;
        text-align: center;
        float: left;
    }
    #header .link a {
        color: #eee;
        display: block;
    }
    #header .link a:hover{
        background: #000;
    }
    #search {
        width: 100%;
        min-width: 1263px;
        height: 500px;
        background: url(../img/search2.jpg) no-repeat center;
```

```
    position: relative;
}
#search .center {
    width: 600px;
    height: 60px;
    background: #000;
    position: absolute;
    top: 50%;
    left: 50%;
    margin: -30px 0 0 -300px;
    opacity: 0.6;
    border-radius: 10px;
}
#search .search {
    width: 446px;
    height: 52px;
    background: #eee;
    position: absolute;
    top: 50%;
    left: 50%;
    margin: -27px 0 0 -296px;
    color: #666;
    border: 1px solid #666;
    border-radius: 10px;
    font-size: 24px;
    padding: 0 10px;
    outline: none;
}
#search .button {
    width: 120px;
    height: 54px;
    background: #eee;
    position: absolute;
    top: 50%;
    left: 50%;
    margin: -27px 0 0 175px;
    color: #666;
    border: 1px solid #666;
    border-radius: 10px;
    font-size: 24px;
    outline: none;
    cursor: pointer;
    font-weight: bold;
}
#footer{
    height: 60px;
    background: #222;
    clear: both;
}
#footer .bottom {
    height: 80px;
    line-height: 80px;
    text-align: center;
```

```
        color: #777;
        background-color: #000;
        border-top: 1px solid #444;
    }
```

## 本章小结

在网页设计中，能否很好地定位网页中的每个元素是网页整体布局的关键。一个布局混乱、元素定位不准确的页面，是每个浏览者都不喜欢的。而把每个标签都精确定位到合理位置，才是构建美观大方的网页的前提。

本章首先讲解了元素的浮动，它是网页中常用的一种布局方式；其次，讲解了如何通过 position 属性实现网页中元素的精确定位，详细介绍了相对定位和绝对定位的使用方法；再次，讲解了元素的类型及如何进行元素类型的转换；最后，通过项目实战使读者对前面所讲重点知识进行了巩固和运用。

通过本章的学习，读者应该能够熟练地运用元素的浮动和定位进行网页布局，并具备一定的网页构建能力。

# 第 7 章

# 表单的应用

**学习目标**

- 掌握表单的定义标签。
- 掌握表单元素及属性设置。
- 掌握美化表单界面的技巧。

表单是 HTML 网页中的重要内容，是网页提供的一种交互式操作手段，主要负责采集用户输入的信息，并将信息发送给服务器端程序处理，进而实现网上注册、网上登录、网上订单、调查问卷及网上搜索等多种功能。

## 7.1 定义表单

在 HTML5 中，只需要在要使用表单的地方插入<form></form>标签就可以完成表单的定义。其基本语法格式如下。

```
<form action="URL 地址" method="提交方式" name="表单名称">
    表单控件
</form>
```

在 HTML5 中，表单拥有多个属性，通过设置表单属性可以实现提交方式、自动完成、表单验证等不同的表单功能。

表单标签的部分属性及其说明如表 7-1 所示。

**表 7-1　表单标签的部分属性及其说明**

| 属性 | 说明 |
|---|---|
| action | 指定接收并处理表单数据的服务器的 URL |
| method | 设置表单数据的提交方式，其取值为 get 或 post，默认为 get |
| name | 表单名称 |
| autocomplete | 指定表单是否有自动完成的功能 |
| novalidate | 规定当提交表单时不对其进行验证 |

### 1. action 属性

action 属性用于指定接收表单内容的处理程序的 URL，当用户提交表单后，信息发送到 Web 服务器上，由 action 属性指定的程序处理数据。如例 7-1 中代码<form action="http://www.usecast.cn">表示当提交表单时，表单数据会传送到名为 http://www.usecast.cn 的页面去处理。

如果该属性的值为空，则默认将表单提交到本页面。

**例 7-1** example01.html

```
<!DOCTYPE html>
<html>
<head>
<meta charset="UTF-8">
<title>表单的创建及 method 属性的使用</title>
</head>
<body>
<form action="http://www.usecast.cn" method="post" name="useform" >
  账 号:
  <input type="text" name="usename"><br><br>
  密 码:
  <input type="password" name="psd" ><br><br>
  <input type="submit" value="提交" ><br><br>
</form>
</body>
</html>
```

### 2. method 属性

method 属性用于设置表单数据的提交方式，其取值为 get 或 post，默认值为 get。

（1）get：当单击“提交”按钮时，浏览器会立即传送表单数据，表单数据会在 URL 信息后面显示。

（2）post：浏览器会等待服务器来读取数据，表单数据不会显示。

在例 7-1 中，method 属性设置为 post，在输入账号和密码信息后，单击“提交”按钮，效果如图 7-1 所示，地址栏状态不会改变，表单数据不会显示。

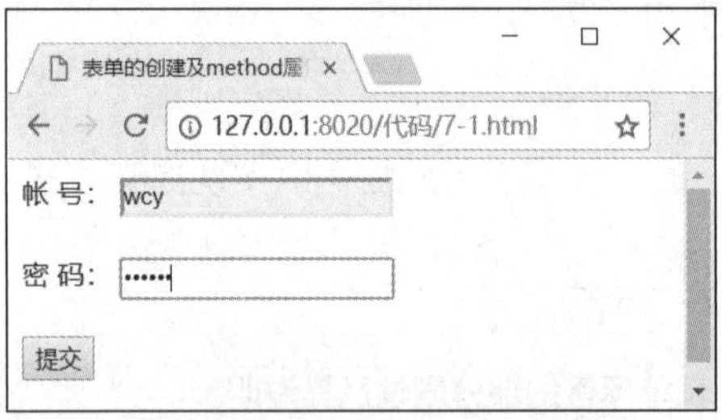


图 7-1 method 属性为 post 时的效果

扫码观看视频

method 属性设置为 get 时，在输入账号和密码信息后，单击“提交”按钮，效果如图 7-2 所示，地址栏状态会发生改变，表单数据会在 URL 信息后面显示。

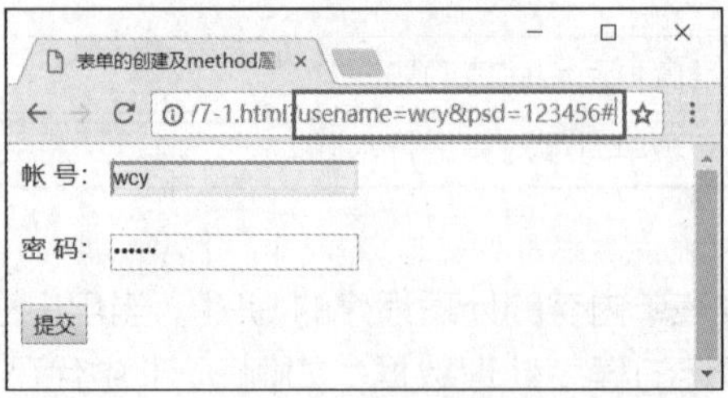


图 7-2 method 属性为 get 时的效果

由上可知，虽然采用 get 提交的方式只有一步，但是提交的所有数据将显示在浏览器的地址栏中，保密性差，且有数据量的限制；采用 post 提交的方式保密性好，并且无数据量的限制。因此，在日常开发中，建议采用 post 方式提交表单数据。

### 3. name 属性

name 属性用于指定表单的名称，以区分同一个页面中的多个表单。

### 4. autocomplete 属性

autocomplete 属性规定了表单是否应该启用自动完成功能。当启用自动完成功能时，表单控件会将输入的内容自动保存下来，当再次输入时，会出现一个下拉列表显示以前输入的内容以供用户选择。

autocomplete 属性有两个取值，具体如下。

（1）on：表单有自动完成功能。

（2）off：表单无自动完成功能。

下面通过一个案例来演示表单创建及 autocomplete 属性的使用。

**例 7-2** example02.html

```
<!DOCTYPE html>
<html>
<head>
<meta charset="UTF-8">
<title>表单的创建及 autocomplement 属性的使用</title>
</head>
<body>
<form action="http://www.usecast.cn" method="post" name="useform" autocomplete="on">
  账 号:
  <input type="text" name="usename"><br><br>
  <input type="submit" value="提交" ><br><br>
</form>
</body>
</html>
```

运行例 7-2，效果如图 7-3 所示。在“账号”文本框中输入“wcy”，单击“提交”按钮后，再次单击“账号”文本框时，就会弹出下拉列表展示“wcy”。

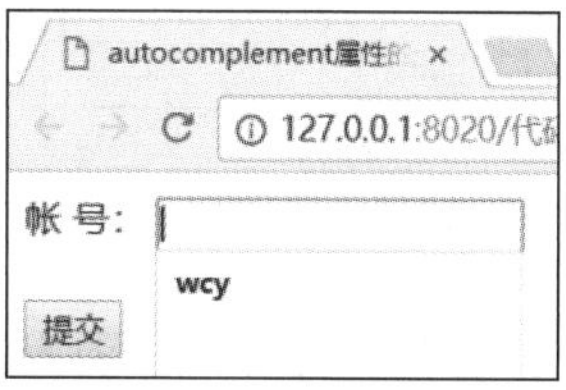


图 7-3 autocomplement 属性的使用效果

### 5. novalidate 属性

novalidate 属性规定当提交表单时不对其进行验证，也就是说，如果使用该属性，则表单不会验证表单的输入。

> **注意** <form>标签只是定义了一个表单区域，表单内容是由控件组成的。

## 7.2 <input>标签

<input>标签是表单中最常见的标签之一，用于在表单中输入数据，通常包含在<form>标签中。其基本语法格式如下。

```
<input type="控件类型" name="控件名称">
```

其中，控件类型包含网页中常见的单行文本框、单选按钮、复选框等，<input>标签的类型及其说明如表 7-2 所示。

**表 7-2 <input>标签的类型及其说明**

| 属性 | 类型 | 说明 |
|---|---|---|
| type | text | 单行文本框 |
| | password | 密码输入框 |
| | radio | 单选按钮 |
| | checkbox | 复选框 |
| | button | 按钮 |
| | submit | 提交按钮 |
| | reset | 重置按钮 |
| | hidden | 隐藏域 |
| | file | 文本域 |
| | email | 电子邮箱地址输入框 |
| | url | 网址输入框 |
| | tel | 电话号码输入框 |
| | search | 搜索域 |
| | color | 拾色器 |
| | number | 数值输入框 |
| | range | 滑动条 |
| | date pickers | 日期选择器 |

### 1. 单行文本框——text

将<input>标签中的 type 属性值设置为 text 后，就可以在表单中插入单行文本框。在此文本框中可以输入任何类型的数据，但输入的数据将以单行显示，不会换行。

单行文本框一般用来输入简短信息，如用户名、账号、证件号码等，常用的属性有 name、value、maxlength。例如，使用<input>标签输入账号的代码如下。

```
<input type="text" name="usename" maxlength="12" value="请输入账号" >
```

（1）name：用于定义文本框的名称。

（2）maxlength：用来指定文本框中允许输入字符的最大数目。

（3）size：定义文本框可见字段宽度。

（4）value：指定文本框的默认值。

### 2. 密码输入框——password

密码输入框的属性含义与单行文本框相同，只是其内容将不会直接显示，而是以圆点的形式显示，以保护密码的安全。例如：

```
<input type="password" name="pwd" maxlength="10" >
```

### 3. 单选按钮——radio

单选按钮用于单项选择，在多个选择中只能选择一个，如性别只能是“男”或“女”，代码示例如下。

```
<input type="radio" name="sex" value="male" checked="checked"  >男
<input type="radio" name="sex" value="female" >女
```

（1）name：用于设置单选按钮的名称，属于同一组单选按钮的 name 必须相同，否则无法在一组中实现单选的效果。

（2）checked：用于表示此项被默认选中，如果不需要默认选中，则可以不设置该属性，默认情况下，单选按钮没有被选中。

### 4. 复选框——checkbox

复选框常用于多项选择，如选择兴趣、爱好等，可以对其应用 checked 属性，以指定默认选中项。

```
<input type="checkbox" name="check_1" value="swim" >
<input type="checkbox" name="check_2" value="music" >
<input type="checkbox" name="check_3" value="sport" >
```

### 5. 普通按钮——button

将<input>标签中的 type 属性值设置为 button 后，就可以在表单中插入标准按钮。

```
<input type="button" name="btn" value="普通按钮" >
```

### 6. 提交/重置按钮——submit/reset

单击“提交”按钮可以完成表单数据的提交，单击“重置”按钮可以取消已输入的所有表单信息。

value 属性可以改变按钮上显示的文本，例如：

```
<input type="submit" name="sub" value="提交" >
<input type="reset" name="ret" value="重置" >
```

### 7. 隐藏域——hidden

隐藏域不会被浏览者看到，在表单中插入隐藏域的目的在于收集或发送信息，以利于被处理表单的程序所使用，浏览者单击提交按钮发送信息的时候，隐藏域的信息也被一起发送到了服务器。其基本语法格式如下。

```
<input type="hidden" >
```

### 8. 文件域——file

在定义文件域时，页面中将出现一个文本框和一个“选择文件”按钮，用户单击该按钮后，会弹出“打开”对话框，用户可以自行选择文件，将文件内容上传到服务器。其基本语法格式如下。

```
<input type="file">
```

下面通过一个案例来演示以上<input>标签类型的常用属性的应用及效果，如例 7-3 所示。

例 7-3 example03.html

```
<!DOCTYPE html>
<html>
<head>
<meta charset="UTF-8">
<title>input 控件</title>
</head>
<body>
<form action="#" method="post">
 用户名:              <!--单行文本框 -->
 <input type="text" name="usename" maxlength="12" value="请输入用户名"><br><br>
 密码:                  <!--密码输入框 -->
 <input type="password" name="pwd" maxlength="10">
<br><br>
性别:               <!--单选按钮 -->
 <input type="radio" name="sex" checked="checked">男
 <input type="radio" name="sex" >女<br><br>
 兴趣:                <!--复选框 -->
 <input type="checkbox" name="check_1">唱歌
 <input type="checkbox" name="check_2">美术
 <input type="checkbox" name="check_3">跳舞
 <br><br>
 上传头像:           <!--文件域 -->
<input type="file"><br><br>
<input type="submit" >           <!--提交按钮 -->
<input type="reset" >            <!--重置按钮 -->
<input type="submit" value="普通按钮" >          <!--普通按钮 -->
<input type="hidden" >           <!--隐藏域 -->
</form>
</body>
</html>
```

运行例 7-3，效果如图 7-4 所示。

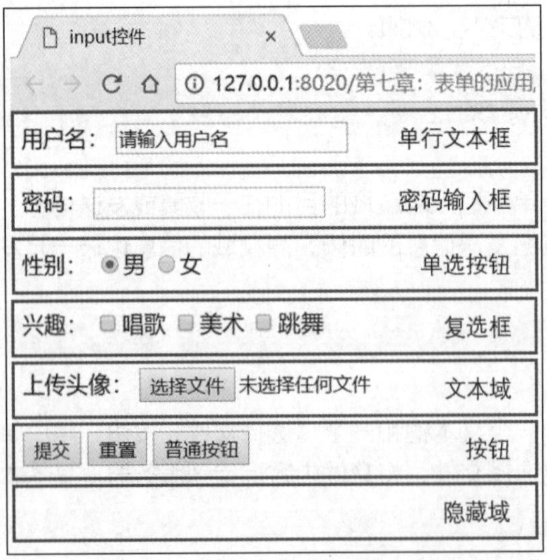


图 7-4 <input>标签类型的常用属性的效果

扫码观看视频

### 9. 电子邮箱地址输入框——email

email 类型用于应该包含 E-mail 地址的输入框。在提交表单时，会自动验证此输入框的内容是否符合 E-mail 地址格式，如果不符合，则提示相应的错误信息。其基本语法格式如下。

```
<input type="email" name="formmail" >
```

### 10. 网址输入框——url

url 类型用于应该包含 URL 地址的输入框。在提交表单时，会自动验证 URL 域的值。如果输入的值不符合 URL 地址格式，则不允许提交，并会有提示信息。其基本语法格式如下。

```
<input type="url" name="user_url" >
```

### 11. 电话号码输入框——tel

tel 类型定义用于电话号码的文本字段，由于电话号码的格式类型较多，一般 tel 类型会和 pattern 属性配合使用，关于 pattern 属性将在后文进行讲解。其基本语法格式如下。

```
<input type="tel" name="telephone" pattern="^\d{11}$" >
```

### 12. 搜索域——search

search 类型用于搜索域，如站点搜索。在用户输入内容后，其右侧会附带一个删除图标，单击这个图标可以快速清除内容。其基本语法格式如下。

```
<input type="search" name="searchword" >
```

### 13. 拾色器——color

color 类型定义了一个拾色器，允许用户从拾色器中选取颜色，默认值为#000000。通过 value 属性值可以更改默认颜色。其基本语法格式如下。

```
<input type="color" name="color_1" value="#Facfde" >
```

下面通过一个案例来演示以上<input>标签类型属性的应用及效果，如例 7-4 所示。

**例 7-4** example04.html

```
<!DOCTYPE html>
<html>
<head>
<meta charset="UTF-8">
<title>input 类型</title>
</head>
<body>
<form action="#" method="get">
  请输入邮箱地址：<input type="email" name="formmail" ><br >
  请输入个人网址：<input type="url" name="user_url" ><br >
  请输入电话号码：<input type="tel" name="telephone" pattern="^\d{11}$" ><br>
  输入搜索关键字：<input type="search" name="searchword" ><br>
  请选取一种颜色：<input type="color" name="color_1" value="#Facfde" ><br>
  <input type="submit" value="提交" />
</form>
</body>
</html>
```

例 7-4 的第 11 行代码通过 pattern 属性设置电话号码输入框的长度为 11 位。

运行例 7-4，效果如图 7-5 所示。当输入不符合格式要求的文本内容并提交时，会出现提示信息。

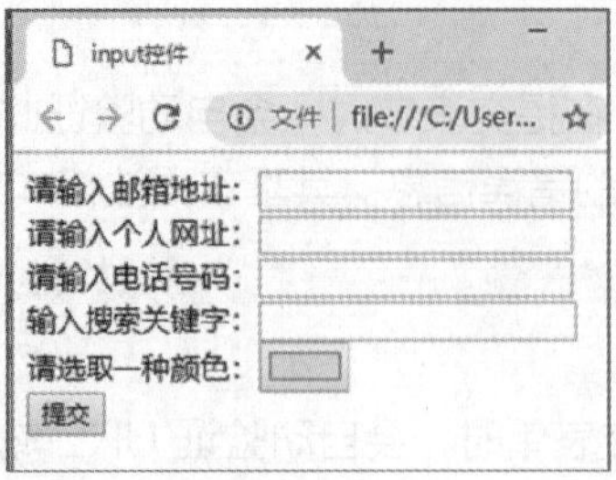

（a）

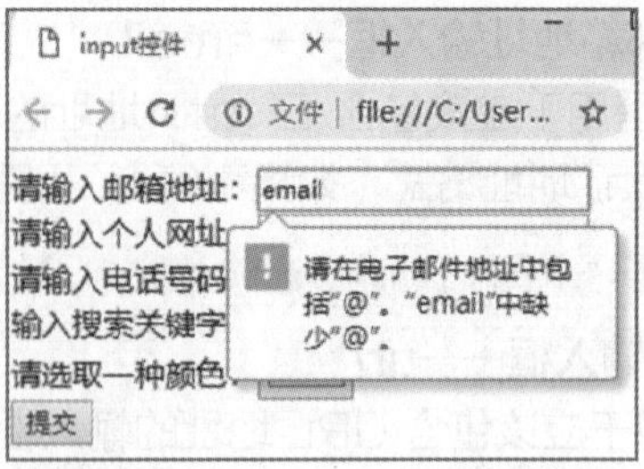

（b）

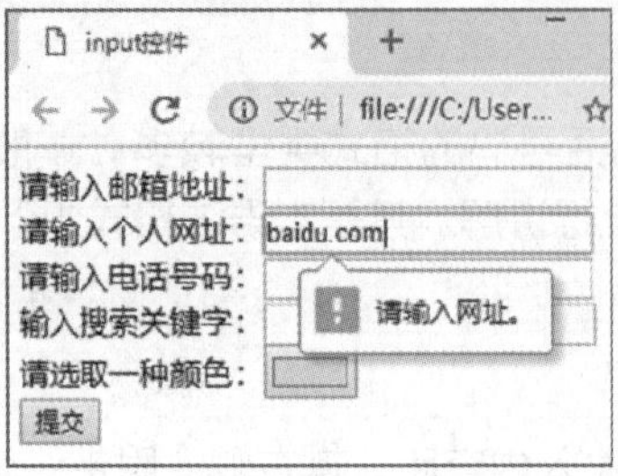

（c）

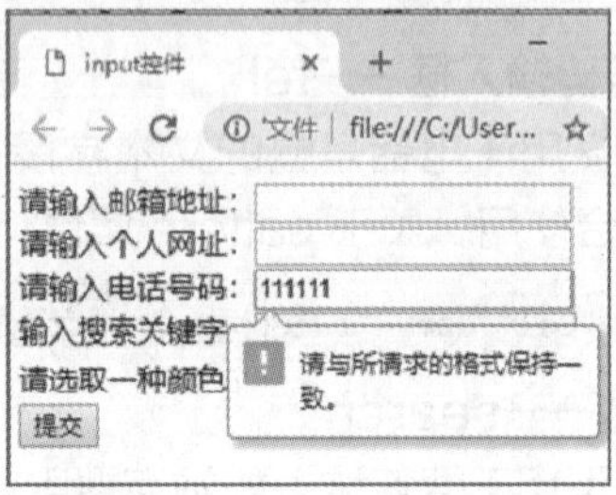

（d）

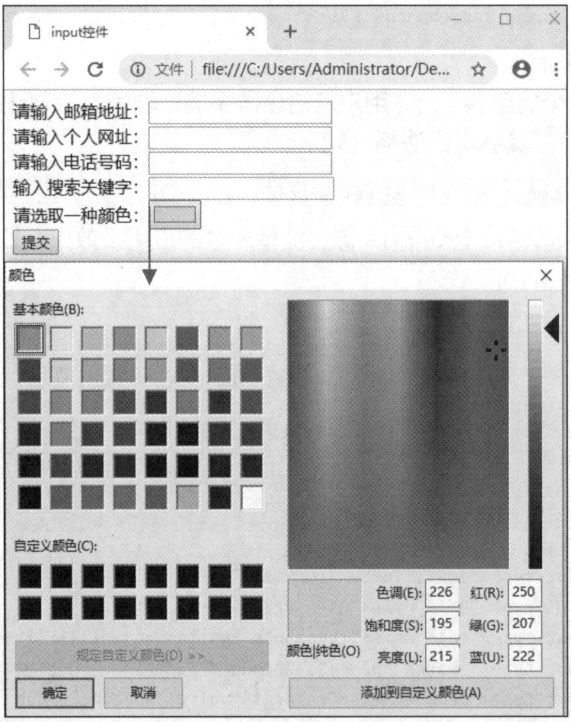

（e）

图 7-5　email、url、tel 类型的验证提示及 color 效果

### 14. 数值输入框——number

number 类型定义了供输入数值的文本框并提供验证。如果输入的内容不是数字或者数字不在限定范围内，则会出现错误提示信息。其基本语法格式如下。

```
<input type="number" name="number_1">
```

number 类型的输入框可以对输入的数字进行限制，规定允许的最大值和最小值、合法的数字间隔或默认值等，其具体属性说明如下。

（1）value：指定输入框的默认值。

（2）max：指定输入框可以接受的最大输入值。

（3）min：指定输入框可以接受的最小输入值。

（4）step：指定输入数字的步长，如果不设置，则其默认值为 1。

number 类型应用示例如例 7-5 所示。

**例 7-5** example05.html

```
<!DOCTYPE html>
<html>
<head>
<meta charset="UTF-8">
<title>number 类型的使用</title>
</head>
<body>
<form action="#" method="get">
<input type="number" name="number_1" value="1" min="1" max="9" step="3" />
<input type="submit" value="提交" >
</form>
</body>
</html>
```

运行例 7-5，效果如图 7-6 所示，number 类型的输入框中的默认值为 1；可以手动在输入框中输入数值或者通过单击输入框右侧的数值按钮来控制数据，单击向上三角形按钮，数字自动增加所设置的步长值。

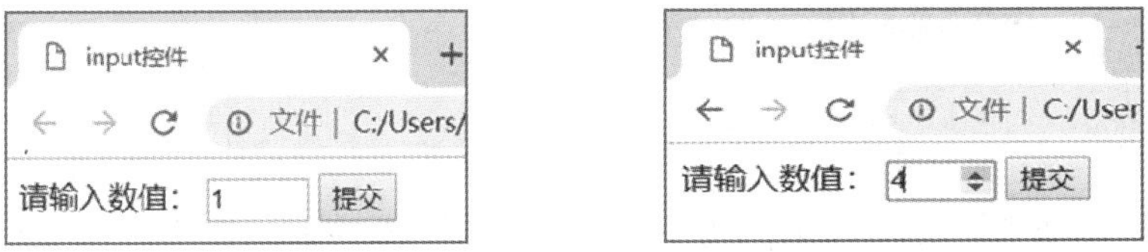


（a）　　　　（b）

图 7-6　number 类型的使用效果

需要注意的是，如果在 number 输入框中输入的值小于 min 的值或者大于 max 的值，或者输入了一个不符合 number 格式的文本，则单击“提交”按钮后，将会出现错误提示信息。

### 15. 滑动条——range

滑动条控件的常用属性与 number 类型一样，它可以表示整数或者小数值。同时，其支持 min 属性和 max 属性，用于设置允许的范围，也可以通过 step 属性指定每次滑动的步长。其基本语法格式如下。

```
<input type="range" name="range_1">
```

### 16. 日期选择器——date pickers

要创建日期选择器，只需要为<input>标签添加 data-uk-datepicker 属性即可。HTML5 中提供了多个可供选取日期和时间的输入类型，用于验证输入的日期，具体如表 7-3 所示。

表 7-3　时间和日期类型

| 时间和日期类型 | 说明 |
| --- | --- |
| date | 选取日、月、年 |
| month | 选取月、年 |
| week | 选取周和年 |
| time | 选取时间（小时和分钟） |
| datetime | 选取时间、日、月、年（UTC 时间） |
| datetime-local | 选取时间、日、月、年（本地时间） |

下面通过案例在 HTML5 中添加多个 input 元素，分别指定这些元素的 type 属性值为时间和日期类型，如例 7-6 所示。

**例 7-6**　example06.html

```
<!DOCTYPE html>
<html>
<head>
<meta charset="UTF-8">
<title>时间日期类型的使用</title>
</head>
<body>
<form action="#" method="post">
  <input type="date" ><br><br>
  <input type="month" ><br><br>
  <input type="week" ><br><br>
  <input type="time" ><br><br>
  <input type="datetime" ><br><br>
  <input type="datetime-local" ><br><br>
  <input type="submit" value="提交" ><br><br>
</form>
</body>
</html>
```

运行例 7-6，效果如图 7-7 所示，用户可以直接向输入框中输入内容，也可以通过单击输入框右侧的三角形按钮进行选择。例如，单击选取日、月、年的时间日期按钮后，可以在弹出的面板中直接选择需要的日期。

(a)

(b)

图 7-7　时间日期类型的使用效果

> **注意** 对于浏览器不支持的<input>标签类型，将会在网页中显示为一个普通输入框。

## 7.3 其他表单标签

### 7.3.1 文本域

文本域用来输入多行文本。其基本语法格式如下。

```
<textarea name="文本域名称" rows="行数" cols="字符数">
    文本内容
<textarea>
```

<textarea>标签除了 cols 和 rows 属性之外，还拥有几个可选属性，分别为 disabled、name 和 readonly，如表 7-4 所示。

**表 7-4 <textarea>标签的可选属性**

| 属性 | 说明 |
| --- | --- |
| name | 控件的名称 |
| rows | 定义多行文本输入框显示的行数 |
| cols | 定义多行文本输入框每行中的字符数 |
| readonly | 该控件内容只读（不能编辑修改） |
| disabled | 第一次加载页面时禁用该控件（显示为灰色） |

<textarea>标签应用示例如例 7-7 所示。

**例 7-7** example07.html

```
<!DOCTYPE html>
<html>
<head>
<meta charset="UTF-8">
<title>创建文本域</title>
</head>
<body>
<form action="#" method="post">
  <h3>填写个人评价</h3>
  <textarea name="textarea" cols="30" rows="8">
  自信、大方、喜欢运动......
  </textarea><br>
</form>
</body>
</html>
```

例 7-7 中，<textarea>标签定义了一个多行文本输入框，并设置行数为 30，每行显示的字符数为 8。

运行例 7-7，效果如图 7-8 所示，出现了一个多行文本输入框，用户可以对其中的内容进行编辑和修改，还可以用鼠标拖曳右下角的倒三角形放大或缩小多行文本输入框。如果不想让文本域被随意放大和缩小，则可以使用 CSS 样式代码“resize:none;”来清除这一特性。

图 7-8　<textarea>标签的使用效果

**注意**　不同浏览器不仅显示的形式会有所不同，行为也会有所不同。在实际工作中，更常用的方法是使用 CSS 的 width 属性和 height 属性来定义多行文本输入框的宽和高。

### 7.3.2　选择列表

使用<select>标签，同时嵌套列表项标签<option>，可以实现选择列表的功能，选择列表允许访问者从选项列表中选择一项或多项。其基本语法格式如下。

```
<select name="列表框名称" size="行数">
<option value="选项值 1" selected="selected">选项 1</option>
<option value="选项值 2">选项 2</option>
<option value="选项值 3">选项 3</option>
…
</select>
```

在上面的语法格式中，<select></select>标签对用于在表单中添加一个下拉列表，每对<select></select>标签至少应包含一对<option></option>标签，<option></option>标签对用于定义下拉列表中的具体选项。实现选择列表时常常需要一些属性配合使用，其常用属性如表 7-5 所示。

表 7-5　选择列表标签的常用属性

| 标签名 | 属性 | 说明 |
|---|---|---|
| <select> | name | 指定列表的名称 |
| | size | 指定下拉列表的可见选项数（取值为正整数），默认为 1，取值大于或等于 1 |
| | multiple | 定义 multiple="multiple"时，下拉列表将具有多项选择的功能，方法为按住 Ctrl 键的同时选择多项。没有该属性时，表示只能选择一个选项 |

续表

| 标签名 | 属性 | 说明 |
| --- | --- | --- |
| <option> | value | 设置选项值 |
| | selected | 定义 selected="selected"时，当前项即为默认选中项 |

下面通过一个案例来演示实现几种不同的选择列表效果，如例 7-8 所示。

**例 7-8** example08.html

```
<!DOCTYPE html>
<html>
<head>
<meta charset="UTF-8">
<title>选择列表 select </title>
</head>
<body>
<form action="#" method="post">
 学历（单选）：<br>
 <select>
     <option>-请选择-</option>
     <option>博士</option>
     <option>硕士</option>
     <option>本科</option>
     <option>专科</option>
     <option>其他</option>
</select><br><br><br><br><br><br><br><br>
 工作地选择（多选）：<br>
<select multiple="multiple" size="4">
    <option selected="selected">北京</option>
    <option selected="selected">上海</option>
    <option>广州</option>
    <option>深圳</option>
    <option>武汉</option>
 </select><br><br>
</form>
</body>
</html>
```

例 7-8 中创建了两种不同的选择列表，第 1 个为最基本的下拉列表，第 2 个为设置了两个默认选项的多选下拉列表。

运行例 7-8，效果如图 7-9 所示。

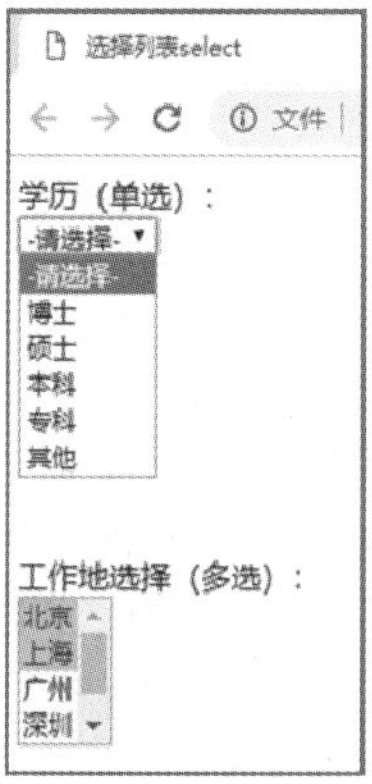

图 7-9 选择列表的使用效果

在选择列表中，还可以使用<optgroup></optgroup>标签对进行分组，下面通过一个具体的案例来演示选择列表分组的方法和效果，如例 7-9 所示。

**例 7-9** example09.html

```
<!DOCTYPE html>
<html>
<head>
<meta charset="UTF-8">
<title>选择列表分组</title>
```

```
</head>
<body>
 <form action="#" method="post">
  专业年级：<br>
    <select>
     <optgroup label="计算机应用">
      <option>大一</option>
      <option>大二</option>
      <option>大三</option>
      <option>大四</option>
    </optgroup>
    <optgroup label="计算机网络">
     <option>大一</option>
     <option>大二</option>
     <option>大三</option>
     <option>大四</option>
    </optgroup>
   </select>
 </form>
</body>
</html>
```

在例 7-9 中，<optgroup>标签用于定义选项组，必须嵌套在<select>标签中，一对<select>标签中可以包含多对<optgroup>标签。需要注意的是，<optgroup>标签中必须用<label>标签来定义具体的组名。

运行例 7-9，效果如图 7-10 所示，单击下拉按钮时，可以清晰地看到分组信息。

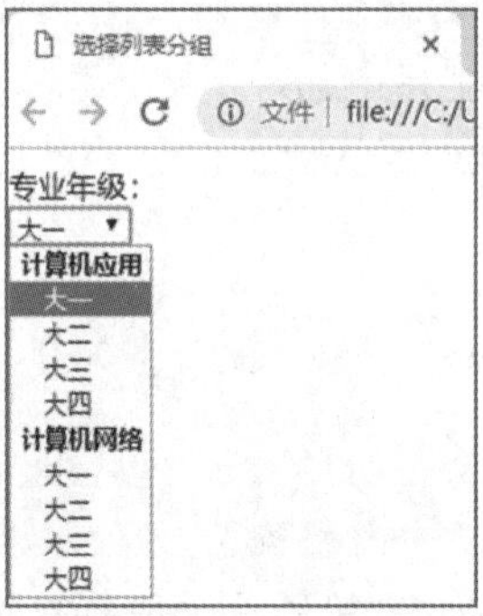


图 7-10　选项列表分组的使用效果

### 7.3.3　<datalist>标签

<datalist>标签应与<input>标签配合使用，用来定义<input>标签中可供选择的值，列表通过<datalist>标签内的<option>标签进行创建。如果用户不希望从列表中选择某项，则可以自行输入其他内容。在使用<datalist>标签时，需要通过 id 属性为其指定一个唯一的标识，并为<input>标签指定 list 属性，将该属性值设置为<option>标签对应的 id 属性值即可。

<datalist>标签应用示例如例 7-10 所示。

**例 7-10**　example10.html

```
<!DOCTYPE html>
```

```
<html>
<head>
<meta charset="UTF-8">
<title>datalist 元素的使用</title>
</head>
<body>
 <form action="#"method="post">
  请选择浏览器:
   <input type="text" list="browsers">
      <datalist id="browsers">
        <option value="Internet Explorer"></option>
        <option value="Firefox"></option>
        <option value="Chrome"></option>
        <option value="Opera"></option>
        <option value="Safari"></option>
   </datalist>18
  </form>
</body>
</html>
```

运行例 7-10，效果如图 7-11 所示。

图 7-11　<datalist>标签的使用效果

### 7.3.4　<label>标签

扫码观看视频

<label>标签用于为标注（标签）文本与<input>标签建立关联，当用户在<label>标签内单击标注文本时，就会触发绑定的 input 控件，此时浏览器就会自动将焦点转到相关的表单控件上。

<label>标签不会向用户呈现任何特殊效果，但它方便鼠标单击使用，可以增强用户的操作体验。其应用示例如例 7-11 所示。

需要注意的是，<label>标签的 for 属性应当与相关元素的 id 属性相同。

**例 7-11**　example11.html

```
<!DOCTYPE html>
<html>
<head>
<meta charset="UTF-8">
```

```
<title>label 元素的使用</title>
</head>
<body>
<form action="#" method="get">
  <label for="usename">用户名</label>
  <input type="text" name="name" id="usename">
  <br><br>
  性别:
 <input type="radio" name="sex" id="male">
 <label for="male">男</label>
 <input type="radio" name="sex" id="female">
 <label for="female">女</label>
</form>
</body>
</html>
```

例 7-11 中的代码给标签文字“用户名”“男”和“女”设置了 for 属性，并给文本框和单选按钮设置了 id 属性，通过让两者的 for 和 id 属性值一致对两者进行了关联。因此，单击文字“用户名”可以选中后面的文本框，单击文字“男”或“女”可以相应选中其前面的单选按钮。

运行例 7-11，效果如图 7-12 所示。

图 7-12 <label>标签的使用效果

在网页中，<label>标签结合 checked 属性可以实现一些特殊的效果，如对象的隐藏和显示，示例如例 7-12 所示。

**例 7-12** example12.html

```
 <!DOCTYPE html>
 <html>
<head>
    <meta charset="UTF-8">
    <title>checked 的应用</title>
    <style type="text/css">
        nav ul{
            list-style: none;
        }
        nav ul li{
           display: inline-block;
           padding: 20px;
        }
        nav ul li a{
           text-decoration: none;
           font-family: "微软雅黑";
```

```
            color: gray;
        }
        nav ul li a:hover{
            color: black;
            font-weight: bold;
            cursor: pointer;
        }
        /*1.菜单初始时是隐藏起来的*/
        nav{
            display: none;
        }
        /*2.单击 menu 或者 checkbox,下面的菜单显示出来*/
        #menu:checked ~nav{
            display: block;
        }
        /*3.checkbox 不好看,把它隐藏起来*/
        #menu{
            display: none;
        }
        /*4.美化菜单按钮,将“菜单”改成汉堡包按钮样式*/
    </style>
</head>
<body>
    <label for="menu" id="menutag">
        <img src="images/tag.png" alt="" />
    </label>
    <input type="checkbox" id="menu"/>
    <nav>
        <ul>
            <li><a href="#">首页</a></li>
            <li><a href="#">学院概况</a></li>
            <li><a href="#">招生就业</a></li>
            <li><a href="#">学生风采</a></li>
            <li><a href="#">新青年下乡</a></li>
            <li><a href="#">联系我们</a></li>
        </ul>
    </nav>
</body>
</html>
```

运行例 7-12，初始效果如图 7-13 所示，可以看到页面中的导航文字隐藏了，只看到了图片。

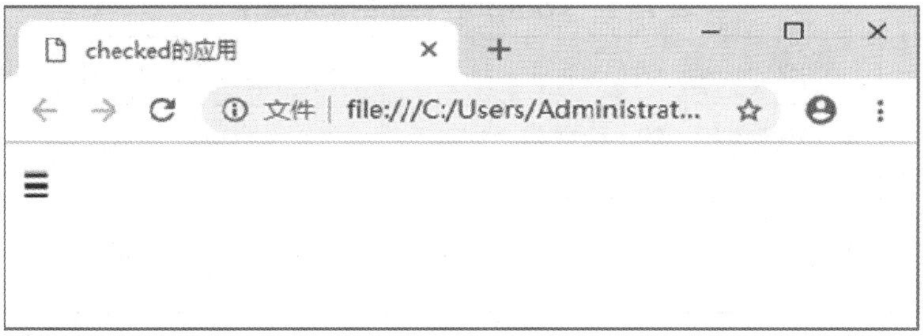


图 7-13　初始效果

单击左上方的图片，隐藏的导航文字即可出现，效果如图 7-14 所示。

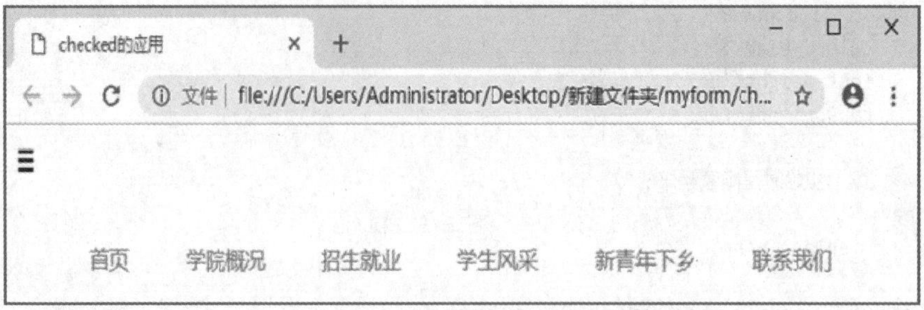


图 7-14　单击图片后的效果

### 7.3.5　<keygen>标签

<keygen>标签规定了用于表单的密钥对生成器字段。当提交表单时，私钥存储在本地，公钥发送到服务器。

<keygen>标签拥有多个属性，其常用属性如表 7-6 所示。

表 7-6　<keygen>标签的常用属性

| 属性 | 说明 |
| --- | --- |
| autofocus | 使 keygen 字段在页面加载时获得焦点 |
| challenge | 如果使用，则将 keygen 的值设置为提交时询问 |
| disabled | 禁用 keytag 字段 |
| form | 定义该 keytag 字段所属的一个或多个表单 |
| keytype | 定义使用哪种密钥生成算法。其值有 3 种，即 rsa/asa/ec，默认值为 rsa |
| name | 定义 keygen 元素的唯一名称。name 属性用于在提交表单时搜集字段的值 |

### 7.3.6　<output>标签

<output>标签用于不同类型的输出，可以在浏览器中显示计算结果或脚本输出。其常用属性如表 7-7 所示。

表 7-7　<output>标签的常用属性

| 属性 | 说明 |
| --- | --- |
| for | 定义输出域相关的一个或多个标签 |
| form | 定义输入字段所属的一个或多个表单 |
| name | 定义对象的唯一名称 |

关于<keygen>标签和<output>标签及其相关属性，读者只需了解即可。

# 7.4 表单新增属性

HTML5 不但增加了表单元素、表单类型，还增加了一些表单属性，表单的新增属性如表 7-8 所示。

表 7-8　表单的新增属性

| 新增属性 | 说明 |
| --- | --- |
| autofocus | 页面加载时，控件自动获得焦点 |
| form | 通过<from>标签的 id 使表单之外的控件与表单建立关联 |
| list | 值为某个<datalist>标签的 id，指定输入框中的选项列表，也可以输入值 |
| multiple | 指定输入框是否可以选择多个值，适用于 email 和 file 控件类型 |
| min、max 和 step | 指定输入框所允许的最小值、最大值和步长 |
| pattern | 正则表达式，值为字符串，规定输入内容必须满足某种条件 |
| placeholder | 显示输入框提示语（值） |
| required | 规定输入框中的内容不能为空 |

### 1. autofocus 属性

autofocus 属性规定了当页面加载时<input>标签应该自动获得焦点。其应用示例如例 7-13 所示。

**例 7-13**　example13.html

```
<!DOCTYPE html>
<html>
<head>
<meta charset="UTF-8">
<title>autofocus 属性的使用</title>
</head>
<body>
<form action="#" method="get">
  用户名:
  <input type="text" name="username" autofocus>
</form>
</body>
</html>
```

运行例 7-13，效果如图 7-15 所示。

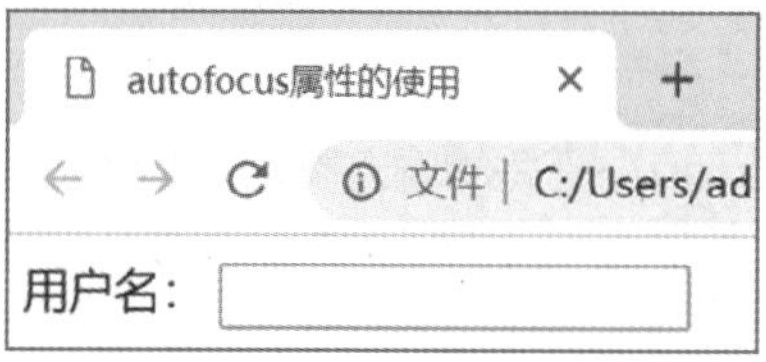


图 7-15　autofocus 属性的使用效果

### 2. form 属性

在 HTML5 之前，表单的元素必须写在表单内部，即写在<form>< / form>标签对之间。在提交表单时，会将页面中不是表单子标签的控件直接忽略掉。

在 HTML5 中，可以把表单内的元素写在页面中的任何位置，只需为该元素指定 form 属性并设置属性值为要关联表单的 id 即可。其应用示例如例 7-14 所示。此外，form 属性允许规定一个表单控件从属于多个表单。

**例 7-14** example14.html

```
<!DOCTYPE html>
<html>
<head>
<meta charset="UTF-8">
<title>form 属性的使用</title>
</head>
<body>
<form id="myform">
  请输入您的姓名:
  <input type="text" name="username" />
  <input type="submit" value="提交" />
 </form>
  <p>下面文本框在 form 元素外，但是通过给下面文本框设置 form 属性，form 属性值为上面表单的 id,建立了两者之间的关联，因此下面的元素仍然是属性 form 的一部分</p>
请输入您的信息:
<input type="text" name="message"" form="myform" /><br>
 </body>
 </html>
```

运行例 7-14，效果如图 7-16 所示，输入信息后，单击“提交”按钮，在浏览器的地址栏中可以看到“username=aa&name_1=bb”的字样，表示服务器端接收到“username=aa”和“name_1=bb”的数据。

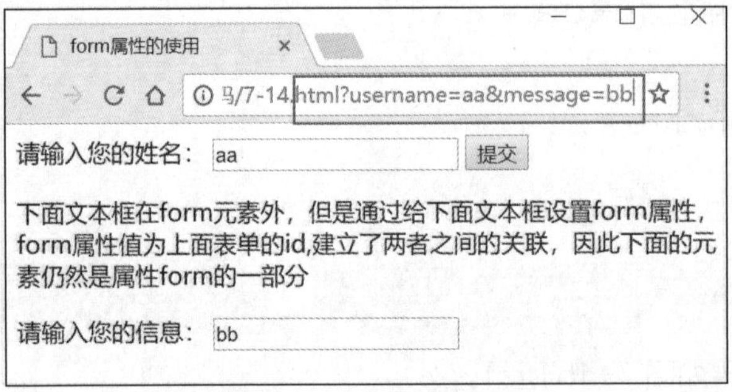


图 7-16　form 属性的使用效果

**注意**　form 属性适用于所有<input>标签的输入类型，在使用时，只需引用所属表单的 id 即可。

### 3. list 属性

list 属性用于指定输入框所绑定的<datalist>标签，其值是某个<datalist>标签的 id。其应用示例如例 7-15 所示。

**例 7-15** example15.html

```
<!DOCTYPE html>
```

```
<html>
<head>
<meta charset="UTF-8">
<title>list 属性的使用</title>
</head>
<body>
<form action="#" method="post">
  请输入城市:
  <input type="text" list="city_list" name="city" >
  <datalist id="city_list">
    <option label="北京" value="北京"></option>
    <option label="上海" value="上海"></option>
    <option label="广州" value="广州"></option>
    <option label="武汉" value="武汉"></option>
    </datalist>
   <input type="submit" value="提交" >
</form>
</body>
</html>
```

例 7-15 中将文本框元素的 list 属性指定为<datalist>标签的 id 值，加载网页时，既可以自己手动在文本框中输入城市名，也可以在下拉列表中选择城市。

运行例 7-15，效果如图 7-17 所示。

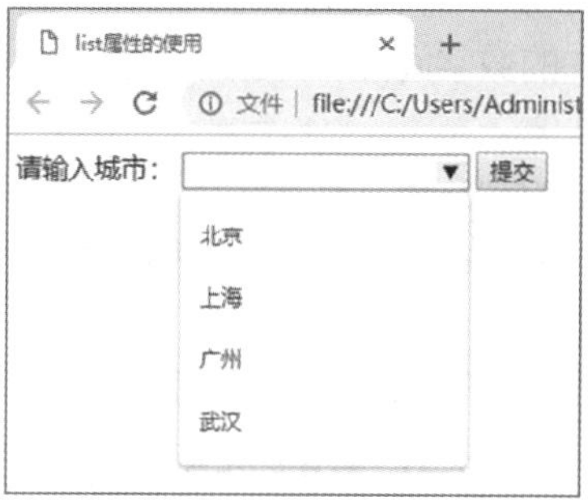


图 7-17　list 属性的使用效果

### 4. multiple 属性

multiple 属性指定了输入框可以选择多个值，多个值间用逗号相隔。该属性适用于 email 和 file 类型的<input>标签。其应用示例如例 7-16 所示。

**例 7-16**　example16 .html

```
<!DOCTYPE html>
<html>
<head>
<meta charset="UTF-8">
<title>multiple 属性的使用</title>
</head>
<body>
<form action="#" method="get">
电子邮箱: <input type="email" name="myemail"
multiple="true" >  (如果电子邮箱有多个，请使用逗号分隔)<br><br>
```

```
上传照片：<input type="file" name="selfile" multiple="true" ><br><br>
<input type="submit" value="提交" >
</form>
</body>
</html>
```

运行例 7-16，效果如图 7-18 所示。

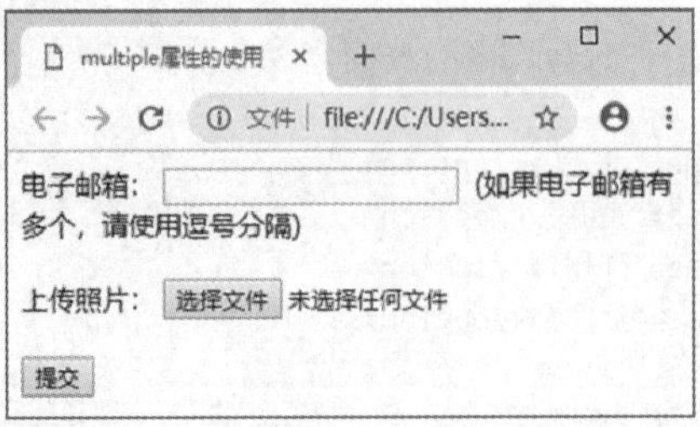


图 7-18　multiple 属性的使用效果

### 5. min、max 和 step 属性

min、max 和 step 属性为包含数字或日期的<input>标签输入类型规定了范围及步长，适用于<date>、<pickers>、<number>和<range>标签，其具体属性说明如下。

（1）max：规定输入框所允许的最大输入值。

（2）min：规定输入框所允许的最小输入值。

（3）step：为输入框规定合法的数字间隔，如果不设置，则其默认值为 1。

### 6. pattern 属性

正则表达式是以^开头、$结尾的字符串，规定输入内容必须满足何种条件。pattern 属性适用于类型是 text、search、url、tel、email 和 password 的<input>标签。

扫码观看视频

常用的正则表达式如表 7-9 所示，其应用示例如例 7-17 所示。

**表 7-9　常用的正则表达式**

| 正则表达式 | 说明 |
|---|---|
| ^[0-9]*$ | 数字 |
| ^\d{n}$ | *n* 位数字 |
| ^\d{n,}$ | 至少 *n* 位的数字 |
| ^\d{m,n}$ | *m*~*n* 位的数字 |
| ^(0\|[1-9][0-9]*)$ | 零和非零开头的数字 |
| ^([1-9][0-9]*)+(.[0-9]{1,2})?$ | 非零开头的最多带两位小数的数字 |
| ^(\-\|\+)?\d+(\.\d+)?$ | 正数、负数和小数 |
| ^\d+$或^[1-9]\d*\|0$ | 非负整数 |
| ^-[1-9]\d*\|0$或^((-\d+)\|(0+))$ | 非正整数 |
| ^[\u4e00-\uu9fa5]{0,}$ | 汉字 |

续表

| 正则表达式 | 说明 |
|---|---|
| ^[a-zA-Z0-9]+$或^[A-Za-z0-9]{4,40}$ | 英文和数字 |
| ^[a-zA-Z]+$ | 由 26 个英文字母组成的字符串 |
| ^[a-zA-Z0-9]+$ | 由数字和 26 个英文字母组成的字符串 |
| ^\w+$或^\w{3,20}$ | 由数字、26 个英文字母或下划线组成的字符串 |
| ^[\u4E00-\u9FA5A-Za-z0-9_]+$ | 中文、英文、数字，包括下划线 |
| ^\w+([-+.]\w+)*@\w+([-.]\w+)*\.\w+([-.]\w+)*$ | E-mail 地址 |
| [a-zA-Z]+://[^\s]或^http://([\w-]+\.)+[\w-]+(/[\w-./?%&=]*)?$ | URL 地址 |
| ^\d{15}\|\d{18}(x\|X)?$ | 身份证号（15 位或 18 位数字） |
| ^([0-9]){7,18}{x\|X}?$或^\d{8,18}\|[0-9x]{8,18}\|[0-9X]{8,18}?$ | 以数字、字母 X 结尾的短身份证号 |
| ^[a-zA-Z][a-zA-Z0-9_]{4,15}$ | 账号是否合法（字母开头，允许为 5～16 字节，允许为字母、数字和下划线） |
| ^[a-zA-Z]\w{5,17}$ | 密码（以字母开头，长度为 6～18，只能包含字母、数字和下划线） |

**例 7-17** example17.html

```
<!DOCTYPE html>
<html>
<head>
<meta charset="UTF-8">
<title>pattern 属性</title>
</head>
<body>
<form action="#" method="get">
  账    号:
  <input type="text" name="username" pattern="^[a-zA-Z][a-zA-Z0-9_]{4,15}$" />
  (字母开头，允许为 5~16 字节，允许为字母、数字和下划线)<br>
  密    码:
  <input type="password" name="pwd" pattern="^[a-zA-Z]\w{5-19}$" >
  (以字母开头，长度为 6~18，只能包含字母、数字和下划线)<br>
  身份证号:
 <input type="text" name="mycard" pattern="^\d{15}|\d{18}(x|X)?$" >(15 位、18 位数字)<br><br>
   <input type="submit" value="提交" >
</form>
</body>
</html>
```

运行例 7-17，效果如图 7-19 所示。

当输入的内容与所定义的正则表达式格式不相匹配时，单击“提交”按钮，会出现提示信息。

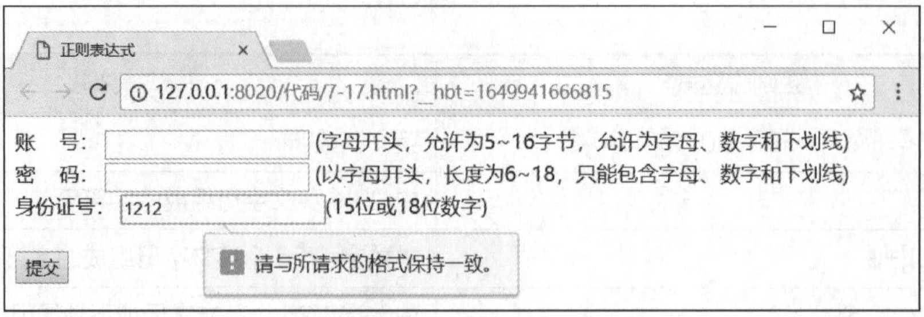


图 7-19　pattern 属性的使用效果

### 7. placeholder 属性

placeholder 属性用于为<input>标签的输入框提供相关提示信息。该属性适用于类型为 text、search、url、tel、email 及 password 的<input>标签。其应用示例如例 7-18 所示。

例 7-18　example18.html

```
<!DOCTYPE html>
<html>
<head>
<meta charset="UTF-8">
<title>placeholder 属性</title>
</head>
<body>
<form action="#" method="get">
用户名：<input type="text" name="username" placeholder="请输入用户名"><br>
<input type="submit" value="提交" >
</form>
</body>
</html>
```

运行例 7-18，效果如图 7-20 所示。

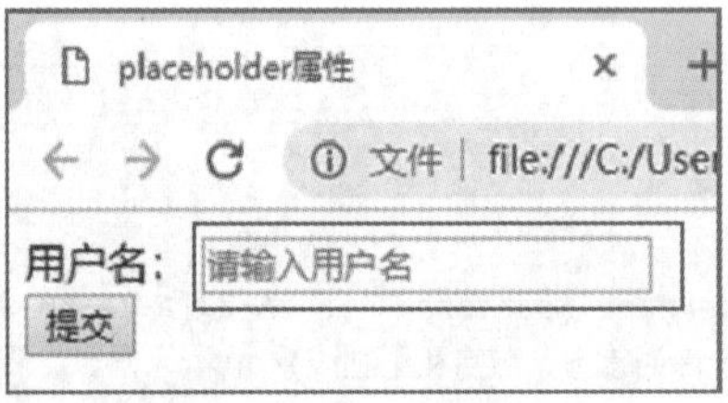


图 7-20　placeholder 属性的使用效果

### 8. required 属性

required 属性用于规定输入框填写的内容不能为空，否则不允许用户提交表单。其应用示例如例 7-19 所示。

例 7-19　example19.html

```
<!DOCTYPE html>
<html>
<head>
<meta charset="UTF-8">
```

```
<title>required 属性</title>
</head>
<body>
<form action="#" method="get">
账号：<input type="text" name="username" required="required" >
<input type="submit" value="提交" >
</form>
</body>
</html>
```

例 7-19 中的代码为<input>标签指定了 required 属性，当输入框中内容为空时，单击“提交”按钮，将会出现提示信息。运行例 7-19，效果如图 7-21 所示。用户必须在输入内容后，才允许提交表单。

图 7-21　required 属性的使用效果

## 7.5 表单样式案例——用户登录页面

用户登录页面是网页最常见的页面之一，本节将通过制作一个简单的用户登录页面来巩固表单内容知识点。用户登录页面效果如图 7-22 所示。

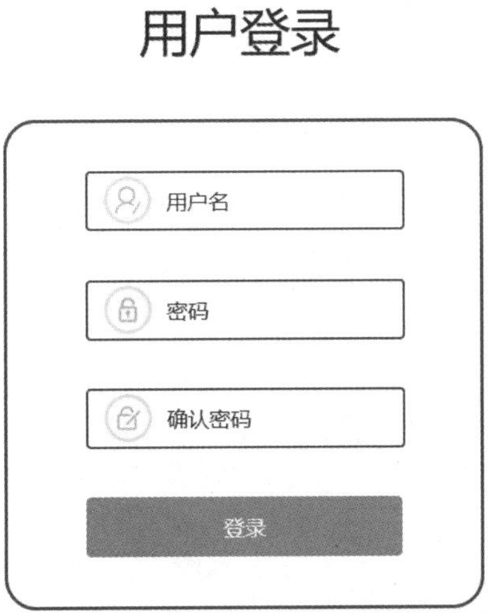


扫码观看视频

图 7-22　用户登录页面效果

图 7-22 所示页面分为标题和表单两部分，其 HTML 结构代码如例 7-20 所示。

例 7-20 example20.html

```
<!DOCTYPE html>
<html>
<head>
  <meta charset="UTF-8">
  <title>用户登录页面</title>
  <link rel="stylesheet" type="text/css" href="style.css">
</head>
<body>
 <div class="bg">
   <header>用户登录</header>
   <form action="#"  method="post" class="content">
      <input type="text" value="用户名"/>
      <input type="text" value="密码"/>
      <input  type="text" value="确认密码"/>
      <input type="submit" value="登录"/>
   </form>
 </div>
</body>
</html>
```

例 7-20 中的代码使用<header>标签和<form>标签的不同控件进行了整体布局。

运行例 7-20，效果如图 7-23 所示。

图 7-23 页面结构效果

为了使页面更加美观，接下来使用 CSS 对其进行修饰，具体代码如下。

```
/*全局控制*/
*{
   margin:0;
   padding:0;
   list-style:none;
 }
body{
   font-family:16px "微软雅黑";
 }
/* 登录属性设置 */
.bg{
   width:300px;
   margin:0px auto;
```

```
 }
header{
    height:50px;
    text-align:center;
    font-size: 32px;
    line-height: 50px;
    margin:30px 0;
 }
form{
    width:300px;
    height:300px;
    border:2px solid #333;
    border-radius: 20px;
 }
form input{
    width:100px;
    margin:30px 50px 0;
    border:1px solid #4c1e06;
    border-radius:3px;
    padding:10px 50px;
    background:#ccc;
 }
input:nth-child(1){
    background: url(images/user.png) no-repeat 10px 2px;
    background-size: 30px 30px;
 }
input:nth-child(2){
    background: url(images/key1.png) no-repeat 10px 2px;
    background-size: 30px 30px;
 }
input:nth-child(3){
    background: url(images/key2.png) no-repeat 10px 2px;
    background-size: 30px 30px;
 }
input:nth-child(4){
    width:200px;
    background:#F56707;
    border:none;   /* 去掉边框*/
    color:white;
 }
input:nth-child(4):hover{
    background:#4c1e06;
}
```

保存 HTML 文件，刷新页面，效果如图 7-22 所示。

扫码观看视频

## 7.6 阶段案例——制作用户注册页面

本章前几节重点讲解了表单及其属性、常见的表单控件及其属性，为了更好地巩固表单知识，本节利用相关知识点制作一个用户注册页面，其效果如图 7-24 所示。

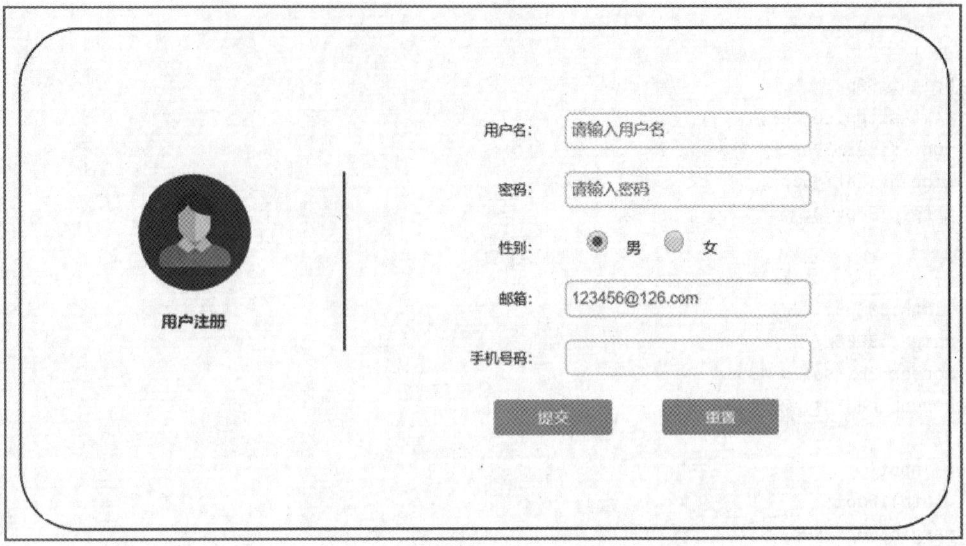


图 7-24　用户注册页面效果

### 7.6.1　分析效果图

#### 1. 结构分析

观察图 7-24 所示的效果，可以看出此页面整体上可以通过一个<div>大盒子控制，大盒子分为左边的图片文字和右边的表单区域。其中，表单每一行由左右两部分构成，左边为提示信息，由<span>标签控制；右边为具体的表单控件，由<input>标签布局。用户注册页面结构如图 7-25 所示。

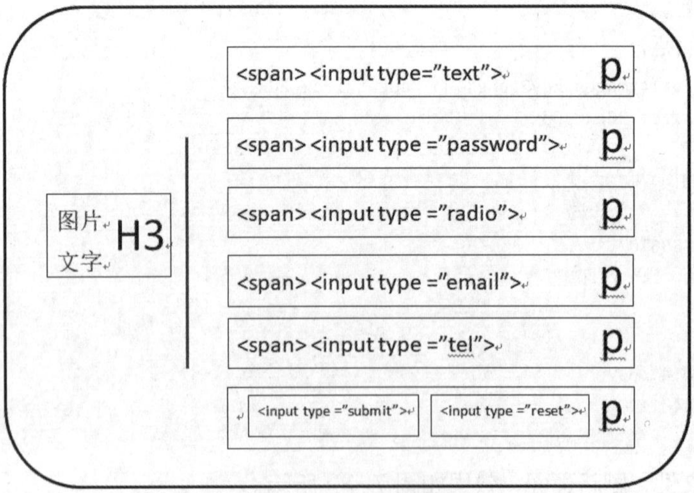


图 7-25　用户注册页面结构

#### 2. 样式分析

图 7-25 所示效果的样式实现主要分为以下几个部分。

（1）通过最外层的大盒子对页面进行整体控制，对其设置宽高、居中及相对定位。

（2）通过<h3>标签设置标题文字，对其进行背景图片及大小、位置的设置。

（3）通过<form>标签对表单进行整体控制，对其设置宽高、边距、边框样式及绝对定位。

（4）通过<p>标签控制每一行的信息，对其设置外边距样式。

（5）通过<span>标签控制提示信息，将其转换为行内块元素，对其设置宽度、内边距及右对齐。

（6）通过<input>标签控制输入框的宽高、内边距和边框样式。

（7）对两个按钮进行宽高、外边距及鼠标放置在按钮上方时背景颜色变化的设置。

### 7.6.2 制作页面

根据上面的分析，使用相应的 HTML 标签来搭建页面结构，如例 7-21 所示。

**例 7-21** example21.html

```
<!DOCTYPE html>
<html>
<head>
<meta charset="UTF-8">
<title>用户注册</title>
</head>
<body>
<div class="form">
<div class="bg">
  <h3>用户注册</h3>
</div>
<form action="#" method="post">
  <p>
    <span>用户名：</span>
    <input type="text" name="username" placeholder="请输入用户名"/>
  </p>
  <p>
    <span>密码：</span>
    <input type="password" name="psd" placeholder="请输入密码"/>
  </p>
  <p>
    <span>性别：</span>
    <input type="radio" name="sex" id="male" checked="checked"/><label for="male">男</label>
    <input type="radio" name="sex" id="female"/><label for="female">女</label>
  </p>
  <p>
    <span>邮箱：</span>
    <input type="email" name="myemail" placeholder="123456@126.com"/>
  </p>
  <p><span>手机号码：</span><input type="tel" name="telphone" pattern="^\d{11}$" required/></p>
  <p class="btn">
    <input type="submit" value="提交"/>
    <input type="reset" value="重置"/>
  </p>
 </form>
</div>
</body>
</html>
```

运行例 7-21，效果如图 7-26 所示。

图 7-26　HTML 页面结构效果

### 7.6.3　定义 CSS 样式

搭建完页面的结构后，接下来使用 CSS 对页面进行修饰，具体如下。

```
/*全局控制*/
*{padding:0; margin:0; border:0; }
body{font-size:12px; font-family:"微软雅黑";}
.form{
     width:800px;
     margin:50px auto;
     border:1px solid;
     border-radius:50px;
     position:relative; /*设置相对定位*/
 }
.bg{
    width:300px;
    height:300px;
   }
.bg h3{
     width:100px;
     color:#09435b;
     padding-right:80px;
     border-right: 2px solid #09435b;
     text-align:center;
     background:url(images/user.png) no-repeat;  /*添加背景图片*/
     background-size: 100px;
     padding-top: 100px;
     line-height: 50px;
     margin:120px 0 0 100px;
  }
 form{
     width:400px;
```

```
        height:400px;
        margin:0 auto;
        position:absolute;    /*设置绝对定位*/
       top:50px;
        right:30px;
    }
    p{margin-top:20px;}
    p span{
        width:80px;
        display:inline-block;  /*将行内标签转换为行内块标签*/
        text-align:right;
        padding-right:20px;
    }
    p input{
        width:200px;
        height:18px;
        border:1px solid #ccc;
        border-radius:5px;
        padding:5px;  /*设置输入框与输入内容之间拉开一些距离*/
    }
    #male,#female{
        width:50px;
    }
    .lucky input{
        width:100px;
        height:24px;
    }
    .btn>input{
        width:100px;
        height:30px;
        background:#76bd45;
        margin-left:40px;
        border-radius:3px;
        border:none;
        font-family:"微软雅黑";
        color:#fff;
    }
    .btn>input:hover{
        background:#f04d4e;
    }
```

至此，完成了用户注册页面的 CSS 样式的设置，将该样式应用于网页后，效果如图 7-22 所示。

## 本章小结

本章先介绍了表单的构成及创建方法，重点讲解了<input>标签及其相关属性，并介绍了<textarea>、<select>、<datalist>、<label>等标签中的重要元素，再通过两个综合案例巩固了表单的相关知识点。

# 第 8 章
# HTML5 音视频技术

**学习目标**

- 了解 HTML5 支持的音频和视频格式。
- 掌握在 HTML5 页面中添加视频文件的技术。
- 掌握在 HTML5 页面中添加音频文件的技术。
- 了解 HTML5 中视频、音频的常见操作，并能够应用到网页制作中。

在网络传输速度越来越快的今天，音频和视频技术已经被越来越广泛地应用在网页设计中，比起静态的图片和文字，音频和视频可以为用户提供更直观、更丰富的信息。本章将对如何在 HTML5 中嵌入视频和音频进行详细讲解。

扫码观看视频

## 8.1 HTML5 支持的视频和音频格式

运用 HTML5<video>和<audio>标签可以在页面中嵌入视频或音频文件，如果想要使这些文件在页面中加载播放，则需要设置正确的多媒体格式。下面具体介绍 HTML5 支持的视频和音频格式。

### 8.1.1 <video>标签支持的视频格式

在 HTML5 中，<video>标签支持 Ogg、MPEG4、WebM 3 种视频格式，具体介绍如下。

（1）Ogg：带有 Theora 视频编码和 Vorbis 音频编码的 Ogg 文件。

（2）MPEG4：带有 H.264 视频编码和 AAC 音频编码的 MPEG4 文件。

（3）WebM：带有 VP8 视频编码和 Vorbis 音频编码的 WebM 文件。

目前，主流浏览器对这 3 种视频格式的支持情况如表 8-1 所示。

**表 8-1 主流浏览器对视频格式的支持情况**

| 视频格式 | IE | Firefox | Opera | Chrome | Safari |
|---|---|---|---|---|---|
| Ogg | × | 3.5+ | 10.5+ | 5.0+ | × |
| MPEG 4 | 9.0+ | × | × | 5.0+ | 3.0+ |
| WebM | × | 4.0+ | 10.6+ | 6.0+ | × |

### 8.1.2 <audio>标签支持的音频格式

在 HTML5 中，<audio>标签支持 Ogg Vorbis、MP3、WAV 3 种音频格式，具体介绍如下。

（1）Ogg Vorbis：类似于 AAC 的另一种免费、开源的音频编码，是用于替代 MP3 的下一代音频压缩技术。

（2）MP3：一种音频压缩技术，其全称是动态影像专家压缩标准音频层面 3（Moving Picture Experts Group Audio Layer III），可以大幅度地降低音频数据量。

（3）WAV：录音时使用的标准的 Windows 文件格式，文件的扩展名为.wav，数据本身的格式为 PCM 或压缩型，属于无损音频格式的一种。

目前，主流浏览器对音频格式的支持情况如表 8-2 所示。

**表 8-2　主流浏览器对音频格式的支持情况**

| 音频格式 | IE9+ | Firefox3.5+ | Opera10.5+ | Chrome3.0+ | Safari3.0+ |
|---|---|---|---|---|---|
| Ogg Vorbis | | √ | √ | √ | × |
| MP3 | √ | × | × | √ | √ |
| WAV | | √ | √ | × | √ |

通过这一节的学习，我们已经对 HTML5 中视频和音频的相关知识有了初步了解。接下来将进一步讲解视频文件和音频文件的嵌入方法，使读者能够熟练地将 video 元素和 audio 元素创建的视频和音频应用到网页设计中。

扫码观看视频

## 8.2 在 HTML5 中嵌入视频文件

在 HTML5 之前，网页中只能处理文字和图像数据，HTML5 为网页提供了处理视频数据的能力，例如，使用<video>标签来定义视频播放器，<video>标签的控制栏实现了包括播放、暂停、进度和音量控制、全屏等之内的功能，更重要的是用户可以自定义这些功能和控制栏的样式。

在 HTML5 中，<video>标签用于定义播放视频文件的基本语法格式如下。

```
<video src="视频文件路径" controls="controls"></video>
```

在上面的语法格式中，src 属性用于设置视频文件的路径，controls 属性用于为视频提供播放控件，这两个属性是<video>标签的基本属性。此外，<video></video>标签对之间可以插入文字，用于在不支持<video>标签的浏览器中显示。<video>标签的常用属性如表 8-3 所示。

**表 8-3　<video>标签的常用属性**

| 属性 | 值 | 说明 |
|---|---|---|
| src | url | 要播放的视频的 URL |
| poster | url | 视频封面，规定视频下载时显示的图像，或者在用户单击播放按钮前显示的图像 |
| preload | preload | 如果出现该属性，则视频在页面加载时进行加载，并预备播放。如果使用 autoplay，则忽略该属性 |
| autoplay | autoplay | 如果出现该属性，则视频在就绪后马上播放 |
| loop | loop | 如果出现该属性，则当文件完成播放后再次开始播放 |
| controls | controls | 如果出现该属性，则向用户显示控件，如播放按钮 |
| muted | muted | 规定视频的音频输出应该被静音 |
| width | pixels | 设置视频播放器的宽度 |
| height | pixels | 设置视频播放器的高度 |

为了使视频能够在各个浏览器中正常播放，往往需要提供多种格式的视频文件。在 HTML5 中，运用<source>标签可以为<video>标签提供多个备用文件。运用<source>标签添加视频的基本语法格式如下。

```
<video controls="controls">
     <source src="视频文件地址" type="媒体文件类型/格式">
     <source src="视频文件地址" type="媒体文件类型/格式">
     …
</video>
```

在上面的语法格式中，可以指定多个<source>标签为浏览器提供备用的视频文件。<source>标签一般设置如下两个属性。

（1）src：用于指定媒体文件的 URL 地址。

（2）type：用于指定媒体文件的类型。

例如，为页面添加一个在 Firefox4.0 和 IE9 中都可以正常播放的视频文件的代码如下。

```
<video controls="controls">
    <source src="video/my.ogg" type="video/ogg">
    <source src="video/my.mp4" type="video/mp4">
</video>
```

在上面的示例代码中，Firefox4.0 支持 Ogg 格式的视频文件，IE9 支持 MPECJ4 格式的视频文件。

下面通过一个案例来演示在 HTML5 中嵌入视频的方法，如例 8-1 所示。

**例 8-1**　example01.html

```
<!DOCTYPE html>
<html>
<head>
      <meta charset="UTF-8">
      <title>在 HTML5 中嵌入视频</title>
 </head>
 <body>
    <video width="600" height="256"  autoplay="autoplay"  controls="controls" muted="muted">
          <source src="video/myVideo.mp4" type="video/mp4">
          <source src="video/myVideo.ogg" type="video/ogg">
          <source src="video/myVideo.webm" type="video/webm">
          当前浏览器不支持 video 直接播放
    </video>
  </body>
</html>
```

在例 8-1 中，第 9～11 行代码是通过<video>标签来嵌入视频。从表 8-1 可以看出，目前没有一种视频格式能够使所有浏览器都支持。因此，为了让不同浏览器用户能够访问相同内容的视频文件，嵌入网页中的这个视频文件需要事先准备.Ogg、.MP4、.WebM 这 3 种格式。同时，通过<video>标签嵌入视频时，需要通过多行<source>标签引入要播放的视频的 URL。

在 HTML5 中，经常会通过为<video>标签添加宽高的方式给视频预留一定的空间，这样浏览器在加载页面时就会预先确定视频的尺寸，为其保留合适的空间，使页面的布局不产生变化。例 8-1 中，运用<video>标签的 width 属性设置视频文件的宽度为 600px，运用 height 属性设置视频文件的高度为 256px。

运行例 8-1，效果如图 8-1 所示。

图 8-1 所示为视频设置了自动播放的状态，页面底部是浏览器添加的视频控件，用于控制视频播放的状态，单击❚❚按钮即可暂停播放视频。

如果在例 8-1 的基础上对<video>标签添加“loop="loop"”属性，则视频文件会自动循环播放。

图 8-1　嵌入视频的效果

**注意**　**使用最新版本浏览器时需要注意，只有添加<video>标签的 muted 属性对视频进行静音处理后，才可以保证 autoplay="autoplay"设置有效，即视频才可以自动播放；否则，即使对<video>标签设置了 autoplay 属性，视频文件也不会自动播放。**

## 8.3 在 HTML5 中嵌入音频文件

扫码观看视频

在 HTML5 中，<audio>标签用于定义播放音频文件的标准，它支持 3 种音频格式，分别为 Ogg、MP3 和 WAV。其基本语法格式如下。

```
<audio src="音频文件路径" controls="controls"></audio>
```

在上面的语法格式中，src 属性用于设置音频文件的路径，controls 属性用于为音频提供播放控件，这和<video>标签的属性非常相似。同样，<audio></audio>标签对之间也可以插入文字，用于使不支持<audio>标签的浏览器显示音频。

<audio>标签的常用属性如表 8-4 所示。

**表 8-4　<audio>标签的常用属性**

| 属性 | 值 | 说明 |
| --- | --- | --- |
| src | url | 要播放的音频文件的 URL |
| preload | preload | 如果出现该属性，则音频在页面加载时进行加载，并预备播放。如果使用 autoplay，则忽略该属性 |
| autoplay | autoplay | 当页面载入完成后自动播放音频 |
| loop | loop | 循环播放 |
| controls | controls | 浏览器自带的播放控件 |
| muted | muted | 规定音频输出应该被静音 |

表 8-4 列举的<audio>标签的属性和<video>标签是相同的，所以这些相同的属性在嵌入音视频时是通用的。

为了使音频能够在各个浏览器中正常播放，往往需要提供多种格式的音频文件。在 HTML5 中，运用<source>标签可以为<audio>标签提供多个备用文件。<source>标签添加音频的方法与添加视频类似，只需要把<video>标签换成<audio>标签即可，具体语法格式如下。

```
<audio controls="controls">
    <source src="音频文件地址" type="媒体文件类型/格式">
    <source src="音频文件地址" type="媒体文件类型/格式">
    <source src="音频文件地址" type="媒体文件类型/格式">
```

```
    …
</audio>
```

在上面的语法格式中，可以指定多个<source>标签为浏览器提供备用的音频文件。src 用于指定媒体文件的 URL 地址，type 用于指定媒体文件的类型。

例如，为页面添加一个在 Firefox4.0 和 Chrome6.0 中都可以正常播放的音频文件的代码如下。

```
<audio controls="controls">
    <source src="music/mymusic.mp3" type="audio/mp3">
    <source src="music/mymusic.wav" type="audio/wav">
</audio>
```

在上面的代码中，由于 Firefox4.0 不支持 MP3 格式的音频文件，因此在网页中嵌入音频文件时，需要通过<source>标签指定一个 WAV 格式的音频文件，使其能够在 Firefox 4.0 中正常播放。

下面通过一个案例来演示在 HTML5 中嵌入音频的方法，如例 8-2 所示。

**例 8-2**　example02.html

```
<!DOCTYPE html>
<html>
 <head>
  <meta charset="UTF-8">
     <title>在 HTML5 中嵌入音频文件</title>
</head>
<body>
 <audio controls>
     <source  src="audio/mymusic.mp3">
     <source src="audio/mymusic.ogg">
     您的浏览器不支持此格式的音乐文件
  </audio>
</body>
</html>
```

在例 8-2 中，第 8～12 行代码的<audio>标签用于嵌入音频。

运行例 8-2，效果如图 8-2 所示，显示的是音频控件，用于控制音频文件的播放状态，单击“播放”按钮即可播放音频文件。

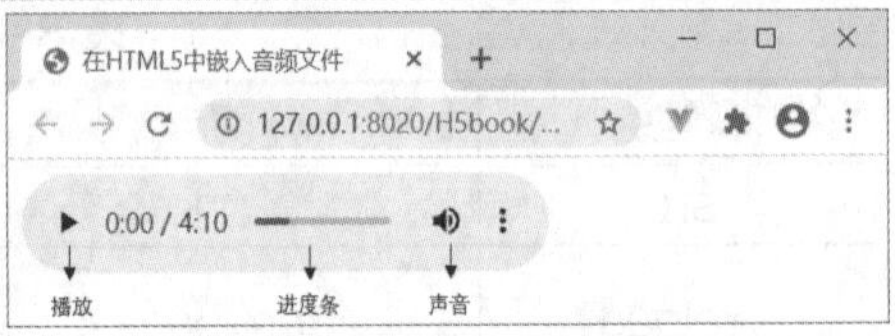


图 8-2　嵌入音频的效果

## 8.4 阶段案例——制作歌曲播放页面

扫码观看视频

### 8.4.1 分析效果图

为了加深读者对网页中嵌入音视频文件的理解和运用，本节将利用相关知识点通过案例的形式分步骤制作一个歌曲播放页面，其效果如图 8-3 所示。

分析图 8-3，歌曲播放页面分为上下两个模块，上面模块是歌曲和歌手的相关信息，下面模块是音乐控制模块。上面的模块由左右两部分组成，左边部分显示歌曲名称、演唱者、作词作曲者、歌手照片、下载歌曲按钮；右边部分显示对应歌曲的滚动歌词。歌曲播放页面结构如图 8-4 所示。

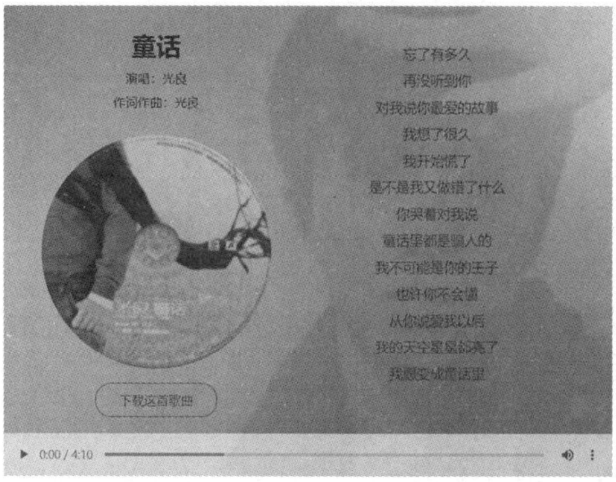


图 8-3　歌曲播放页面效果

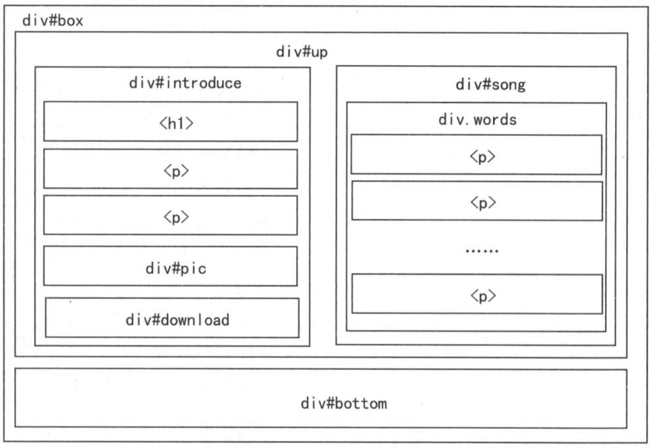


图 8-4　歌曲播放页面结构

## 8.4.2　制作页面

根据上面的分析，使用相应的 HTML 标签来搭建网页结构，如例 8-3 所示。

**例 8-3**　example03.html

```
<!doctype html>
<html>
    <head>
        <meta charset="utf-8">
        <title>歌曲播放页面</title>
        <link rel="stylesheet" href="css/mystyle.css" />
    </head>
    <body>
        <div id="box">
           <div id="up">
               <div id="introduce">
                   <h1>童话</h1>
                   <p>演唱：光良</p>
                   <p>作词作曲：光良</p>
                   <div id="pic"></div>
                   <div id="download">
                      <a href="#">下载这首歌曲</a>
                   </div>
               </div>
               <div id="song">
                   <div class="words">
                       <p> 忘了有多久 </p>
                       <p> 再没听到你 </p>
                       <p> 对我说你最爱的故事 </p>
                       <p> 我想了很久 </p>
                       <p> 我开始慌了 </p>
                       <p> 是不是我又做错了什么 </p>
                       <p> 你哭着对我说 </p>
                       <p> 童话里都是骗人的 </p>
                       <p> 我不可能是你的王子 </p>
```

```
                        <p> 也许你不会懂 </p>
                        <p> 从你说爱我以后 </p>
                        <p> 我的天空星星都亮了 </p>
                        <p> 我愿变成童话里 </p>
                        <p> 你爱的那个天使 </p>
                        <p> 张开双手变成翅膀守护你 </p>
                        <p> 你要相信 </p>
                        <p> 相信我们会像童话故事里 </p>
                        <p> 幸福和快乐是结局 </p>
                        <p> 一起写我们的结局 </p>
                        <p> 你哭着对我说 </p>
                        <p> 童话里都是骗人的 </p>
                        <p> 我不可能是你的王子 </p>
                        <p> 也许你不会懂 </p>
                        <p> 从你说爱我以后 </p>
                        <p> 我的天空星星都亮了 </p>
                        <p> 我愿变成童话里 </p>
                        <p> 你爱的那个天使 </p>
                        <p> 张开双手变成翅膀守护你 </p>
                        <p> 你要相信 </p>
                        <p> 相信我们会像童话故事里 </p>
                        <p> 幸福和快乐是结局 </p>
                        <p> 我要变成童话里 </p>
                        <p> 你爱的那个天使 </p>
                        <p> 张开双手变成翅膀守护你 </p>
                        <p> 你要相信 </p>
                        <p> 相信我们会像童话故事里 </p>
                        <p> 幸福和快乐是结局 </p>
                        <p> 我会变成童话里 </p>
                        <p> 你爱的那个天使 </p>
                        <p> 张开双手变成翅膀守护你 </p>
                        <p> 你要相信 </p>
                        <p> 相信我们会像童话故事里 </p>
                        <p> 幸福和快乐是结局 </p>
                        <p> 一起写我们的结局 </p>
                    </div>
                </div>
            </div>
            <div id="bottom">
                <audio src="audio/mymusic.mp3" autoplay="autoplay" loop="loop" controls=
"controls"></audio>
            </div>
        </div>
    </body>
</html>
```

例 8-3 中最外层的<div>标签用于对音乐播放页面进行整体控制，第 10～第 19 行代码用于展示页面歌曲信息、歌手信息和歌曲下载，第 13～第 67 行代码用于展示歌词，第 69～第 71 行用于嵌入音频播放器。

## 8.4.3 定义 CSS 样式

搭建完页面的结构后，接下来为页面添加 CSS 样式，样式文件名为 mystyle.css。本节采用从整体到局部的方式实现图 8-3 所示的效果，具体如下。

### 1. 定义基础样式

在定义 CSS 样式时，先要清除浏览器的默认样式，具体代码如下。

```
* {
    margin: 0;
    padding: 0;
}
```

### 2. 歌曲播放页面背景设计

通过一个大的 div#box 对歌曲播放页面进行整体控制，需要将其宽度设置为 800px，高度设置为 600px，使其显示在浏览器的中间水平位置；添加背景图片，让背景图片覆盖整个盒子，并设置溢出隐藏，具体代码如下。

```
#box {
    width: 800px;
    height: 600px;
    margin: 50px auto;
    background: url(../img/guangliang1.jpg) no-repeat 0 0;
    background-size: cover;
    position: relative;
    overflow: hidden;
}
```

### 3. 设置上面模块的样式

上面模块 div#up 的宽度设置与父亲盒子 div#box 同宽，为 800px，高度设置为 550px，具体代码如下。

```
#up {
   width: 800px;
   height: 550px;
}
```

### 4. 设置上面模块左边部分的样式

上面模块的左边部分宽度设置为 400px，设置浮动，让其自动排列在上面模块的左侧；在左边部分中，对作词作曲的<p>标签设置外边距 10px；将歌手照片 div#pic 的宽度和高度分别设置为 300px，添加背景图片，并做圆角处理，让 div#pic 以圆形的样式呈现，设置相应的外边距，具体代码如下。

```
#introduce {
   width: 400px;
   padding-top: 30px;
   float: left;
   text-align: center;
}
#introduce p {
   margin-top: 10px;
```

```
}
#pic {
   width: 300px;
   height: 300px;
   background-image: url(../img/guangliang.jpg);
   border-radius: 150px;
   margin: 30px auto;
}
#download a {
   text-decoration: none;
   padding: 10px 30px;
   border: 1px solid blue;
   border-radius: 20px;
}
```

**5. 设置上面模块右边部分的样式**

上面模块的右边部分 div#song 宽度设置为 300px，高度为 400px，设置浮动，通过设置 margin-top 和 margin-right 属性对右边部分进行定位，并设置歌词溢出隐藏。通过.words p 设置歌词的文字样式。由于要把歌词部分做成滚动动画的形式，故自定义动画帧 move，在动画中设置 3 个关键帧，给 div.words 添加动画属性，并设置动画在等待 1s 后自动线性播放 25s，无限制循环播放，具体代码如下。

```
#song {
   width: 300px;
   height: 400px;
   margin-top: 50px;
   margin-right: 20px;
   float: left;
   overflow: hidden;
   padding: 20px;
}
@keyframes move {
   0% {
      transform: translateY(0px);
   }
   50% {
      transform: translateY(-200px);
   }
   100% {
      transform: translateY(-400px);
   }
}
.words {
   animation: 25s move linear 1s infinite normal;
   text-align: center;
}
.words p {
   margin: 10px;
   font-family: "微软雅黑";
   font-size: 18px;
}
```

### 6. 设置下面模块的样式

下面模块的宽度设置与父亲盒子 div#box 同宽，为 800px，高度设置为 54px，并设置<audio>标签的宽度和高度与父亲盒子 div#box 相同。为<audio>标签添加背景颜色，并设置透明度，让背景颜色与<audio>控件的颜色相同，在视觉上使<audio>控件呈现直角矩形框，并与整体背景协调，具体代码如下。

```
#bottom {
   clear: both;
   width: 800px;
   height: 54px;
   position: absolute;
   bottom: 0px;
}
audio {
   width: 800px;
   height: 54px;
   background-color: #e9e9e9;
   opacity: 0.7;
}
```

至此，图 8-3 所示的歌曲播放页面的 CSS 样式部分制作完成。

## 本章小结

本章首先介绍了 HTML5 支持的视频和音频格式，然后讲解了在 HTML5 中嵌入视频文件和音频文件的方法。通过本章的学习，读者应该熟悉 HTML5 支持的音视频格式以及主流浏览器对音视频格式的支持情况，掌握在页面中嵌入音视频文件的方法，并能将其综合运用到页面的制作中。

# 第 9 章

# CSS3 高级应用

**学习目标**

- 掌握过渡属性。
- 掌握 CSS3 中的 2D 转换技术以及常用的 3D 转换技术。
- 掌握 CSS3 中动画技术的应用。

在传统的网页设计中，如果网页中需要显示动画或特效，则需要使用 JavaScript 或者 Flash 来实现。CSS3 中提供了对动画的强大支持，可以实现旋转、缩放、移动和过渡等效果。本章将对 CSS3 中的过渡、变形和动画功能进行详细讲解。

## 9.1 过渡

CSS3 的过渡就是平滑改变一个元素的 CSS 值，使元素从一个样式逐渐过渡到另一个样式，如渐显、渐弱、动画快慢等。CSS3 过渡使用 transition 属性来定义，transition 属性的基本语法格式如下。

```
transition: transition-property  transition-duration  transition-timing-function delay transition-delay;
```

transition 属性是一个复合属性，用于在一个属性中设置 transition-property、transition-duration、transition-timing-function、transition-delay 4 个过渡属性。这 4 个过渡属性可以单独使用，也可以通过 transition 复合使用。4 个过渡属性的作用如表 9-1 所示。

**表 9-1　4 个过渡属性的作用**

| 属性名称 | 作用 |
|---|---|
| transition-property | 规定应用过渡效果的 CSS 属性的名称 |
| transition-duration | 规定完成过渡效果需要花费的时间（以秒或毫秒计） |
| transition-timing-function | 规定过渡效果的速度曲线，默认值为 ease |
| transition-delay | 规定过渡效果何时开始，默认值为 0 |

下面将分别介绍 transition-property、transition-duration、transition-timing-function、transition-delay 的使用，最后介绍 transition 复合属性的使用。

扫码观看视频

### 9.1.1 transition-property 属性

transition-property 属性规定了应用过渡效果的 CSS 属性的名称，当指定的 CSS 属性改变时，过渡效果才开始，过渡效果通常在用户将指针移动到元素上时发生。其基本语法格式如下。

```
transition-property: none | all | property;
```

transition-property 的属性值包括 none、all 和 property，如表 9-2 所示。

**表 9-2　transition-property 的属性值**

| 属性值 | 说明 |
| --- | --- |
| none | 没有属性会获得过渡效果 |
| all | 所有属性都将获得过渡效果 |
| property | 定义应用过渡效果的 CSS 属性名称，多个名称之间以逗号分隔 |

下面通过一个案例来演示 transition-property 属性的用法，如例 9-1 所示。

**例 9-1**　example01.html

```
<!DOCTYPE html>
<html>
    <head>
        <meta charset="UTF-8">
        <title>transition-property 属性应用</title>
        <style>
            div {
                width: 100px;
                height: 100px;
                background: red;
                transition-property: width;
                transition-duration: 2s;
                /* Firefox 4 */
                -moz-transition-property: width;
                -moz-transition-duration: 2s;
                /* Safari and Chrome */
                -webkit-transition-property: width;
                -webkit-transition-duration: 2s;
                /* Opera */
                -o-transition-property: width;
                -o-transition-duration: 2s;
            }
            div:hover {
                width: 400px;
            }
        </style>
    </head>
    <body>
        <div></div>
        <p>请把鼠标指针移动到红色的 div 元素上，就可以看到矩形框变长的过渡效果。</p>
        <p><b>注释：</b>本例在 Internet Explorer 中无效。</p>
    </body>
</html>
```

例 9-1 中通过 transition-property 属性指定了产生过渡效果的 CSS 属性为 width，并设置了鼠标移动到元素上时矩形框变长，如第 14、15 行代码所示。另外，为了解决各类不同版本浏览器的兼容性问题，分别添加了-webkit-、-moz-、-o-等不同的浏览器前缀兼容代码，-moz-代表 Firefox 浏览器私有属性，-ms-代表 IE 浏览器私有属性，-webkit-代表 Safari 和 Chrome 浏览器私有属性。添加这些前缀是为了兼容旧版本浏览器，新版本的浏览器都支持不添加前缀的写法。

运行例 9-1，初始效果如图 9-1 所示。当鼠标指针悬浮到图 9-1 所示网页中的<div>标签区域时，红色矩形框即会产生过渡效果（即立即变长），如图 9-2 所示。

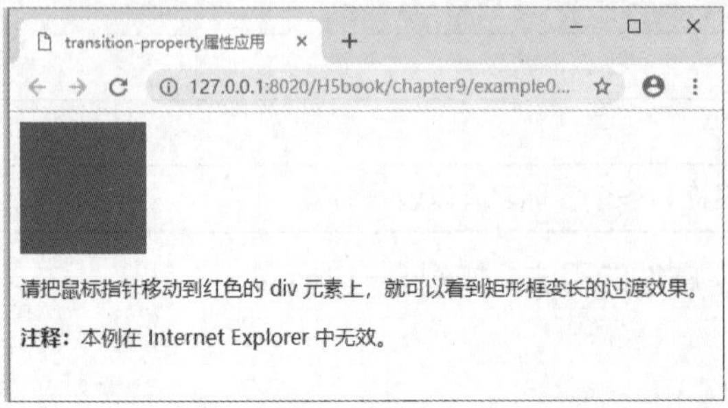


图 9-1　初始效果

图 9-2　红色矩形框的过渡效果

### 9.1.2　transition-duration 属性

transition-duration 属性规定了完成过渡效果需要花费的时间（以秒或毫秒计）。其基本语法格式如下。

```
transition-duration:time;
```

在上面的语法格式中，规定完成过渡效果需要花费的时间（以秒或毫秒计）为 time，其默认值是 0，意味着不会有效果。

下面通过一个案例来演示 transition-duration 属性的用法，注意，在定义应用过渡效果的 CSS 属性名称时，多个名称之间以逗号分隔，如例 9-2 所示。

**例 9-2**　example02.html

```
<!DOCTYPE html>
<html>
    <head>
        <meta charset="UTF-8">
        <title>transition-duration 属性应用</title>
        <style>
            div {
                width: 100px;
                height: 100px;
                background: red;
                transition-property: width,height,background-color;
                transition-duration: 2s;
                /* Firefox 4 */
                -moz-transition-property: width,height,background-color;
                -moz-transition-duration: 2s;
                /* Safari and Chrome */
                -webkit-transition-property: width,height,background-color;
                -webkit-transition-duration: 2s;
```

```
                /* Opera */
                -o-transition-property: width,height,background-color;
                -o-transition-duration: 2s;
            }
            div:hover {
                width: 400px;
                height: 200px;
                background-color: yellow;
            }
        </style>
    </head>
    <body>
        <div></div>
        <p>请把鼠标指针移动到红色的 div 元素上，就可以看到矩形框变长变高变色的过渡效果。</p>
        <p><b>注释：</b>本例在 Internet Explorer 中无效。</p>
    </body>
</html>
```

例 9-2 的代码中通过 transition-property 属性指定了产生过渡效果的 CSS 属性为 width、height、background-color，多个属性名称之间以逗号分隔，如第 11、14、17、20 行代码所示。并设置了鼠标指针移动到红色矩形框时的过渡效果，同时，使用 transition-duration 属性来定义过渡效果需要花费 2s 的时间。

运行例 9-2，当鼠标指针悬浮到网页中的红色<div>标签区域时，矩形框的宽度由原来的 100px 变为 400px，矩形框的高度由原来的 100px 变为 200px，矩形框的背景色由原来的红色变为黄色，效果如图 9-3 所示。

**注意** **transition-property 属性设置值以后，动画过渡的时间必须要设置成一个非 0 的数值才会产生过渡效果，否则过渡效果无效。**

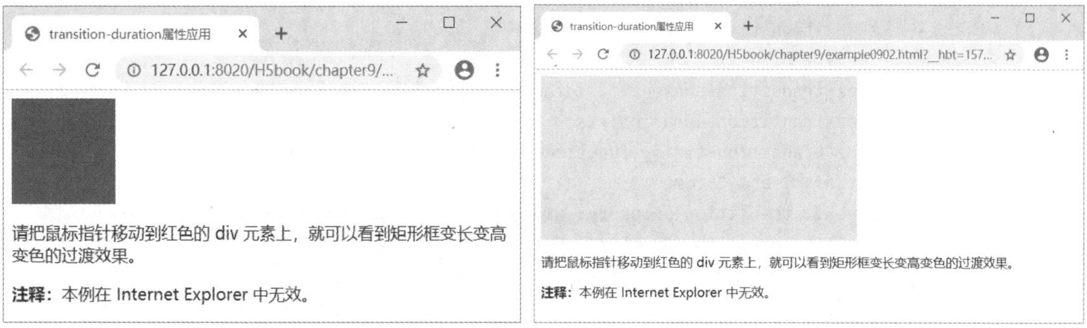


（a）　　　　（b）

图 9-3　红色矩形框变宽变高变色的过渡效果

### 9.1.3 transition-timing-function 属性

transition- timing-function 属性规定了过渡效果的速度曲线，默认值为 ease。其基本语法格式如下。

```
transition-timing-function:linear|ease|ease-in|ease-out|ease-in-out|cubic-bezier(n,n,n,n);
```

从上面的语法格式可以看出，transition-timing-function 属性的取值有很多，其常用属性值如表 9-3 所示。

表 9-3　transition-timing-function 常用属性值

| 属性 | 说明 |
| --- | --- |
| linear | 规定以相同速度开始至结束的过渡效果（等于 cubic-bezier(0,0,1,1)） |
| ease | 规定慢速开始，再变快，并以慢速结束的过渡效果（等于 cubic-bezier(0.25,0.1,0.25,1)） |
| ease-in | 规定以慢速开始的过渡效果（等于 cubic-bezier(0.42,0,1,1)） |
| ease-out | 规定以慢速结束的过渡效果（等于 cubic-bezier(0,0,0.58,1)） |
| ease-in-out | 规定以慢速开始和结束的过渡效果（等于 cubic-bezier(0.42,0,0.58,1) |
| cubic-bezier(n,n,n,n) | 在 cubic-bezier 函数中定义自己的值，可能的值是 0～1 |

下面通过一个案例来演示 transition-timing-function 属性的用法，如例 9-3 所示。

例 9-3　example03.html

```
<!DOCTYPE html>
<html>
    <head>
        <meta charset="UTF-8">
        <title>transition-timing-function 属性的应用</title>
        <style>
            div {
                width: 40px;
                height: 40px;
                border: 70px solid #93baff;
                border-radius: 90px;
                transition-property: width,height,border-width,border-color;
                transition-duration: 5s;
                transition-timing-function: linear;
                /* Firefox 4 */
                -moz-transition-property: width,height,border-width,border-color;
                -moz-transition-duration: 5s;
                -moz-transition-timing-function: linear;
                /* Safari and Chrome */
                -webkit-transition-property: width,height,border-width,border-color;
                -webkit-transition-duration: 5s;
                -webkit-transition-timing-function: linear;
                /* Opera */
                -o-transition-property: width,height,border-width,border-color;
                -o-transition-duration: 5s;
                -o-transition-timing-function: linear;
             }
             div:hover {
                 width: 0;
                 height: 0;
                 border-width: 90px;
                 border-color: #ff898e #93baff #c89386 #ffb151;
            }
        </style>
```

```
    </head>
    <body>
        <div></div>
    </body>
</html>
```

例 9-3 通过 transition-property 属性指定了产生过渡效果的 CSS 属性为“width,height,border-width,border-color”，并指定了过渡动画由圆环变为四色圆形饼图；再使用 transition-duration 属性定义过渡效果需要花费 5s 的时间，同时使用 transition-timing-function 属性规定过渡效果以相同速度开始至结束的过渡效果。

运行例 9-3，当鼠标指针移动到圆环区域时，过渡动作将会被触发，圆环匀速变为四色圆环饼图，再匀速变为圆形饼图；移走鼠标指针，四色圆形饼图又先匀速变为四色圆环饼图，再匀速变为开始时的圆环，效果如图 9-4 所示。

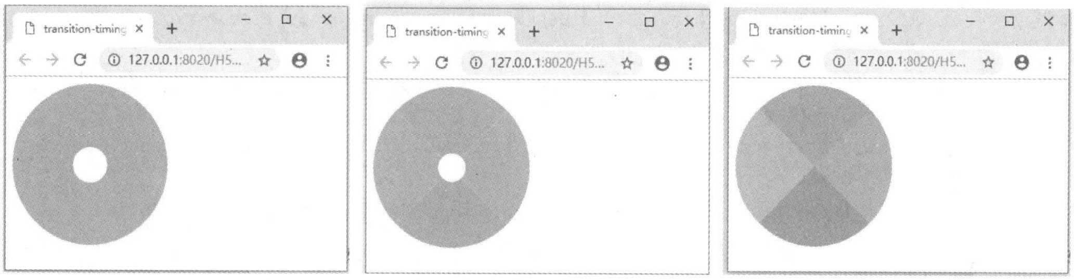

（a）　（b）　（c）

图 9-4　圆环匀速过渡为饼图效果

## 9.1.4　transition-delay 属性

transition-delay 属性规定了过渡效果何时开始，默认值为 0，规定在过渡效果开始之前需要等待的时间，以秒或毫秒计。transition-delay 的属性值可以为正整数、负整数和 0，当设置为负整数时，过渡动作会从该时间点开始，之前的动作被截断；当设置为正整数时，过渡动作会延迟触发。其基本语法格式如下。

```
transition-delay: time;
```

下面在例 9-3 第 28 行代码后增加如下样式以演示 transition-delay 属性的用法。

```
/*指定动画延迟触发*/
-webkit-transition-delay: 3s;        /*Safari and Chrome 浏览器兼容代码*/
-moz-transition-delay: 3s;           /*Firefox 浏览器兼容代码*/
-o-transition-delay: 3s;             /*Opera 浏览器兼容代码*/
```

上述代码使用 transition-delay 属性指定过渡的动作会延迟 3s 触发。

保存修改后的例 9-3，刷新页面，当鼠标指针移动到圆环区域时，过渡的动作会在 3s 后触发，圆环匀速变为四色圆环饼图，再匀速变为圆形饼图；移走鼠标指针时，也要等待 3s 后，四色圆形饼图才会先匀速变为四色圆环饼图，再匀速变为开始时的圆环。

## 9.1.5　transition 复合属性

使用 transition 复合属性设置多个过渡效果时，它的各个参数必须按照 transition-property、

transition-duration、transition-timing-function、transition-delay 的顺序进行定义，不能颠倒。

下面通过一个案例来演示 transition 属性的使用，如例 9-4 所示。

例 9-4　example04.html

```
<!DOCTYPE html>
<html>
    <head>
        <meta charset="UTF-8">
        <title>transition属性的应用</title>
        <style>
            div {
                width: 40px;
                height: 40px;
                border: 70px solid #93baff;
                border-radius: 90px;
                transition: width,height,border-width,border-color 5s linear 3s;
                /* Firefox 4 */
                -moz-transition: width,height,border-width,border-color 5s linear 3s;
                /* Safari and Chrome */
                -webkit-transition: width,height,border-width,border-color 5s linear 3s;
                /* Opera */
                -o-transition: width,height,border-width,border-color 5s linear 3s;
            }
            div:hover {
                width: 0;
                height: 0;
                border-width: 90px;
                border-color: #ff898e #93baff #c89386 #ffb151;
            }
        </style>
    </head>
    <body>
        <div></div>
    </body>
</html>
```

## 9.2 变形

变形是使元素改变形状、尺寸和位置的一种效果。通过 CSS3 的 transform 转换属性，能够对元素进行移动、缩放、转动、拉长或拉伸，配合过渡和动画知识，可以取代大量之前只能靠 Flash 才可以实现的动画效果。IE 10 浏览器、Firefox 浏览器以及 Opera 浏览器均支持 CSS3 的 transform 属性，Chrome 浏览器和 Safari 浏览器需要前缀-webkit-，IE 9 浏览器需要前缀-ms-。在 CSS3 中，transform 属性应用于元素的 2D 转换和 3D 转换，本节将对 2D 及 3D 转换进行详细讲解。

### 9.2.1　2D 转换

在 CSS3 中，使用 transform 属性可以实现变形效果，主要包括 4 种变形效果，分别是平移、缩放、倾斜和旋转。下面将分别针对这些变形效果进行讲解。

**1. 平移**

应用 translate()方法可以对元素的位置进行水平和垂直方向的移动，它根据给定的 left（*x* 坐标）、top（*y* 坐标）位置参数，确定元素移动的位置，而不影响在 *X* 轴、*Y* 轴上应用的任何 Web 组件，类似于 position:relative。

translate()方法的应用有如下 3 种情况。

（1）transform:translate(x,y)

水平和垂直方向同时移动，translate 移动的基准点默认为元素中心点，可以根据 transform-origin 改变基点。如果第二个值未设置，则其默认为 0。

（2）transform:translateX(x)

仅水平方向移动，相当于 translate(x,0)的简写，基点默认为元素的中心点。

（3）transform:translateY(y)

仅垂直方向移动，相当于 translate(0,y)的简写，基点默认为元素的中心点。

下面通过一个案例来演示 translate()方法的使用，如例 9-5 所示。

**例 9-5** example05.html

```
<!doctype html>
<html>
    <head>
        <meta charset="utf-8">
        <title>translate（）方法</title>
        <style type="text/css">
            * {
                margin: 0;
                padding: 0;
            }
            div {
                width: 100px;
                height: 100px;
                background-color: #FF0;
                border: 1px solid black;
            }
            #div2 {
                position: absolute;
                top: 0;
                left: 0;
            }
            #div2 {
                transform: translate(100px, 100px);
                -ms-transform: translate(100px, 100px);
                /* IE9 浏览器兼容代码 */
                -webkit-transform: translate(100px, 100px);
                /*Safari and Chrome 浏览器兼容代码*/
                -moz-transform: translate(100px, 100px);
                /*Firefox 浏览器兼容代码*/
                -o-transform: translate(100px, 100px);
                /*Opera 浏览器兼容代码*/
            }
        </style>
    </head>
```

```
        <body>
            <div>元素原来的位置</div>
            <div id="div2">元素平移后的位置</div>
        </body>
    </html>
```

例 9-5 中使用<div>标签定义了两个样式完全相同的盒子，并通过 translate()方法将第二个<div>标签沿 *x* 坐标向右移动 100px，沿 *y* 坐标向下移动 100px。

运行例 9-5，效果如图 9-5 所示。

**2. 缩放**

scale()方法可用于缩放元素大小，其包含两个参数值，分别用来定义宽度和高度的缩放比例，元素尺寸的增加或减少由定义的宽度（*X* 轴）和高度（*Y* 轴）参数控制。

scale()方法的应用有如下 3 种情况。

（1）transform:scale(x,y)

在水平方向和垂直方向同时缩放（也就是宽度和高度同时缩放）。

（2）transform:scaleX(x)

仅在水平方向缩放（*X* 轴缩放）。

（3）transform:scaleY(y)

仅在垂直方向缩放（*Y* 轴缩放）。

scale()方法缩放示意图如图 9-6 所示。其中，实线表示放大前的元素，虚线表示放大后的元素。

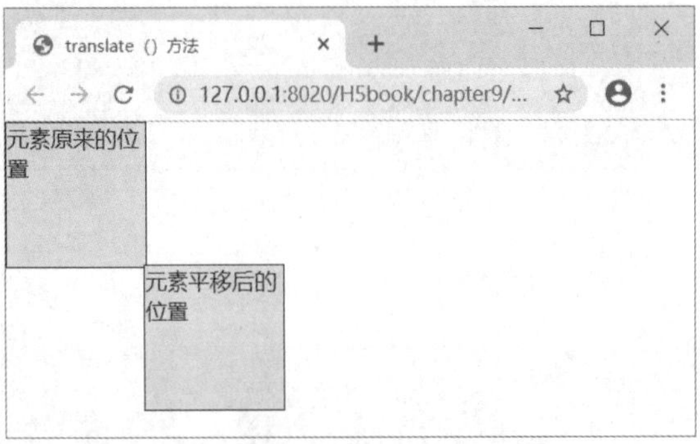


图 9-5　transiate()方法实现平移效果

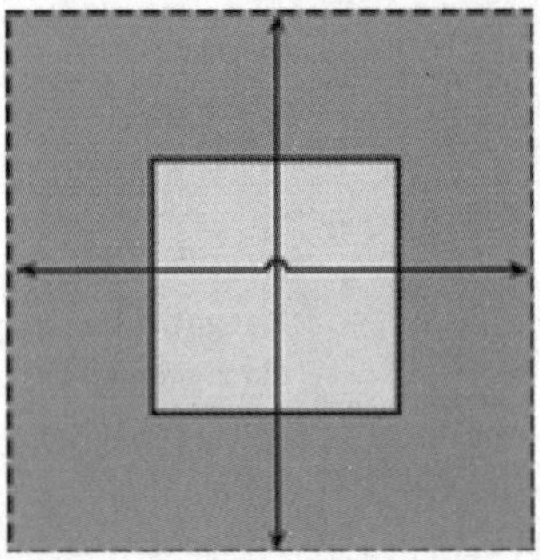

图 9-6　scale()方法缩放示意图

下面通过一个案例来演示 scale()方法的使用，如例 9-6 所示。

例 9-6　example06.html

```
<!doctype html>
<html>
    <head>
        <meta charset="UTF-8">
        <title>scale()方法</title>
        <style type="text/css">
            #div1,
            #div2 {
                width: 100px;
                height: 100px;
                border-radius: 50px;
                background-color: #FF0;
```

```
                border: 2px solid black;
                margin: 100px;
                position: absolute;
            }
            #div2 {
                background-color: #000;
                opacity: .3;
                transform: scale(3, 3);
                /* IE9 浏览器兼容代码 */
                -ms-transform: scale(3, 3);
                /*Safari and Chrome 浏览器兼容代码*/
                -webkit-transform: scale(3, 3);
                /*Firefox 浏览器兼容代码*/
                -moz-transform: scale(3, 3);
                /*Opera 浏览器兼容代码*/
                -o-transform: scale(3, 3);
            }
        </style>
    </head>
    <body>
        <div id="div1"></div>
        <div id="div2"></div>
    </body>
</html>
```

例 9-6 中使用<div>标签定义了两个样式相同的盒子，通过 scale()方法将第二个<div>标签的宽度放大为原来的 3 倍，高度也放大为原来的 3 倍。

运行例 9-6，效果如图 9-7 所示。

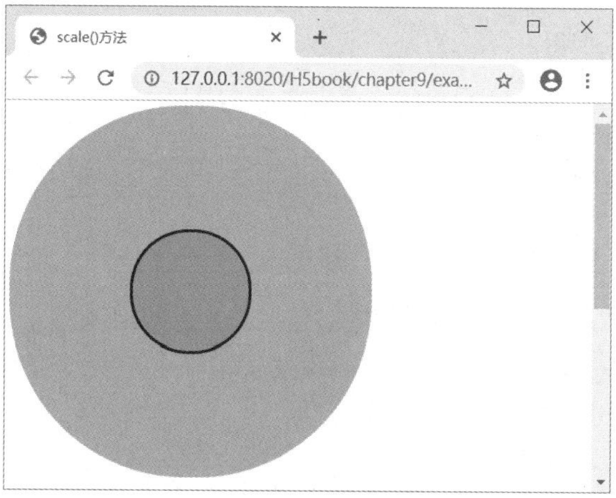


图 9-7　scale()方法实现放大效果

### 3．倾斜

利用 skew()方法能够让元素倾斜显示，其应用同样有如下 3 种情况。

（1）transform:skew(x deg,y deg)

在 X 轴和 Y 轴上同时按照一定的角度值进行扭曲变形，如果第二个参数未提供，则其值为 0，即 Y 轴无倾斜。skew()方法应用示意图如图 9-8 所示。

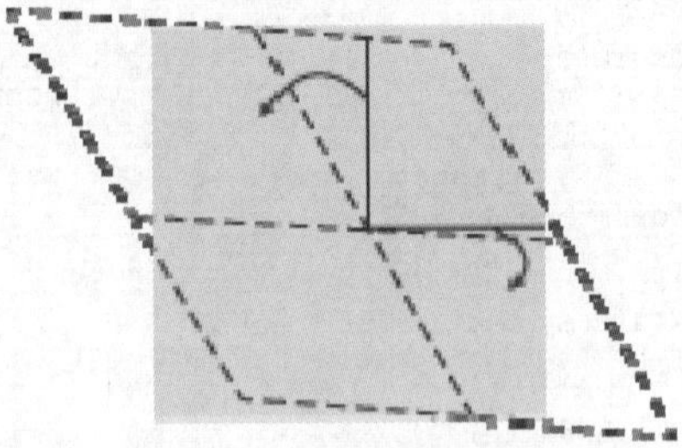

图 9-8 skew()方法应用示意图

（2）transform:skewX(x)

按给定角度沿 *X* 轴进行倾斜变换。

（3）transform:skewY(y)

按给定的角度沿 *Y* 轴进行倾斜变换。

下面通过一个案例来演示 skew()方法的使用，如例 9-7 所示。

**例 9-7** example07.html

```
<!doctype html>
<html>
<head>
<meta charset="utf-8">
<title>skew()方法</title>
<style type="text/css">
div {
    width: 100px;
    height: 50px;
    background-color: #FF0;
    border: 1px solid black;
}
 #div2 {
     transform: skew(30deg, 10deg);
     /* IE9 浏览器兼容代码 */
     -ms-transform: skew(30deg, 10deg);
     /*Safari and Chrome 浏览器兼容代码*/
     -webkit-transform: skew(30deg, 10deg);
     /*Firefox 浏览器兼容代码*/
     -moz-transform: skew(30deg, 10deg);
     /*Opera 浏览器兼容代码*/
     -o-transform: skew(30deg, 10deg);
}
</style>
</head>
<body>
<div>我是原来的元素</div>
<div id="div2">我是倾斜后的元素</div>
</body>
</html>
```

例 9-7 中使用<div>标签定义了两个样式相同的盒子，通过 skew()方法将第二个<div>标签沿

X 轴倾斜 30°，沿 Y 轴倾斜 10°。

运行例 9-7，效果如图 9-9 所示。

**4．旋转**

rotate()方法可以按给定的角度参数对元素进行 2D 旋转。该方法中的参数允许传入负值，此时元素将逆时针旋转。其基本语法格式如下。

```
transform:rotate(angle);
```

在上面的语法格式中，参数 angle 表示要旋转的角度值。如果角度为正数值，则按照顺时针进行旋转，否则按照逆时针进行旋转。rotate()方法旋转示意图如图 9-10 所示，其中，实线表示旋转前的元素，虚线表示旋转后的元素。

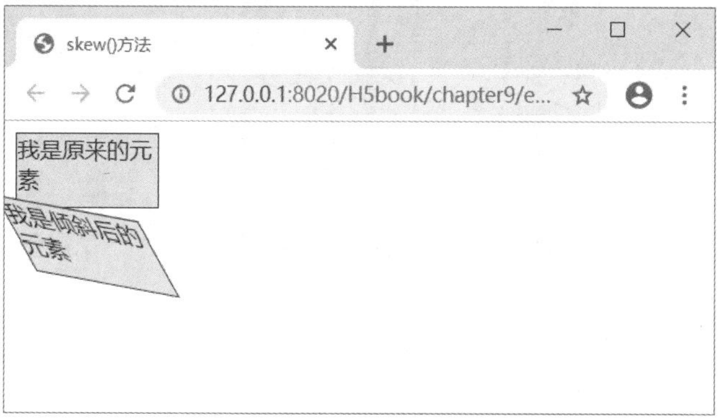


图 9-9　skew()方法实现倾斜效果

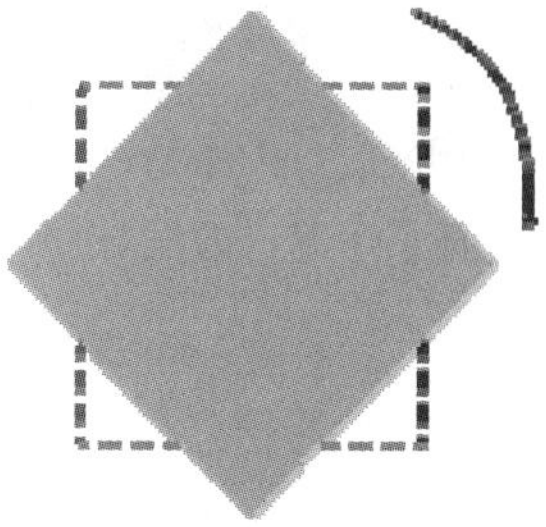

图 9-10　rotate()方法旋转示意图

下面通过一个案例来演示 rotate()方法的使用，如例 9-8 所示。

**例 9-8**　example08.html

```
<!DOCTYPE HTML>
<html>
<head>
<meta http-equiv="Content-Type" content="text/html; charset=utf-8">
<title>2D:rotate 方法</title>
<style>
.box{
    width:400px;
    height:400px;
    margin:50px auto;
    transition:5s linear;
}
.box div{
    width:180px;
    height:180px;
    margin:10px;
    border:1px solid #000;
    box-sizing:border-box;
    float:left;
    background:pink;
}
.box div:nth-child(1),.box div:nth-child(4){
```

```
    border-radius:0 60%;
}
.box div:nth-child(2),.box div:nth-child(3){
    border-radius:60% 0;
}
.box:hover{
    transform:rotate(720deg);
}
</style>
</head>
<body>
<div class="box">
    <div></div>
    <div></div>
    <div></div>
    <div></div>
</div>
</body>
</html>
```

运行例 9-8，效果如图 9-11 所示。当鼠标指针进入和离开<div>标签区域时，花瓣都会旋转起来。

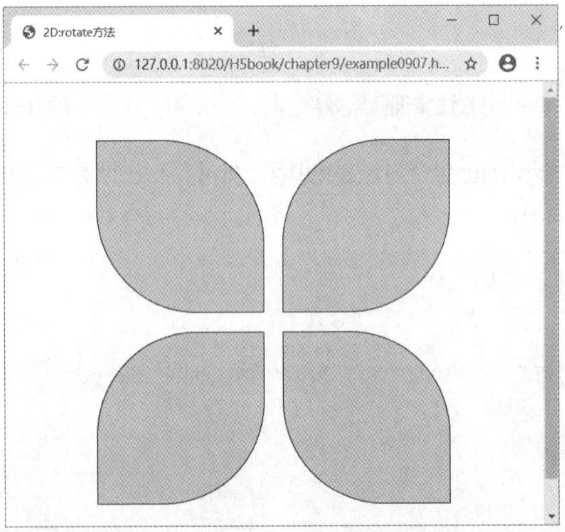


图 9-11 rotate()方法实现旋转效果

> **注意** 如果一个元素需要同时设置多种变形效果，则可以使用空格把多个变形属性值隔开。

#### 5. 调整变形基点

通过 transform 属性的设置可以实现元素的平移、缩放、倾斜及旋转效果，这些变形操作都是以元素的中心点为基准进行的，如果需要改变这个中心点，则可以使用 transform-origin 属性。其基本语法格式如下。

```
transform-origin:x-axis y-axis z-axis;
```

在上面的语法格式中，transform-origin 属性包含 3 个参数，其默认值依次分别为 50%、50%、0，各参数的说明如表 9-4 所示。

**表 9-4 transform-origin 各参数的说明**

| 参数 | 取值 | 说明 |
|---|---|---|
| x-axis | left<br>center<br>right<br>length<br>% | 定义视图被置于 *X* 轴的位置 |
| y-axis | top<br>center<br>bottom<br>length<br>% | 定义视图置于 *Y* 轴的位置 |
| z-axis | length | 定义视图置于 *Z* 轴的位置 |

下面通过一个案例来演示 transform-origin 属性的使用，如例 9-9 所示。

**例 9-9** example09.html

```
<!DOCTYPE html>
<html>
    <head>
        <meta charset="UTF-8">
        <title>transform-origin</title>
        <style type="text/css">
            div {
                width: 225px;
                height: 150px;
                margin: 300px auto;
                position: relative;
            }
            img {
                width: 225px;
                height: 150px;
                position: absolute;
                top: 0;
                left: 0;
                transform-origin: right top;
                transition: all 0.5s;
            }
            div:hover img:first-child {
                transform: rotate(60deg);
            }
            div:hover img:nth-child(2) {
                transform: rotate(120deg);
            }
            div:hover img:nth-child(3) {
```

```
            transform: rotate(180deg);
        }
        div:hover img:nth-child(4) {
            transform: rotate(240deg);
        }
        div:hover img:nth-child(5) {
            transform: rotate(300deg);
        }
        div:hover img:last-child {
            transform: rotate(360deg);
        }
    </style>
</head>
<body>
    <div>
        <img src="img/1.jpg" alt="加载图片 1"/>
        <img src="img/2.jpg" alt="加载图片 2"/>
        <img src="img/3.jpg" alt="加载图片 3"/>
        <img src="img/4.jpg" alt="加载图片 4"/>
        <img src="img/5.jpg" alt="加载图片 5"/>
        <img src="img/6.jpg" alt="加载图片 6"/>
    </div>
</body>
</html>
```

例 9-9 通过"transform-origin: right top;"属性将变形的基点更改为变形图片的右上角，并利用 rotate()方法将 6 张图片分别旋转不同的角度。

运行例 9-9，效果如图 9-12（a）所示，当鼠标指针进入这张图片区域时，效果如图 9-12（b）所示，所有的图片都以右上角为基准点进行了不同角度的旋转显示。

（a）

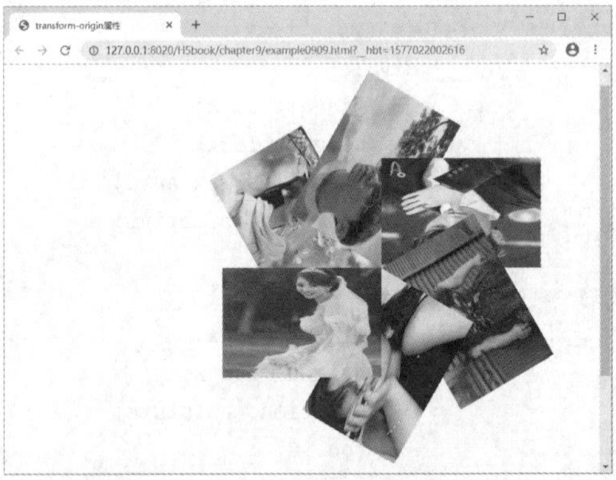


（b）

图 9-12　transform-origin 属性的使用效果

## 9.2.2　3D 转换

扫码观看视频

2D 转换指的是元素在 *X* 轴和 *Y* 轴构成的平面上的变形转换，3D 转换指的是元素在 *X* 轴、*Y* 轴和 *Z* 轴三维空间上的变形转换。下面将针对 CSS3 中 3D 变换的 transform、transform-style、perspective、perspective-origin、 backface-visibility 等属性进行详细讲解。

**1. 3D 转换属性**

CSS3 中包含很多转换属性，通过这些属性可以设置不同的转换效果，表 9-5 列出了所有转换属性，如表 9-5 所示。

表 9-5 转换属性

| 属性名称 | 取值 | 说明 |
|---|---|---|
| transform | | 定义 3D 变形转换 |
| transform-origin | x y z | 改变被转换元素在 X 轴、Y 轴、Z 轴的位置 |
| transform-style | flat | 子元素将不保留其 3D 位置 |
| | preserve-3d | 子元素将保留其 3D 位置 |
| perspective | number | 元素距离视图的距离，以像素计 |
| | none | 默认值，与 0 相同，不设置透视 |
| perspective-origin | | 规定 3D 元素的底部位置 |
| backface-visibility | visible | 定义元素在不面对屏幕时，背面是可见的 |
| | hidden | 定义元素在不面对屏幕时，背面是不可见的 |

另外，CSS3 中的 transform 属性还包含很多 3D 变形转换方法，运用这些方法可以辅助实现不同的转换效果，如表 9-6 所示。

表 9-6 3D 变形转换方法

| 方法名称 | 说明 |
|---|---|
| matrix3d(n,n,n,n,n,n,n,n,n,n,n,n,n,n,n,n) | 定义 3D 转换，使用 16 个值的 4×4 矩阵 |
| translate3d(x,y,z) | 定义 3D 平移转换，x,y,z 分别为 X 轴、Y 轴、Z 轴移动的位移 |
| translateX(x) | 定义 3D 平移转换，在 X 轴上进行平移转换 |
| translateY(y) | 定义 3D 平移转换，在 Y 轴上进行平移转换 |
| translateZ(z) | 定义 3D 平移转换，在 Z 轴上进行平移转换 |
| scale3d(x,y,z) | 定义 3D 缩放转换 |
| scaleX(x) | 定义 3D 缩放转换，使元素在 X 轴的宽度缩放为原来的 x 倍 |
| scaleY(y) | 定义 3D 缩放转换，使元素在 Y 轴的高度缩放为原来的 y 倍 |
| scaleZ(z) | 定义 3D 缩放转换，设置 Z 轴的值来定义缩放转换，需配合其他的变形函数使用才会有效果 |
| rotate3d(x,y,z,angle) | 定义 3D 旋转 |
| rotateX(angle) | 定义以 X 轴为旋转轴进行的 3D 旋转 |
| rotateY(angle) | 定义以 Y 轴为旋转轴进行的 3D 旋转 |
| rotateZ(angle) | 定义以 Z 轴为旋转轴进行的 3D 旋转 |
| perspective(n) | 定义 3D 转换元素的透视视图 |

其中，transform-origin 属性前面已经讲过，此处不再赘述。下面将详细讲解 transform、transform-style、perspective、perspective-origin 和 backface-visibility 属性的应用。

**2. transform 属性**

3D 转换 transform 属性中的 translate 方法和 scale 方法的应用与 2D 转换中讲解的 translate 方法、scale 方法一致，此处不再赘述。下面将针对 CSS3 中 3D 变形属性的 rotateX()、rotateY()、rotateZ()方法进行详细讲解。

（1）rotateX()方法

rotateX()方法用于使指定元素围绕 *X* 轴旋转，其基本语法格式如下。

```
transform:rotateX(angle);
```

在上面的语法格式中，参数 angle 指定了要旋转的角度值，单位为 deg，其值可以是正数，也可以是负数，如果值为正数，则元素将围绕 *X* 轴顺时针旋转；如果值为负数，则元素将围绕 *X* 轴逆时针旋转。

下面通过一个案例来演示 rotateX()方法的使用，如例 9-10 所示。

**例 9-10** example10.html

```
<!DOCTYPE html>
<html>
    <head>
        <meta charset="UTF-8">
        <title>rotateX()</title>
        <style type="text/css">
            div {
                width: 90px;
            }
           img {
               transition: all 0.5s ease 0s;
           }
           img:hover {
               transform: rotateX(180deg);
               /* IE9 浏览器兼容代码 */
               -ms-transform: rotateX(180deg);
               /* Safari and Chrome 浏览器兼容代码 */
               -webkit-transform: rotateX(180deg);
               /* Firefox 浏览器兼容代码*/
               -moz-transform: rotateX(180deg);
               /*Opera 浏览器兼容代码*/
               -o-transform: rotateX(180deg);          }
       </style>
   </head>
   <body>
       <div>
           <img src="img/rotatex.jpg" alt="">
       </div>
   </body>
</html>
```

运行例 9-10，当鼠标指针进入图片元素区域时，图片元素将围绕 *X* 轴顺时针旋转 180°，如图 9-13 所示。

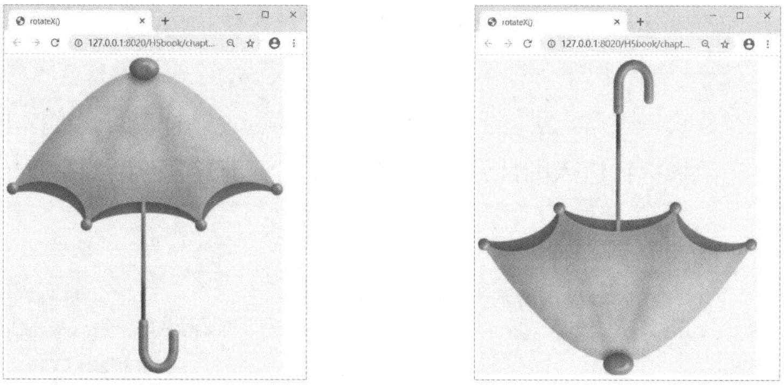

（a）　　　　（b）

图 9-13　图片元素围绕 X 轴顺时针旋转 180°

（2）rotateY()方法

rotateY()方法用于使一个元素围绕 Y 轴旋转，其基本语法格式如下。

```
transform:rotateY(angle);
```

在上面的语法格式中，参数 angle 指定了要旋转的角度值，如果值为正数，则元素围绕 Y 轴顺时针旋转；如果值为负数，则元素围绕 Y 轴逆时针旋转。

下面通过一个案例来演示 rotateY()方法的使用，如例 9-11 所示。

**例 9-11**　example11.html

```
<!DOCTYPE html>
<html>
    <head>
        <meta charset="UTF-8">
        <title>rotateY()</title>
        <style type="text/css">
            div {
                width: 90px;
            }
            img {
                transition: all 0.5s ease 0s;
            }
            img:hover {
                transform: rotateY(180deg);
                /* IE9 浏览器兼容代码 */
                -ms-transform: rotateY(180deg);
               /* Safari and Chrome 浏览器兼容代码 */
                -webkit-transform: rotateY(180deg);
                /* Firefox 浏览器兼容代码*/
                -moz-transform: rotateY(180deg);
                /*Opera 浏览器兼容代码*/
                -o-transform: rotateY(180deg);
           }
        </style>
    </head>
    <body>
        <div>
```

```
            <img src="img/rotatey.jpg" alt="">
        </div>
    </body>
</html>
```

运行例 9-11，当鼠标指针进入图片元素区域时，图片元素将围绕 Y 轴顺时针旋转 180°，如图 9-14 所示。

(a)

(b)

图 9-14　图片元素围绕 Y 轴顺时针旋转 180°

（3）rotateZ()方法

rotateZ()方法用于使一个元素围绕 Z 轴旋转，其基本语法格式如下。

```
transform:rotateZ(angle);
```

在上面的语法格式中，参数 angle 指定了要旋转的角度值，如果值为正数，则元素围绕 Z 轴顺时针旋转；如果值为负数，则元素围绕 Z 轴逆时针旋转。

下面通过一个案例来演示 rotateZ()方法的使用，如例 9-12 所示。

例 9-12　example12.html

```
<!DOCTYPE html>
<html>
    <head>
        <meta charset="UTF-8">
        <title>rotateZ()</title>
        <style type="text/css">
            div {
                width: 90px;
            }
            img {
                transition: all 1.5s ease-in-out 0s;
            }
            img:hover {
                transform: rotateZ(720deg);
                /* IE9 浏览器兼容代码 */
                -ms-transform: rotateZ(720deg);
                /* Safari and Chrome 浏览器兼容代码 */
```

```
                -webkit-transform: rotateZ(720deg);
                /* Firefox 浏览器兼容代码*/
                -moz-transform: rotateZ(720deg);
                /*Opera 浏览器兼容代码*/
                -o-transform: rotateZ(720deg);
            }
        </style>
    </head>
    <body>
        <div>
            <img src="img/rotatez.jpg" />
        </div>
    </body>
</html>
```

运行例 9-12，当鼠标指针进入图片元素区域时，图片元素将围绕 *Z* 轴顺时针旋转 720°，如图 9-15 所示。

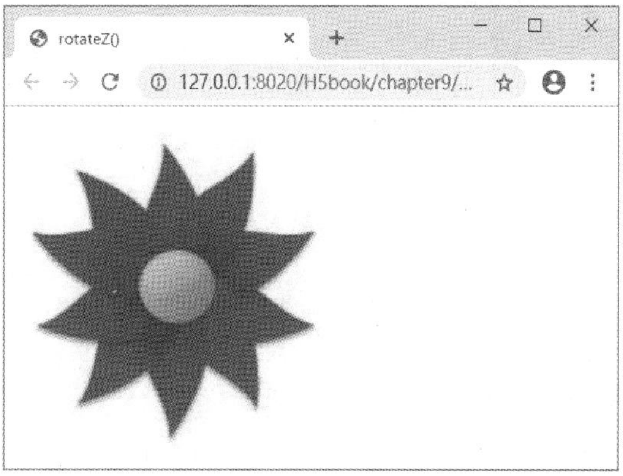


图 9-15　图片元素围绕 *Z* 轴顺时针旋转 720°

### 3. transform-style 属性

transform-style 属性规定了如何在 3D 空间中呈现被嵌套的元素。该属性必须与 transform 属性一同使用。

下面通过一个案例演示 transform-style 属性的使用，如例 9-13 所示。

**例 9-13**　example13.html

```
<!DOCTYPE html>
<html>
    <head>
        <meta charset="UTF-8">
        <title>transform-style 属性</title>
        <style>
            #div1 {
                position: relative;
                height: 200px;
                width: 200px;
                margin: 100px;
                padding: 10px;
```

```
                border: 1px solid black;
            }
            #div2 {
                padding: 50px;
                position: absolute;
                border: 1px solid black;
                background-color: red;
                transform: rotateY(60deg);
                transform-style: preserve-3d;
                -webkit-transform: rotateY(60deg);
                /* Safari and Chrome */
                -webkit-transform-style: preserve-3d;
                /* Safari and Chrome */
            }
            #div3 {
                padding: 40px;
                position: absolute;
                border: 1px solid black;
                background-color: yellow;
                transform: rotateY(80deg);
                -webkit-transform: rotateY(-60deg);
                /* Safari and Chrome */
            }
        </style>
    </head>
    <body>
        <div id="div1">
            <div id="div2">red
                <div id="div3">yellow</div>
            </div>
        </div>
    </body>
</html>
```

运行例 9-13，效果如图 9-16 所示。

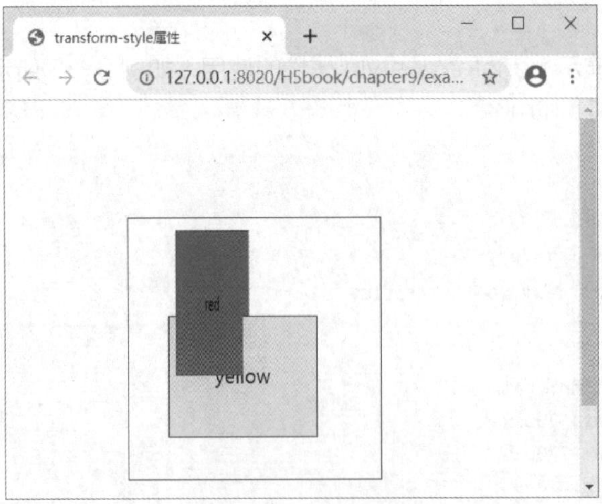


图 9-16 transform-style 属性的使用效果

### 4. perspective 属性

perspective 属性定义了 3D 元素距视图的距离，以像素计。该属性允许用户通过改变 3D 元素来查看 3D 元素的视图。当为标签定义 perspective 属性时，其子标签会获得透视效果，而不是标签本身。perspective 属性只影响 3D 转换元素，需与 perspective-origin 属性一同使用，这样就能够改变 3D 元素的底部位置。

目前，浏览器均不支持 perspective 属性。Chrome 浏览器和 Safari 浏览器支持替代的 -webkit-perspective 属性。

下面通过一个案例演示 perspective 属性的使用，如例 9-14 所示。

**例 9-14** example14.html

```
<!DOCTYPE html>
<html>
    <head>
        <meta charset="UTF-8">
        <title>perspective 属性</title>
        <style>
            #div1 {
                position: relative;
                height: 150px;
                width: 150px;
                margin: 50px;
                padding: 10px;
                border: 1px solid black;
                perspective: 150;
                -webkit-perspective: 150;
                /* Safari and Chrome */
            }
            #div2 {
                padding: 50px;
                position: absolute;
                border: 1px solid black;
                background-color: yellow;
                transform: rotateX(45deg);
                -webkit-transform: rotateX(45deg);
                /* Safari and Chrome */
            }
        </style>
    </head>
    <body>
        <div id="div1">
            <div id="div2"> perspective </div>
        </div>
    </body>
</html>
```

运行例 9-14，效果如图 9-17 所示。

### 5. perspective-origin 属性

perspective-origin 属性定义了 3D 元素所基于的 *X* 轴和 *Y* 轴。该属性允许改变 3D 元素的底部位置。当为标签定义 perspective-origin 属性时，其子标签会获得透视效果，而不是标签本身。该属性必须与 perspective 属性一同使用，且只影响 3D 转换元素。其基本语法格式如下。

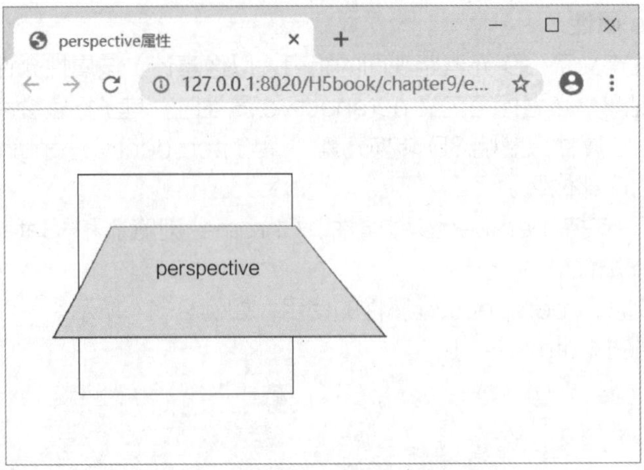


图 9-17　perspective 属性的使用效果

```
perspective-origin: x-axis y-axis;
```

x-axis 定义了该视图在 *X* 轴上的位置，默认值为 50%，可能的取值有 left、center、right、length 和%；y-axis 定义了该视图在 *Y* 轴上的位置，默认值为 50%，可能的取值有 top、center、bottom、length 和%。

下面通过一个案例演示 perspective-origin 属性的使用，如例 9-15 所示。

例 9-15　example15.html

```
<!DOCTYPE html>
<html>
    <head>
        <meta charset="UTF-8">
        <title>perspective-origin 属性</title>
        <style>
            #div1 {
                position: relative;
                height: 150px;
                width: 150px;
                margin: 50px;
                padding: 10px;
                border: 1px solid black;
                perspective: 150;
                perspective-origin: 10% 10%;
                -webkit-perspective: 150;
                /* Safari and Chrome */
                -webkit-perspective-origin: 10% 10%;
                /* Safari and Chrome */
            }
            #div2 {
                padding: 50px;
                position: absolute;
                border: 1px solid black;
                background-color: yellow;
                transform: rotateX(45deg);
                -webkit-transform: rotateX(45deg);
```

```
                /* Safari and Chrome */
            }
        </style>
    </head>
    <body>
        <div id="div1">
            <div id="div2">perspective-origin</div>
     </div>
    </body>
</html>
```

运行例 9-15，效果如图 9-18 所示。

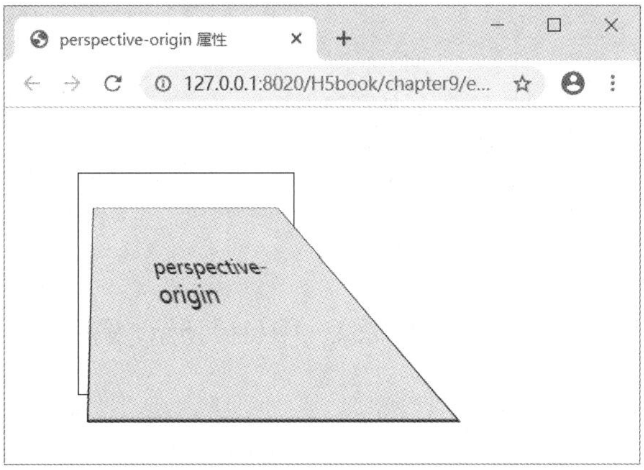


图 9-18　perspective-origin 属性的使用效果

#### 6. backface-visibility 属性

backface-visibility 属性定义了当元素不面向屏幕时是否可见。

下面通过一个案例演示 backface-visibility 属性的使用，如例 9-16 所示。

**例 9-16**　example16.html

```
<!DOCTYPE html>
<html>
    <head>
        <meta charset="UTF-8">
        <title>backface-visibility 属性</title>
        <style type="text/css">
            * {
                margin: 0;
                padding: 0;
            }
            div {
                position: relative;
                width: 224px;
                height: 224px;
                margin: 20px;
            }
            img {
                position: absolute;
```

```
                top: 0;
                left: 0;
                transition: all 4s;
            }
            /*第二张图片进行了 180° 翻转，因为设置了不面向屏幕时隐藏，所以一旦翻转不面向屏幕，就将其隐藏起来，
露出了背面的第二张图片*/
            img:last-child {
                backface-visibility: hidden;
            }
            div:hover img {
                -webkit-transform: rotateY(180deg);
            }
        </style>
    </head>
    <body>
        <div>
            <img src="img/qian.png" />
            <img src="img/hou.png" />
        </div>
    </body>
</html>
```

运行例 9-16，鼠标指针经过前的效果如图 9-19（a）所示，鼠标指针经过时的效果如图 9-19（b）所示。

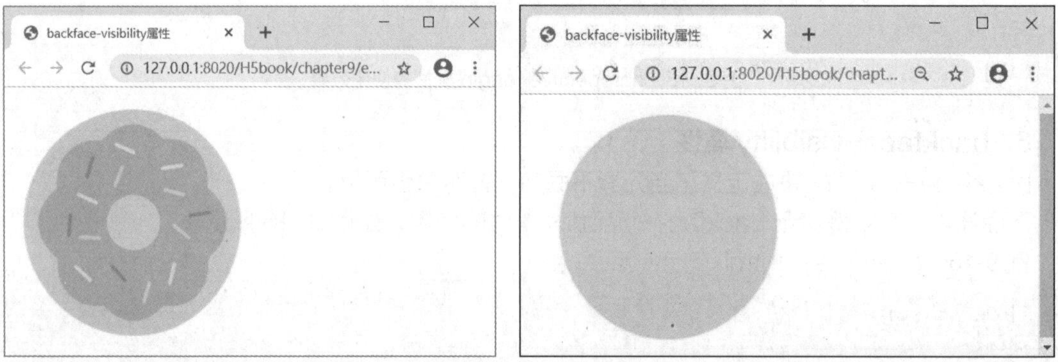


（a）　　（b）

图 9-19　backface-visibility 属性的使用效果

## 9.3 动画

CSS3 除了支持渐变、过渡和变形转换等特效之外，还可以实现强大的动画效果。使用 CSS3 能够创建动画，这可以在许多网页中取代动画图片、Flash 动画以及 JavaScript。在 CSS3 中，先通过@keyframes 定义关键帧，再使用动画属性便可以定义复杂的动画。本节将对动画中的关键帧以及相关动画属性进行详细讲解。

扫码观看视频

### 9.3.1 关键帧

使用动画之前必须先定义关键帧，一个关键帧表示动画过程中的一个状态。在 CSS3 中，@keyframes 规则用于创建动画。在@keyframes 规则中规定某

项 CSS 样式，就能创建由当前样式逐渐变为新样式的动画效果。@keyframes 规则的语法格式如下。

```
@keyframes  animationname{
    keyframes-selector{css-style;}
}
```

在上面的语法格式中，@keyframes 属性包含的参数的具体含义如下。

（1）animationname：声明动画的名称，不能为空。

（2）keyframes-selector：关键帧选择器，用来划分动画的时长，可以使用百分比形式，也可以使用 from 和 to 的形式。from 和 to 的形式等价于 0 和 100%，建议始终使用百分比形式。为了得到最佳的浏览器支持，应该始终定义 0 和 100%选择器。

（3）css-style：定义执行到当前关键帧时对应的动画状态，由 CSS 样式属性进行定义，多个属性之间用分号分隔，不能为空。

例如，使用@keyframes 属性可以定义一个淡入动画，示例代码如下。

```
@keyframes 'appear'{
    0%{opacity: 0;}        /*动画开始时的状态，完全透明*/
    100%{opacity: 1;}      /*动画结束时的状态，完全不透明*/
}
```

上述代码创建了一个名为“appear”的动画，该动画开始时，opacity 为 0（透明），该动画结束时，opacity 为 1（不透明）。该动画效果还可以使用如下等效代码来实现。

```
@keyframes 'appear'{
    from{opacity: 0;}     /*动画开始时的状态，完全透明*/
    to{opacity: 1;}       /*动画结束时的状态，完全不透明*/
}
```

另外，如果需要创建一个淡入淡出的动画效果，则可以通过如下代码实现。

```
@keyframes 'appeardisappear'{
    from,to{opacity: 0;}          /*动画开始和结束时的状态，完全透明*/
    20%,80%{opacity: 1;}          /*动画中间的状态，完全不透明*/
}
```

在上述代码中，为了实现淡入淡出的效果，需要定义动画开始和结束时元素不可见并渐渐淡出，在动画的 20%处变得可见，动画效果持续到 80%处再慢慢淡出。

**注意** IE 9 以及更早版本的 IE 浏览器不支持@keyframes 规则或 animation 属性。IE 10、Firefox 以及 Opera 支持@keyframes 和 animation 属性。

## 9.3.2 动画属性

表 9-7 所示为@keyframes 规则和所有动画属性的相关说明。

**表 9-7 @keyframes 规则和所有动画属性的相关说明**

| 属性 | 说明 |
|---|---|
| @keyframes | 规定动画 |
| animation | 所有动画属性的简写属性，不包括 animation-play-state 属性 |

续表

| 属性 | 说明 |
|---|---|
| animation-name | 规定@keyframes 动画的名称 |
| animation-duration | 规定动画完成一个周期所花费的秒或毫秒，默认值为 0 |
| animation-timing-function | 规定动画的速度曲线，即动画从一套 CSS 样式变为另一套样式时所用的时间，默认值为 ease |
| animation-delay | 规定动画何时开始，默认值为 0 |
| animation-iteration-count | 规定动画被播放的次数，默认值为 1 |
| animation-direction | 规定动画是否在下一周期逆向播放，默认值为 normal |
| animation-play-state | 规定动画是否正在运行或暂停，默认值为 running |
| animation-fill-mode | 规定对象动画时间之外的状态 |

**1. animation-name 属性**

animation-name 属性用于定义要应用的动画名称，为@keyframes 动画规定名称。其基本语法格式如下。

```
animation-name:keyframename|none;
```

在上面的语法格式中，属性值的含义如下。

（1）keyframename：用于规定需要绑定到选择器的 keyframe 的名称。

（2）none：animation-name 的初始值，表示不应用任何动画，通常用于覆盖或者取消动画。

**2. animation-duration 属性**

animation-duration 属性用于定义整个动画效果完成所需要的时间，以秒或毫秒计。其基本语法格式如下。

```
animation-duration:time;
```

在上面的语法格式中，属性值 time 定义了以秒（s）或者毫秒（ms）为单位的时间，默认值为 0，表示没有任何动画效果，当值为负数时，视其为 0。

**3. animation-timing-function 属性**

animation-timing-function 属性用来规定动画的速度曲线，可以定义使用哪种方式来执行动画效果。其基本语法格式如下。

```
animation-timing-function: ease | linear |ease-in |ease-out| ease-in-out |
                           cubic-bezier(n, n, n, n);
```

在上面的语法格式中，animation-timing-function 属性的默认值为 ease，各属性值的含义如下。

（1）ease：默认值，动画以低速开始，然后加快，在结束前变慢。

（2）linear：动画从头到尾的速度是相同的。

（3）ease-in：动画以低速开始。

（4）ease-out：动画以低速结束。

（5）ease-in-out：动画以低速开始和结束。

（6）cubic-bezier(n,n,n,n)：在 cubic-bezier 函数中定义自己的值，可能的值为 0～1。

**4. animation-delay 属性**

animation-delay 属性用于定义执行动画效果之前延迟的时间，即规定动画什么时候开始。其基本语法格式如下。

```
animation-delay:time;
```

在上面的语法格式中，属性值 time 用于定义动画开始前等待的时间，其单位是 s 或者 ms，默认属性值为 0。

**5. animation-iteration-count 属性**

animation-iteration-count 属性用于定义动画的播放次数。其基本语法格式如下。

```
animation-iteration-count: number | infinite;
```

在上面的语法格式中，animation-iteration-count 属性的初始值为 1，属性值的含义如下。

（1）number：用于定义播放动画的次数。

（2）infinite：用于指定动画循环播放。

**6. animation-direction 属性**

animation-direction 属性定义了当前动画播放的方向，即规定动画播放完成后是否逆向交替循环。其基本语法格式如下。

```
animation-direction: normal  |  alternate;
```

在上面的语法格式中，animation-direction 属性的初始值为 normal，属性值的含义如下。

（1）normal：表示动画每次都会正常显示。

（2）alternate：表示动画会在奇数次数（1、3、5 等）正常播放，而在偶数次数（2、4、6 等）逆向播放。

**7. animation 属性**

animation 属性是一个复合属性，用于在一个属性中设置 animation-name、animation-duration、animation-timing-function、animation-delay、animation-iteration-count 和 animation-direction 6 个动画属性。其基本语法格式如下。

```
animation:animation-name animation-duration animation-timing-function animation-delay animation-
iteration-count animation-direction;
```

在上面的语法格式中，使用 animation 属性时必须指定 animation-name 和 animation-duration 属性，否则持续的时间为 0，并且永远不会播放动画。

### 9.3.3 案例演示

下面的案例设置了前两节介绍的所有动画属性，如例 9-17 所示。

**例 9-17** example17.html

```
<!DOCTYPE html>
<html>
    <head>
        <meta charset="UTF-8">
        <title>animation 属性</title>
        <style>
            div {
```

```
        width: 100px;
        height: 100px;
        background: red;
        position: relative;
        animation-name: myfirst;  /*定义动画名称*/
        animation-duration: 5s;  /*定义动画周期持续时长*/
        animation-timing-function: linear; /*定义动画从一套 CSS 样式变为另一套样式所用的
         时间*/
        animation-delay: 2s;  /*定义动画开始之前等待的时长*/
        animation-iteration-count: infinite;  /*定义动画播放的次数*/
        animation-direction: alternate;  /*定义动画是否应该轮流逆向播放动画*/
        animation-play-state: running; /*定义动画正在运行还是暂停*/
        /* Firefox: */
        -moz-animation-name: myfirst;
        -moz-animation-duration: 5s;
        -moz-animation-timing-function: linear;
        -moz-animation-delay: 2s;
        -moz-animation-iteration-count: infinite;
        -moz-animation-direction: alternate;
        -moz-animation-play-state: running;
        /* Safari and Chrome: */
        -webkit-animation-name: myfirst;
        -webkit-animation-duration: 5s;
        -webkit-animation-timing-function: linear;
        -webkit-animation-delay: 2s;
        -webkit-animation-iteration-count: infinite;
        -webkit-animation-direction: alternate;
        -webkit-animation-play-state: running;
        /* Opera: */
        -o-animation-name: myfirst;
        -o-animation-duration: 5s;
        -o-animation-timing-function: linear;
        -o-animation-delay: 2s;
        -o-animation-iteration-count: infinite;
        -o-animation-direction: alternate;
        -o-animation-play-state: running;
    }
    @keyframes myfirst {
        /*改变背景色和位置*/
        0% {
            background: red;
            left: 0px;
            top: 0px;
        }
        25% {
            background: yellow;
            left: 200px;
            top: 0px;
        }
        50% {
            background: blue;
            left: 200px;
            top: 200px;
```

```
        }
        75% {
            background: green;
            left: 0px;
            top: 200px;
        }
        100% {
            background: red;
            left: 0px;
            top: 0px;
        }
    }
    @-moz-keyframes myfirst
    /* Firefox */
    {
        0% {
            background: red;
            left: 0px;
            top: 0px;
        }
        25% {
            background: yellow;
            left: 200px;
            top: 0px;
        }
        50% {
            background: blue;
            left: 200px;
            top: 200px;
        }
        75% {
            background: green;
            left: 0px;
            top: 200px;
        }
        100% {
            background: red;
            left: 0px;
            top: 0px;
        }
    }
    @-webkit-keyframes myfirst
    /* Safari and Chrome */
    {
        0% {
            background: red;
            left: 0px;
            top: 0px;
        }
        25% {
            background: yellow;
            left: 200px;
            top: 0px;
```

```
            }
            50% {
                background: blue;
                left: 200px;
                top: 200px;
            }
            75% {
                background: green;
                left: 0px;
                top: 200px;
            }
            100% {
                background: red;
                left: 0px;
                top: 0px;
            }
        }
        @-o-keyframes myfirst
        /* Opera */
        {
            0% {
                background: red;
                left: 0px;
                top: 0px;
            }
            25% {
                background: yellow;
                left: 200px;
                top: 0px;
            }
            50% {
                background: blue;
                left: 200px;
                top: 200px;
            }
            75% {
                background: green;
                left: 0px;
                top: 200px;
            }
            100% {
                background: red;
                left: 0px;
                top: 0px;
            }
        }
    </style>
  </head>
  <body>
    <p><b>注意：</b>本例在 Internet Explorer 9 以及更早的版本下无效</p>
    <div></div>
  </body>
</html>
```

运行例 9-17，等待 2s 后动画开始，<div>盒子先在（0,0）位置运动到（200,0）位置，且颜色由红色过渡到黄色；再由（200,0）位置运动到（200,200）位置，且颜色由黄色过渡到蓝色；然后从（200,200）位置运动到（0,200）位置，且颜色由蓝色过渡到绿色；最后从（0,200）位置运动到（0,0）位置，且颜色由绿色过渡为红色。由于设置了“animation-direction: alternate;”，所以动画会在第 2 次播放时逆向运行，当第 3 次播放动画时，又按正常顺序播放。这样，奇偶次数播放时正常与逆向一直交替运行。动画效果截图如图 9-20 所示。

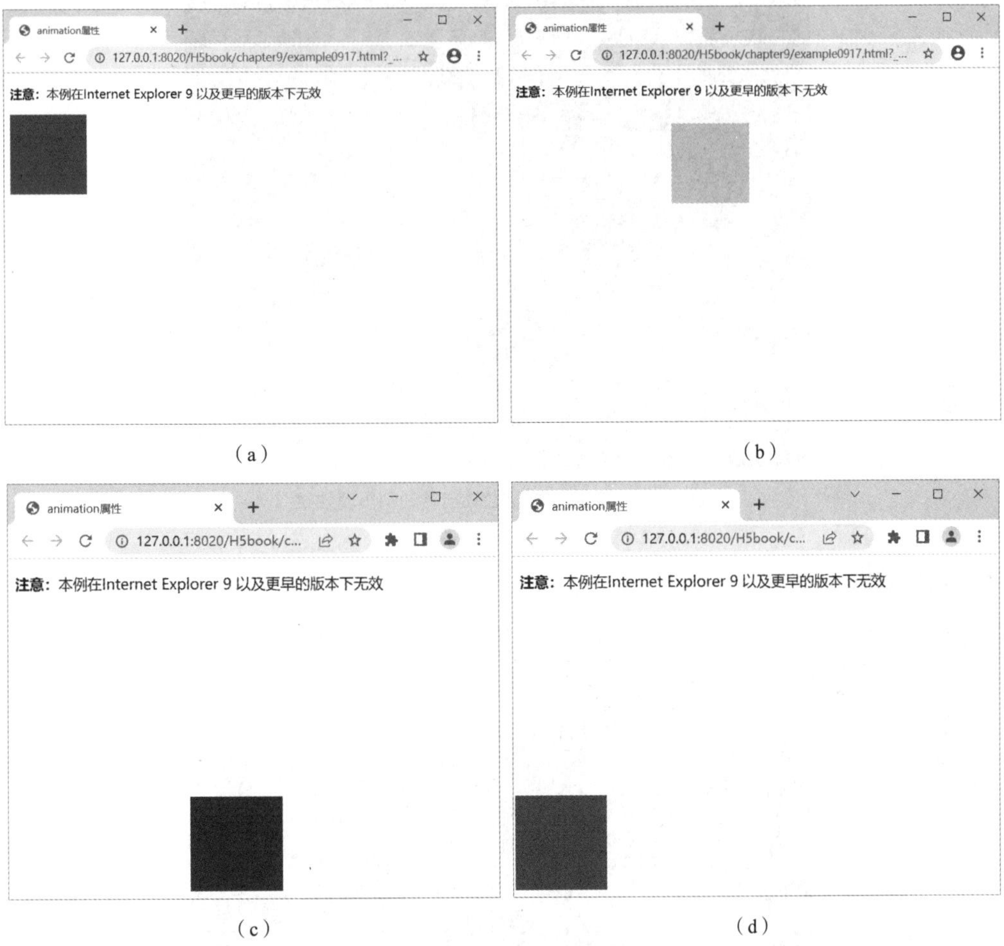


图 9-20　动画效果截图

如果使用 animation 复合属性，则可以将例 9-17 中的第 12～17 行代码简写如下。

```
animation: myfirst 5s linear 2s infinite alternate;
```

## 9.4 阶段案例——制作宇宙中星球自转公转动画页面

扫码观看视频

本章前 3 节详细讲解了 CSS3 中的高级应用，包括过渡、变形和动画。为了使读者更好地理解这些应用，并能够熟练运用相关属性实现元素的过渡、平移、缩放、倾斜、旋转及动画等特效，本节将通过综合案例帮助读者进一步巩固以上知识点。

### 9.4.1 案例描述

本案例将使用 HTML5+CSS3 技术完成一个表现宇宙中星球公转自转的动画页面，其效果如图 9-21 所示。

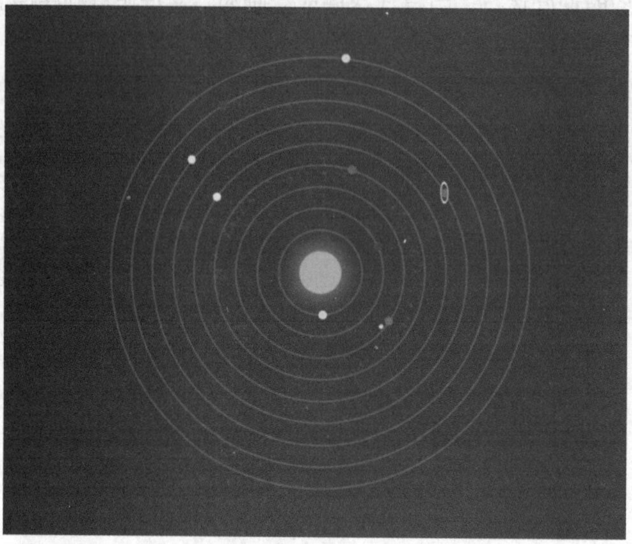

图 9-21 宇宙中星球公转自转动画页面效果

### 9.4.2 案例分析

本案例的结构构成非常简单，重点在于动画的运用练习，主要涉及 CSS 选择器、CSS3 圆角边框、CSS3 变形及 CSS3 动画等知识点。页面结构如图 9-22 所示。

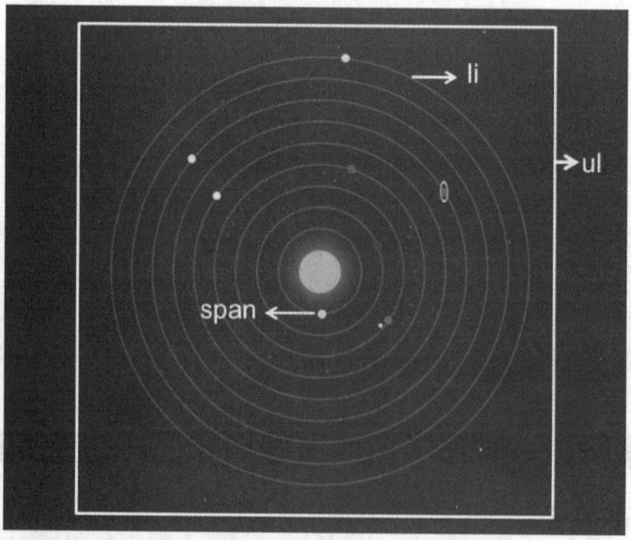


图 9-22 页面结构

如图 9-22 所示，整个页面是由 ul、li、span 构成的，具体如下所述。

（1）ul 提供了一个 600px×600px 的区域。

（2）li 作为星球运行的轨道。

（3）span 作为星球。

### 9.4.3 案例实现

#### 1. 实现结构

观察效果图，有 10 个轨道圆（包含中心圆），所以需要 10 个<li>标签；每个轨道上有一个球体，第 4 条轨道的球体周围有一个球体围绕，第 7 条轨道的球体周围有一个椭圆围绕。本案例的 HTML 代码如例 9-18 所示。

**例 9-18** example18.html

```
<!DOCTYPE html>
<html>
<head>
    <meta charset="UTF-8">
    <title>CSS3 动画宇宙</title>
    <link rel="stylesheet" type="text/css" href="cosmos.css">
</head>
<body>
        <ul>
            <!-- li 为轨道，span 为星球-->
            <li></li>
            <li><span></span></li>
            <li><span></span></li>
            <li><span><span></span></span></li>
            <li><span></span></li>
            <li><span></span></li>
            <li><span><span></span></span></li>
            <li><span></span></li>
            <li><span></span></li>
            <li><span></span></li>
        </ul>
</body>
</html>
```

#### 2. 为结构添加样式

（1）设置<body>样式。

（2）为整体的<ul>标签、<li>标签、<span>标签设置通用样式和动画。

（3）使用选择器 nth-child(n)为轨道设置样式。

本案例的样式代码 cosmos.css 如下，详细讲解请见代码注释。

```
body {
    margin: 0;  /*清除外边距*/
    padding: 0; /*清除内边距*/
    background: #080e24 url(./bg.jpg) repeat; /*设置背景*/
}
  ul {
    width: 600px;
    height: 600px;
    margin: 80px auto; /*外边距上下 80px，左右居中*/
```

```
    position: relative;/*相对定位*/
    list-style: none;  /*清除列表样式*/
}
ul li {
        border: 2px solid #394057;/*设置轨道粗细和颜色*/
        position: absolute;/*绝对定位，位置将从浏览器左上角开始计算*/
        left: 50%;/*左右居中 */
        top: 50%; /*上下居中 */
        border-radius: 50%; /*使用圆角属性画正圆 */
        transform: translate(-50%, -50%);
        box-sizing: border-box;
        animation-iteration-count: infinite;/*动画循环次数：无限循环*/
        animation-timing-function: linear;/*动画从头到尾的速度是相同的*/
        animation-name: orbit;/*为 @keyframes 动画规定一个名称*/
}
ul li span {/*轨道上的球体*/
        display: block;
        position: absolute;
        left: 0;
        width: 12px;
        height: 12px;
        border-radius: 50%;
}
ul li:nth-child(1) {/*正中央的球体*/
        width: 60px;
        height: 60px;
        border: none;
        box-shadow: 0 0 50px #c90; /*为中央的球体加阴影*/
        background-color: #C90;
        animation-duration: 5s;/*动画 5s 完成一个周期*/
}
ul li:nth-child(2) {
        width: 120px;
        height: 120px;
        animation-duration: 6s;
}
ul li:nth-child(2) span {
        background-color: yellow;
        left: 80px;
        top: 0;
}
ul li:nth-child(3) {
        width: 180px;
        height: 180px;
        animation-duration: 10s;
}
ul li:nth-child(3) span {
        background-color: blue;
        left: 47px;
        top: 0;
}
ul li:nth-child(4) {
        width: 240px;
```

```
        height: 240px;
        animation-duration: 12s;
    }
    ul li:nth-child(4) > span {
        background-color: green;
        left: 209px;
        top: 43px;
        animation: orbit 2s infinite linear;
    }
    ul li:nth-child(4) > span span {
        width: 6px;
        height: 6px;
        left: 16px;
        background-color: yellow;
    }
    ul li:nth-child(5) {
        width: 300px;
        height: 300px;
        background-image: url(./asteroids_meteorids.png);
        background-size: cover;/*把背景图片扩展至足够大，以使背景图片完全覆盖背景区域*/
        animation-duration: 25s;
    }
    ul li:nth-child(5) span {
        background-color: red;
        left: 95px;
        top: 0;
    }
    ul li:nth-child(6) {
        width: 360px;
        height: 360px;
        animation-duration: 20s;
    }
    ul li:nth-child(6) span {
        background-color: #CCC;
        left: -5px;
        top: 200px;
    }
    ul li:nth-child(7) {
        width: 420px;
        height: 420px;
        animation-duration: 30s;
    }
    ul li:nth-child(7) > span {
        background-color: green;
        left: 300px;
        top: 18px;
    }
    ul li:nth-child(7) > span span {
        width: 15px;
        height: 15px;
        border: 2px solid #CCC;
        left: -4px;
        top: -4px;
```

```
        transform: skew(0, 45deg);/*变形，椭圆*/
}
ul li:nth-child(8) {
        width: 480px;
        height: 480px;
        animation-duration: 35s;
}
ul li:nth-child(8) span {
        background-color: pink;
        left: 0;
        top: 170px;
}
ul li:nth-child(9) {
        width: 540px;
        height: 540px;
        animation-duration: 40s;
}
ul li:nth-child(9) span {
        background-color: blue;
        left: 47px;
        top: 100px;
}
ul li:nth-child(10) {
        width: 600px;
        height: 600px;
        animation-duration: 45s;
}
ul li:nth-child(10) span {
        background-color: yellow;
        left: 224px;
        top: 0;
}
@keyframes orbit {
    0% {/*动画开始*/
        transform: translate(-50%, -50%) rotate(0deg);
    }
    100% {/*动画结束*/
        transform: translate(-50%, -50%) rotate(360deg);
    }
}
```

## 本章小结

本章首先介绍了 CSS3 高级应用中的过渡和变形，然后详细讲解了过渡属性、2D 转换和 3D 转换以及动画方案，最后通过 CSS3 设置过渡、变形和动画，制作完成了一个表现宇宙中星球公转自转的动画页面。

通过本章的学习，读者应该能够掌握 CSS3 中的过渡、转换和动画等技术要点，并能够熟练地使用相关属性实现元素的过渡、平移、缩放、倾斜、旋转及动画等特效。

# 第 10 章
# 跨平台移动 Web 技术

**学习目标**

- 了解什么是响应式 Web 设计。
- 掌握 CSS3 媒体查询的使用。
- 掌握流式布局的使用。
- 掌握 Flexbox 布局的使用。

## 10.1 响应式 Web 设计

扫码观看视频

随着移动产品的日益丰盛，出现了各种屏幕尺寸的手机、Pad 等移动设备。如果针对每一种尺寸的设备都独立开发一个网站，则成本会非常高。此时，响应式 Web 设计（Responsive Web Design）应运而生。值得一提的是，响应式 Web 设计不仅可以适用于各种移动终端设备，还可以适用于 PC 端。

### 10.1.1 响应式 Web 设计简介

响应式 Web 设计是由 Ethan Marcotte 在 2010 年提出的，其目标是要让设计的网站能够响应用户的行为，根据不同终端设备自动调整尺寸。

从设计理念看，响应式 Web 设计是一种针对任意设备都可以对网页内容进行完美布局的显示方式，与原始设计方式相比有如下两点突破。

**1. 一套设计多处使用**

如果要找一个成本、设计与性能之间的平衡点，则响应式 Web 设计是最好的选择，因为它可以做到一套设计响应多种屏幕。

**2. 移动优先**

之前的网站开发大多数是先开发 PC 端，再根据 PC 端的网页及功能设计开发移动终端。然而，随着互联网行业的发展，使用移动终端上网的用户群早已经赶超 PC 端。因为移动终端设备的屏幕小，计算资源低，所以开发人员可以先在屏幕更小、计算资源更低的移动终端设备中设计产品功能。这样做，一是可以使产品的功能更加核心化和简洁化，二是有助于设计出性能更高的程序。

从用户体验方面来看，通常网站会在移动浏览器上缩放，这样虽然可以完整呈现人们想要浏览的内容，但鉴于移动设备屏幕大小的限制，过多的内容会使页面看起来杂乱不堪，用户也很难找到自己关注的内容。而响应式 Web 设计并不是将整个网页缩放显示给用户，而是经过精心筛选，有选择性地显示页面内容。

例如，对于一个博客界面，其在 PC 端的页面效果如图 10-1 所示，内容分两栏横向排列显示，如果在移动终端的小屏幕上，按比例缩小，则网页中的文字会看不清；而响应式 Web 开发使得该界面呈现纵向排列方式，效果如图 10-2 所示。

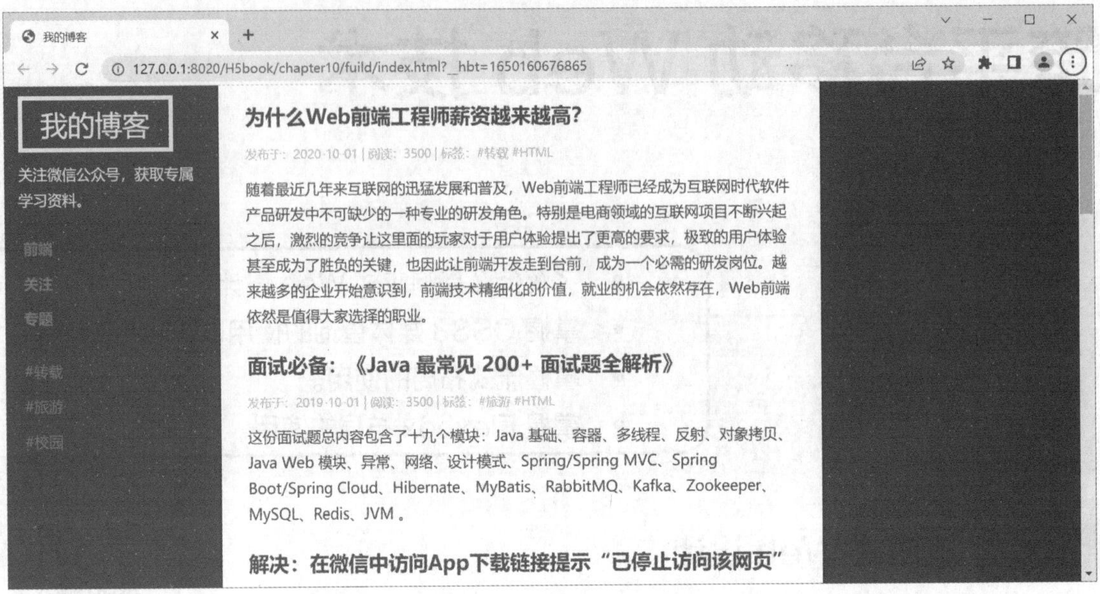


图 10-1　PC 端的页面效果

图 10-2　移动端的页面效果

### 10.1.2 响应式Web设计相关技术

响应式Web设计是和HTML5+CSS3互相配合与支持的，实现响应式Web设计包括以下技术点。

（1）HTML5+CSS3的基本网页设计。

（2）视口：提供可以配置视口的属性。

（3）CSS3媒体查询（Media Queries）：识别媒体类型、特征（屏幕宽度、像素比等）。

（4）流式布局（Fluid Layout）：可以根据浏览器的宽度和屏幕的大小自动调整效果。

（5）流式图片（Fluid Images）：随流式布局进行相应缩放，可以理解为图片的流式布局。

（6）响应式栅格系统：依赖于媒体查询，根据不同的屏幕大小调整布局。

（7）弹性盒布局：CSS3的弹性盒布局是可以让人们告别浮动，完美地实现垂直居中的新特性。

（8）弹性图片：指的是不给图片设置固定尺寸，而是通过设置img的属性“max-width：100%;”使图片大小自动适应屏幕大小。

实现响应式Web设计，可以说就是根据显示屏幕大小的变化控制页面的文档流。

## 10.2 媒体查询

扫码观看视频

### 10.2.1 CSS2媒体查询

从CSS2开始，已经可以通过媒体类型在CSS中获得媒体支持，具体用法就是在HTML页面的<head>标签中插入如下一段代码。

```
<link rel="stylesheet" type="text/css" media="screen and (max-width:960px)" href="style.css"/>
```

这种写法是CSS2实现的衬线用法，它可以使页面在宽度小于960px时执行指定的样式文件style.css。

例如，想知道现在的移动设备是不是纵向放置的显示屏，可以使用如下代码。

```
<link rel="stylesheet" type="text/css" media="screen and (orientation:portrait)" href="style.css"/>
```

但是CSS2的这种方法最大的弊端是它会增加页面的请求次数，增加了页面负担，相比而言，使用CSS3的媒体查询技术把样式都写在一个文件中才是最佳的方法。

下面重点介绍CSS3的媒体查询技术的应用。

### 10.2.2 CSS3媒体查询的用法

#### 1. 设置<meta>标签为移动设备响应式做准备

在使用媒体查询的时候，需要在HTML文档的<head></head>标签对中设置如下代码，以兼容移动设备的展示效果。

```
<meta name="viewport" content="width=device-width, initial-scale=1.0, maximum-scale=1.0, user-scalable=no">
```

各参数的解释如下。

（1）width = device-width：宽度等于当前设备的宽度。

（2）initial-scale：初始的缩放比例（默认设置为1.0）。

（3）minimum-scale：允许用户缩放到的最小比例（默认设置为 1.0）。

（4）maximum-scale：允许用户缩放到的最大比例（默认设置为 1.0）。

（5）user-scalable：指示用户是否可以手动缩放（默认设置为 no，因为不希望用户放大或缩小页面）。

同时，设置 IE 渲染方式为最高，这部分可以选择添加，也可以选择不添加。因为现在有很多用户的 IE 已经升级到 IE9 以上了，所以此时会有很多诡异的事情发生，如现在 IE9 的文档模式是 IE8。为了防止这种情况出现，需要在<head>标签中加上如下代码，以使 IE 的文档模式永远都是最新的。

```
<meta http-equiv="X-UA-Compatible" content="IE=edge">
```

**2. 解决不支持媒体查询的浏览器兼容问题**

因为 IE8 既不支持 HTML5 也不支持 CSS3 Media，所以需要加载两个 JavaScript 文件——html 5shiv.js 和 respond.min.js，以保证代码实现兼容效果。

```
<script src="https://oss.maxcdn.com/libs/html5shiv/3.7.0/html5shiv.js"></script>
<script src="https://oss.maxcdn.com/libs/respond.js/1.3.0/respond.min.js"></script>
```

其中，html5shiv.js 可使版本低的浏览器支持 HTML5 标签，respond.min.js 可使 CSS 支持媒体查询。如果开发的项目是移动端项目或者不需要支持 IE8，则不需要加载这些文件。

**3. 媒体查询的使用规则**

（1）媒体查询的规则

在 CSS 规范中，媒体查询能在不同的条件下使用不同的样式，使页面在不同终端设备上达到不同的渲染效果。在 HTML 文档的<head></head>标签对中，媒体查询的规则如下。

```
@media 媒体类型  and （媒体特性）{  具体某种终端设备下的样式  }
```

> **注意**  **使用媒体查询时必须以@media 开头，并指定媒体类型（也可以称之为设备类型），随后指定媒体特性（也可以称之为设备特性）。**

媒体类型是一个非常有用的属性，可以通过媒体类型对不同的设备指定不同的样式，W3C 总共列出了 10 种媒体类型，常用的是 all（全部）、screen（屏幕）、print（页面打印或打印预览模式）。

媒体特性的书写方式和样式的书写方式非常相似，主要分为两个部分：一部分指的是媒体特性，另一部分为媒体特性所指定的值，且这两部分之间使用冒号分隔。例如：

```
max-width: 768px;
```

（2）外链式的 CSS3 媒体查询样式写法

在 HTML 文档的<head></head>标签对中加上如下代码。

```
<link  rel="stylesheet"  href="small.css" />
```

在 small.css 文件的开头加上如下代码。

```
@media screen and (max-width:768px){
    /*样式内容*/
}
```

(3)内嵌式的CSS3媒体查询样式写法

在HTML文档的<head></head>标签对中直接加上如下代码。

```
<style type="text/css">
/*样式代码*/
@media screen and (max-width:768px){
        /*样式代码*/
}
</style>
```

以上通过外链式书写的媒体查询样式语句表示当页面宽度小于或等于768px时调用small.css样式表来渲染Web页面。通过内嵌式书写的媒体查询样式语句，为了渲染页面宽度小于或等于768px时的样式，语句全部写在了<style>标签内部的@media screen and (max-width:768px){}中。其中，screen指的是媒体类型，如电脑屏幕、平板电脑、智能手机等；and为关键词，与其相似的还有not、only等；(max-width:768px)是媒体特性，即媒体条件。但与CSS属性不同的是，媒体特性通过<min>/<max>来表示大于、等于或小于，以作为逻辑判断。

**4. 媒体查询在实际项目中的常用方式**

(1)最大宽度(max-width)

max-width是媒体特性中常用的一个特性，指当媒体类型小于或等于指定的宽度时，样式生效。例如：

```
@media screen and (max-width:480px){
 .box{
   display:none;
  }
}
```

以上代码表示的是当屏幕小于或等于480px时，类名为“box”的元素都将被隐藏。

(2)最小宽度(min-width)

min-width与max-width相反，指当媒体类型大于或等于指定宽度时，样式生效。例如：

```
@media screen and (min-width:900px){
.wrapper{width: 980px;}
}
```

以上代码表示的是当屏幕大于或等于900px时，类名为“wrapper”的元素宽度为980px。

(3)使用多个媒体特性

媒体查询可以使用关键词and将多个媒体特性结合在一起。一个媒体查询语句中可以包含0个或多个表达式，表达式又可以包含0个或多个关键字以及一种媒体类型。

例如，当屏幕在600px至900px之间时，body的背景色渲染为#f5f5f5，示例如下。

```
@media screen and (min-width:600px) and (max-width:900px){
   body {background-color:#f5f5f5;}
}
```

(4)设备屏幕的输出宽度(device width)

在智能设备上，如在iPhone、iPad等上，还可以根据屏幕设备的尺寸来设置相应的样式(或者调用相应的样式文件)。对于屏幕设备，同样可以使用min/max对应参数，如min-device-width或者max-device-width。例如：

```
<link rel="stylesheet" media="screen and (max-device-width:480px)" href="iphone.css" />
```

以上代码指的是 iphone.css 样式适用的最大设备宽度为 480px，这里的 max-device-width 所指的是设备的实际分辨率，即可视分辨率。

### 10.2.3 媒体查询常用尺寸及代码

```
/* 大型设备（大台式电脑，1200px 起） */
@media screen and (min-width:1200px){ ... }
/* 中型设备（台式电脑，992px 起） */
@media screen and (min-width:992px){ ... }
/* 小型设备（平板电脑，768px 起） */
@media screen and (min-width:768px) { ... }
/* 超小设备（手机，小于 768px） */
@media screen and (min-width:480px){ ... }
```

在设置时，需要注意先后顺序，否则后面的样式会覆盖前面的样式。

### 10.2.4 案例演示

下面通过一个案例演示媒体查询技术的具体用法，如例 10-1 所示。

例 10-1　example01.html

```
<!DOCTYPE html>
<html>
    <head>
        <meta charset="UTF-8">
        <meta name="viewport" content="width=device-width,initial-scale=1,minimum-scale=1,
maximum-scale=1,user-scalable=no" />
        <title>通过媒体查询改变 div 盒子的大小及背景色</title>
        <style type="text/css">
            .box{
                width: 1280px;
                height: 100px;
                background-color:red;
                margin: 0 auto;
            }
            @media screen and (max-width: 1200px){
                .box{
                    width: 992px;
                    height: 200px;
                    background-color:yellow;
                }
            }
            @media screen and (max-width: 992px){
                .box{
                    width: 768px;
                    height: 300px;
                    background-color:blue;
                }
            }
            @media screen and (max-width: 768px){
                .box{
                    width: 480px;
                    height: 400px;
```

```
                background-color:green;
            }
        }
        @media screen and (max-width: 480px){
            .box{
                width: 300px;
                height: 500px;
                background-color:pink;
            }
        }
    </style>
</head>
<body>
    <div class="box"></div>
</body>
</html>
```

运行例 10-1，进入调试模式，拖动鼠标改变屏幕的宽度，由大屏向小屏过渡的效果如图 10-3 所示。

如图 10-3（a）所示，设置了当屏幕尺寸在 992px 至 1200px 之间时，div 盒子的宽为 992px、高为 200px、背景色为黄色。

如图 10-3（b）所示，设置了当屏幕尺寸在 768px 至 992px 之间时，div 盒子的宽为 768px、高为 300px、背景色为蓝色。

如图 10-3（c）所示，设置了当屏幕尺寸在 480px 至 768px 之间时，div 盒子的宽为 480px、高为 400px、背景色为绿色。

如图 10-3（d）所示，设置了当屏幕尺寸最大值不超过 480px 时，div 盒子的宽为 300px、高为 500px、背景色为粉色。

如图 10-3（e）所示，在其他屏幕尺寸下，div 盒子的背景色为红色。

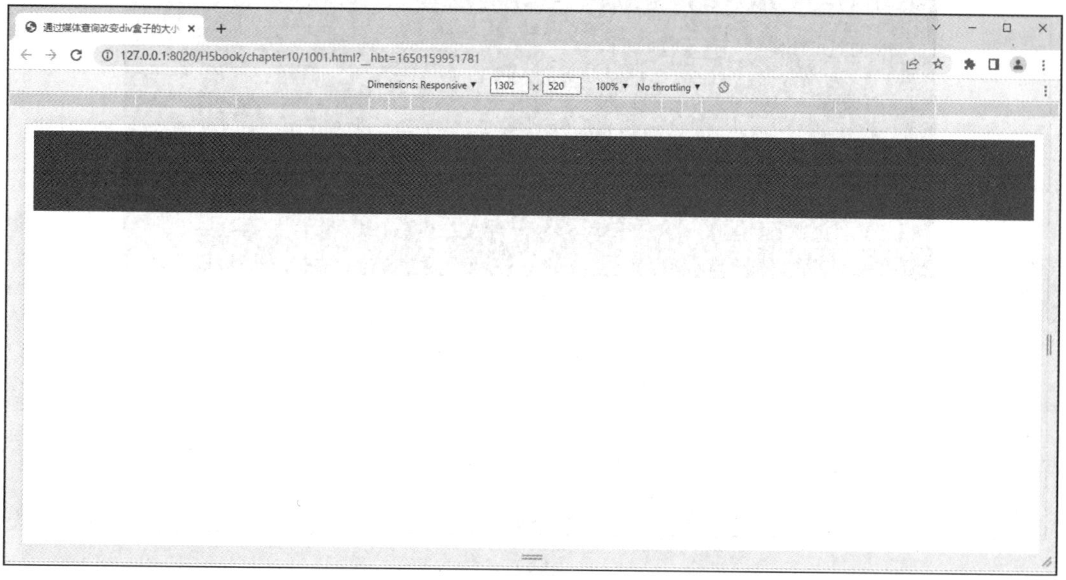


（a）

图 10-3　例 10-1 运行效果

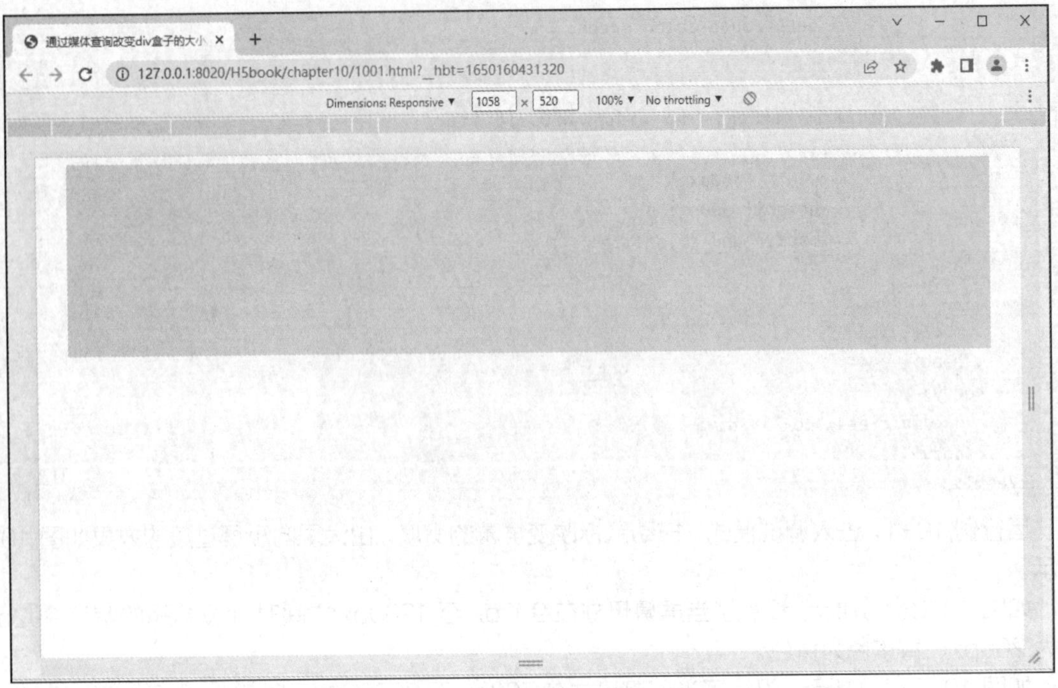


（b）

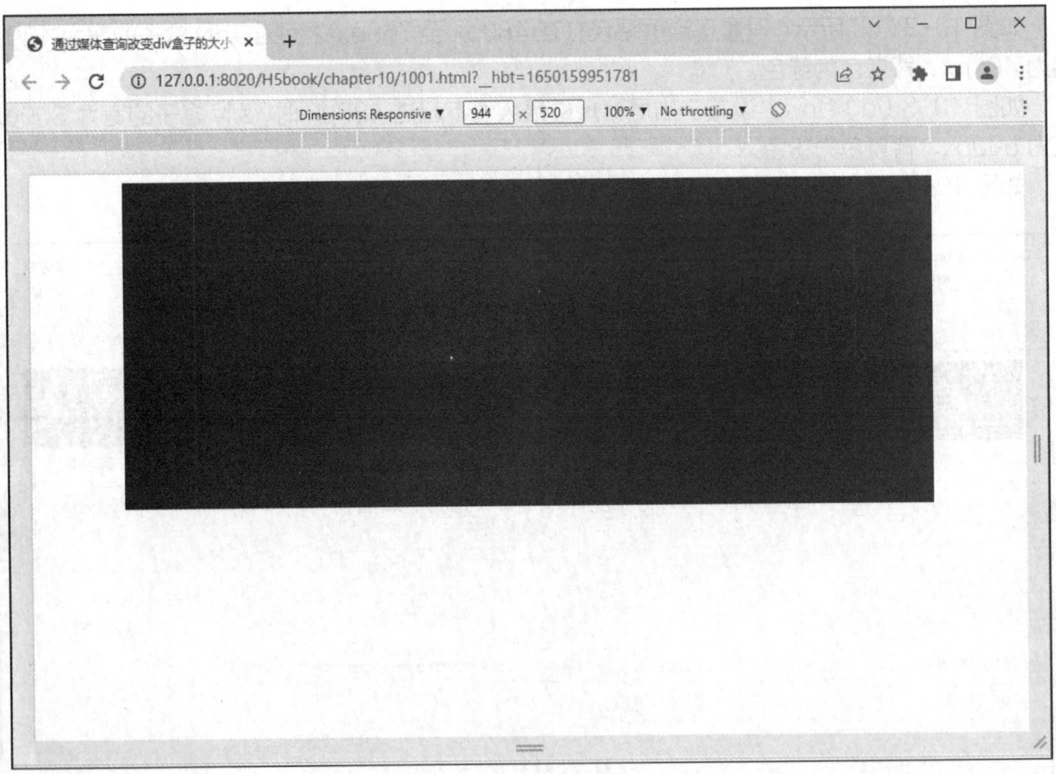


（c）

图 10-3　例 10-1 运行效果（续）

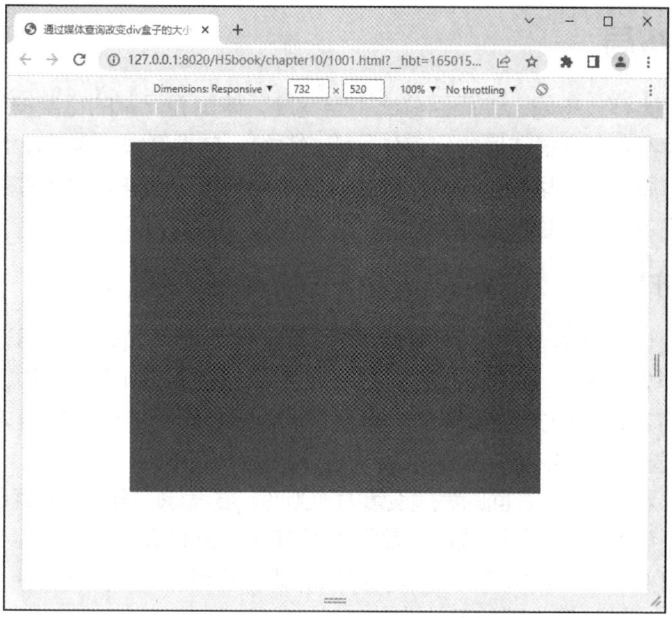


（d）

（e）

图 10-3　例 10-1 运行效果（续）

需要注意的是，因为 CSS 代码的执行顺序是从上往下依次执行，所以当使用 min-width 来区分屏幕时，要按从小屏到大屏的顺序编写；当使用 max-width 来区分屏幕时，要按照从大屏到小屏的顺序编写。

# 10.3 流式布局

流式布局又称等比缩放布局，使用百分比设定宽度，使页面元素的宽度按照屏幕分辨率进行适配调整，但整体布局不变。流式布局的代表作是栅格系统，前端开发框架 Bootstrap 就采用栅格系统进行布局。这种布局方式在早期的 Web 前端开发中用来应对那些屏幕尺寸差异不太大的 PC 端屏幕，在当今移动终端开发中也比较常用。

## 10.3.1 创建流式布局

扫码观看视频

响应式 Web 设计经常需要通过百分比参数设置组件宽度。如果不考虑边框，则容易实现，但如果每一列以及总宽度都采用百分比设置，则固定的边框大小会出错。下面将通过一组方法解决这个问题，不用担心额外的边框以及内边距，学会如何创建一个流式布局。

假设需要一个 5 列的布局，页面的宽度设置为 100%，要考虑的第一件事就是外边距（margin）。假设所有列左右两侧都需要 2%的外边距，需要为所有外边距保留 20%（4%×5（5 列）=20%）的占宽比；从总宽比（100%）中减去 20%，得到的就是所有列实际的总宽比，所以每一列的占宽比为 16%（80%/5）。其计算过程如下。

| | | | | | | | | | | | | | | |
|---|---|---|---|---|---|---|---|---|---|---|---|---|---|---|
| 2% | 16% | 2% | 2% | 16% | 2% | 2% | 16% | 2% | 2% | 16% | 2% | 2% | 16% | 2% |

外边距占的总宽比：（2%+2%）×5 列=20%。

主体内容占的总宽比：100%-20%=80%。

每列内容占的总宽比：80%/5=16%。

下面通过一个例子来讲解创建不考虑边框的流式布局的方法，如例 10-2 所示。

**例 10-2** example02.html

```
<!DOCTYPE html>
<html>
    <head>
        <meta charset="UTF-8">
        <title>未考虑边框的流式布局</title>
        <style type="text/css">
            *{
                margin: 0;
                padding: 0;
            }
            .box{
                width: 100%;
                height: 100px;
            }
            .column{
                width:16%;
                height: 300px;
                margin: 2% 2%;
                float: left;
                background: #03a8d2;
                /*border: 2px solid #000000;*/
```

```
            }
        </style>
    </head>
    <body>
        <div class="box">
            <div class="column"></div>
            <div class="column"></div>
            <div class="column"></div>
            <div class="column"></div>
            <div class="column"></div>
        </div>
    </body>
</html>
```

运行例 10-2，效果如图 10-4 所示。

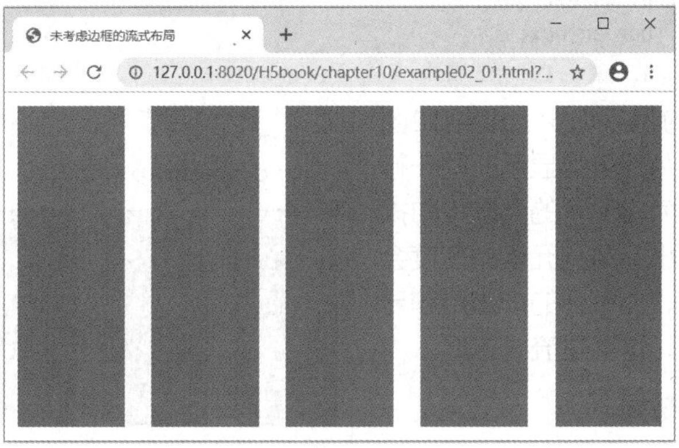


图 10-4　不带边框的流式布局效果

如果将第 21 行被屏蔽的代码解除屏蔽，给每一列添加一个 2px 的边框，则会出现问题，最后一列被挤到下面一行了，其效果如图 10-5 所示。

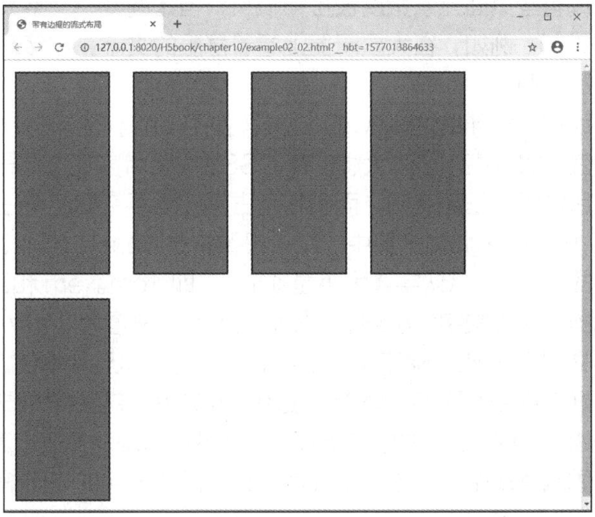


图 10-5　带有边框的流式布局效果

在实际项目开发中，应该考虑到元素的边框（border），但是不能用百分比去设置边框的大小，只能使用一个固定的值。因为如果都使用百分比进行设置，那么留给 border 的空间会是一个变化的值，也就是说，当页面宽度变化时，border 的值也会随之变化，会影响网页的整体效果，这样是有问题的。

CSS 提供了解决边框宽度的问题：通过设置 CSS 的 box-sizing 属性值为 border-box，即可将 border 和 padding 所占的宽度全部包含在定义的宽度中。例如，一个带有 2px 边框的 200px 宽度的 div 盒子，设置 box-sizing 属性值为 border-box，宽度仍然是 200px。现在将例 10-2 中第 7～10 行代码修改如下。

```
*{
    margin: 0;
    padding: 0;
    box-sizing: border-box;
    -webkit-box-sizing: border-box;
    -moz-box-sizing: border-box;
}
```

再次运行修改后的例 10-2，效果如图 10-6 所示，此时，5 列元素均显示在同一行中，并按设置的外边距为 20px 的要求均匀排列。调整页面窗口的大小，5 列元素的宽度会随着窗口的大小而改变，而每列的外边距和元素边框的数据保持不变，这就是流式布局。

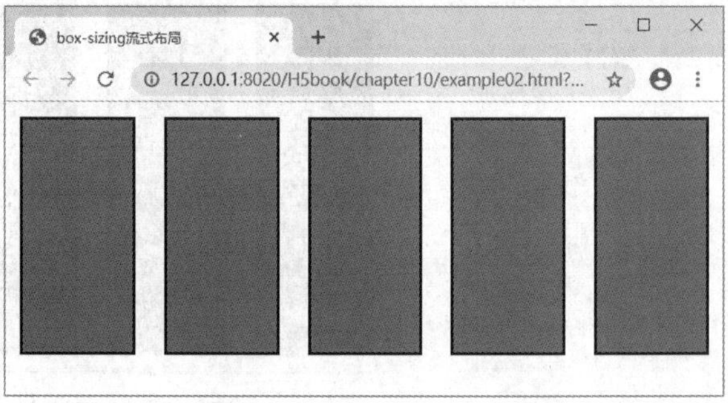


图 10-6　box-sizing 的使用效果

### 10.3.2　CSS3 流式布局

CSS3 流式布局虽然是当今移动端开发较常用的布局方式，但缺点也比较明显，主要的问题是如果屏幕尺度跨度太大，那么相对于其原始设计而言，页面内容在过小或过大的屏幕上无法正常显示。因为宽度使用百分比定义，但是高度和文字大小等大都使用像素来固定，所以在大屏幕手机上的显示效果会变成有些页面元素宽度被拉得很长，但是高度、文字大小还是和原来一样（即这些元素无法变得“流式”），例如，在大显示器上看着舒服的文字，在移动设备的小屏幕上就会变得难以辨认，显示非常不协调。

为了字体大小的可维护性和伸缩性，W3C 更推荐使用 em 作为字体尺寸单位，希望其随着当前元素的字体尺寸而改变，如行高、字体大小。在 CSS 中，em 实际上是一个垂直测量，一个 em 等于任何字体中的字符所需要的垂直空间，而和它所占据的水平空间没有任何关系。现在所有浏览器的默认字体大小都是 16px，因此浏览器中的默认设置将是 1em = 16px。由于<body>字体可继承浏览器默认的大小，故<body>默认字体大小是 16px，即 1em。em 和百分比的设置结果相同，都是让文字相对于浏览器默认的文字大小缩放，如把文字大小设置为 110%或 1.1em，结果是文字比常规没有应用样式的文字大 10%。除了文字使用 em 作为字体尺寸单位之外，布局中的边框、外边距、内边距单位也最好使用 em 而不是像素。使用 em 之后，这些样式属性所占用的空间都会根据文字大小而缩放。例如，在例 10-3 中，左右两栏都是两个<div>标签嵌套的布局，内部的<div>标签用于为当前栏内容周围添加空白，这样不会影响整体两栏布局的等比缩放，如例 10-3 所示。

例 10-3　example03.html

```
<!DOCTYPE html>
```

```
<html>
    <head>
    <meta charset="UTF-8">
    <title>使用 em 作为单位</title>
    <style>
        * {
          margin: 0px;
          padding: 0px;
       }
       body{
           font-size: 100%;
       }
       p {
           font-size: 0.9em;
       }
       h1 {
           font-size: 2em;
       }
       .leftColumn {
           width: 33.3%;
           float: left;
           background-color:yellow;
       }
       .rightColumn {
           width: 66.7%;
           float: left;
           background-color:#7FFF9B;
       }
       .colomnContent {
           border: 0.07em solid gray;
           margin: 0.3em;
           padding: 0.2em 0.3em 0.4em 0.4em;
       }
    </style>
</head>
<body>
    <div class="leftColumn">
        <div class="colomnContent">
            <h1>left</h1>
            <p>我是左侧模块，可以等比缩放</p>
        </div>
    </div>
    <div class="rightColumn">
        <div class="colomnContent">
            <h1>right</h1>
            <p>我是右侧模块，可以等比缩放</p>
        </div>
    </div>
</body>
</html>
```

运行例 10-3，效果如图 10-7（a）所示，如果将页面尺寸变小，则页面中的字体大小及内外边距等会随之缩放，效果如图 10-7（b）所示。

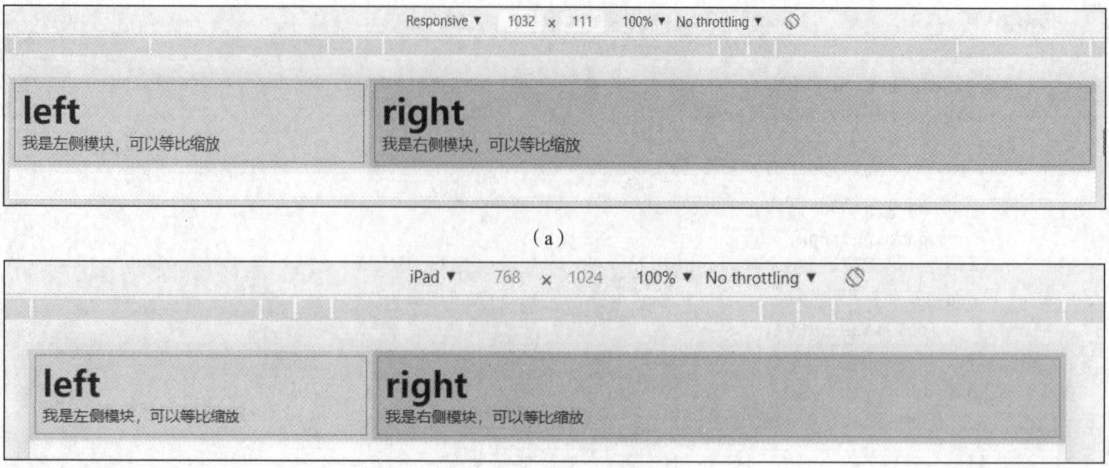


（a）

（b）

图 10-7 使用 em 作为单位的效果

### 10.3.3 案例演示

下面通过一个案例来演示流式布局在响应式 Web 设计中的应用。

**1. 案例分析**

本案例的 PC 端页面效果如图 10-8 所示，PC 端页面结构如图 10-9 所示，移动端页面效果如图 10-10 所示。

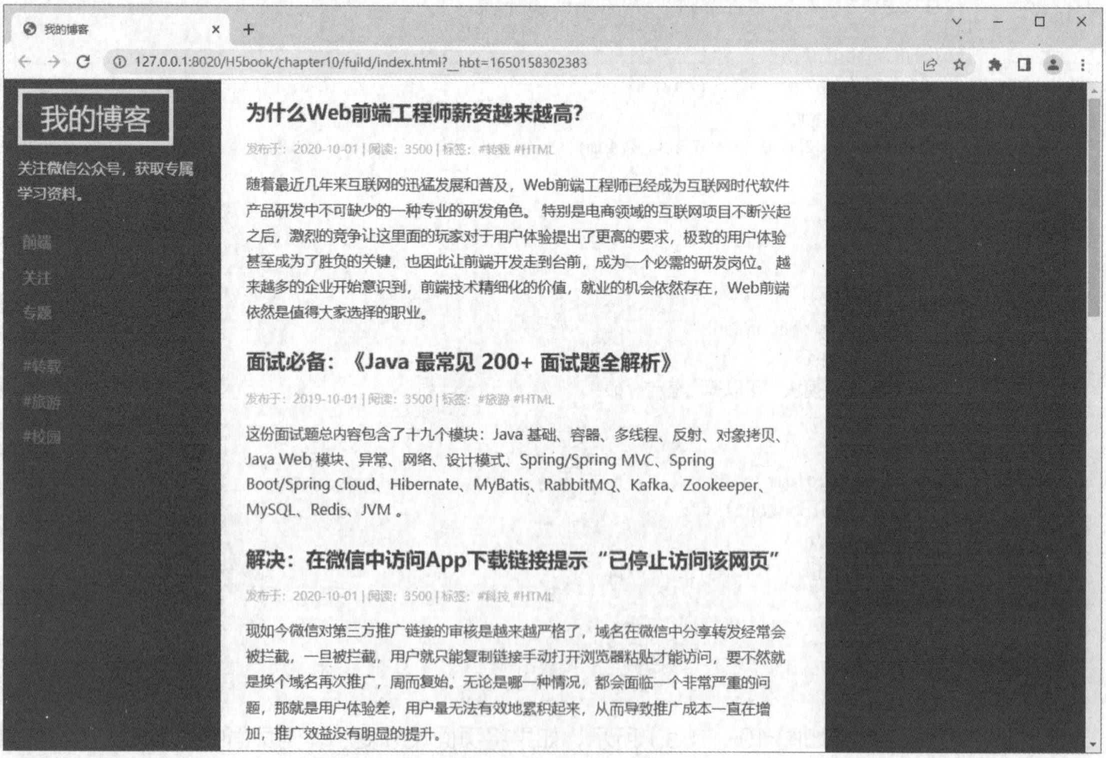


图 10-8 PC 端页面效果

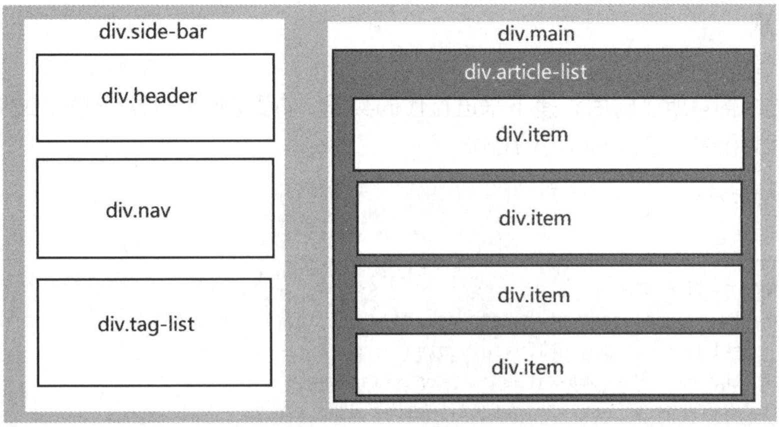


图 10-9　PC 端页面结构

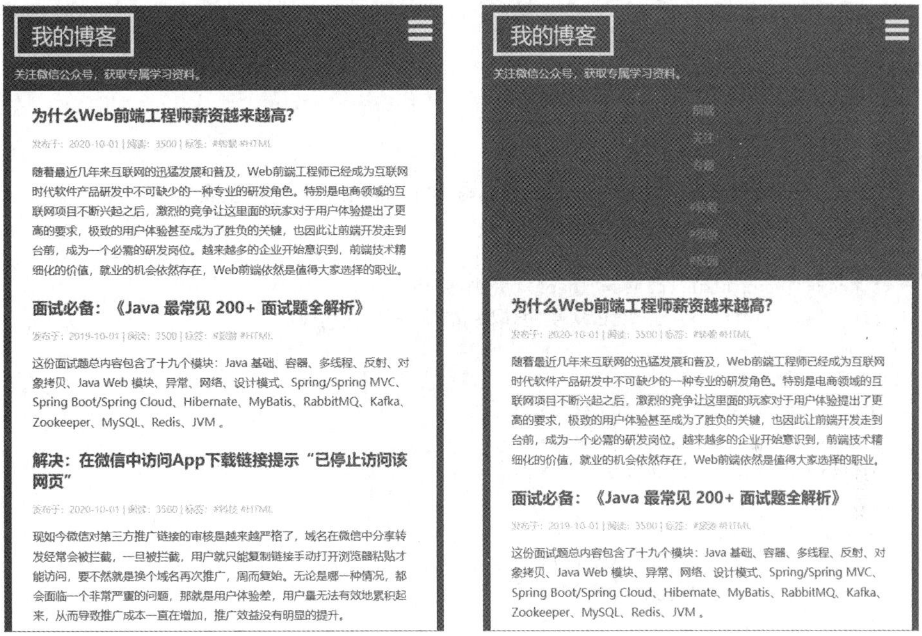


（a）　　　　　　　　（b）

图 10-10　移动端页面效果

PC 端页面效果实现细节具体分析如下。

（1）PC 端和移动端页面均使用流式布局的百分比进行布局。

（2）PC 端页面分为左右两列，左列 div.side-bar 占 20%，并将 div.header、div.nav、div.tag-list 作为该容器的 3 个子元素；右列 div.main 占 80%，内部的 div.article-list 用于在当前列内容周围添加空白，并将多个 div.item 作为 div.article-list 的子元素，最终完成 PC 端的页面样式脚本。

（3）在屏幕尺寸小于或等于 768px 的移动端，应用汉堡包按钮技术将左列 div.side-bar 的内容先隐藏起来，通过单击汉堡包按钮展开左列 div.side-bar 的内容，再次单击汉堡包按钮，左列 div.side-bar 的内容又被隐藏起来。将 div.side-bar 的占宽比调整为 100%，将右列 div.main 的占宽比调整为 100%，完成移动端的页面样式脚本。

## 2. 代码实现

(1)结构代码

在对页面的结构有所了解后，接下来进行代码实现。本案例的 HTML 代码如例 10-4 所示。

例 10-4　chapter10\fuild\index.html

```
<!DOCTYPE html>
<html>
<head>
  <meta charset="UTF-8">
  <meta name="viewport" content="width=device-width,initial-scale=1,
 minimum-scale=1,maximum-scale=1,user-scalable=no" />
  <meta http-equiv="X-UA-Compatible" content="ie=edge">
  <link rel="stylesheet" href="css/font-awesome.min.css" />
  <link rel="stylesheet" href="css/main.css">
  <link rel="stylesheet" href="css/mobile.css" />
  <title>我的博客</title>
</head>
<body>
    <!--左侧内容-->
  <div class="side-bar">
      <!--汉堡包按钮-->
      <label for="checktag" id="menu"><i class="fa fa-bars"></i></label>
      <input type="checkbox" id="checktag"/>
    <div class="header">
      <a href="index.html" class="logo">我的博客</a>
      <div class="intro">关注微信公众号，获取专属学习资料。</div>
    </div>
    <div class="nav">
      <a href="#" class="item">前端</a>
      <a href="#" class="item">关注</a>
      <a href="#" class="item">专题</a>
    </div>
    <div class="tag-list">
      <a href="#" class="item">#转载</a>
      <a href="#" class="item">#旅游</a>
      <a href="#" class="item">#校园</a>
    </div>
  </div>
  <!--右侧内容-->
  <div class="main">
    <div class="article-list">
        <div class="item">
        <a href="article.html" class="title">为什么 Web 前端工程师薪资越来越高? </a>
        <div class="status">发布于: 2020-10-01 | 阅读: 3500 | 标签: #转载 #HTML</div>
        <div class="content">
    随着最近几年来互联网的迅猛发展和普及，Web 前端工程师已经成为互联网时代软件产品研发中不可缺
少的一种专业的研发角色。
      特别是电商领域的互联网项目不断兴起之后，激烈的竞争让这里面的玩家对于用户体验提出了更高的要求，极致的用
户体验甚至成为了胜负的关键，也因此让前端开发走到台前，成为一个重要的研发岗位。
      越来越多的企业开始意识到，前端技术精细化的价值，就业的机会依然存在，Web 前端依然是值得大家选择的职业。
        </div>
      </div>
```

```
    <div class="item">
      <a href="article.html" class="title">面试必备：《Java 最常见 200+ 面试题全解析》</a>
      <div class="status">发布于：2019-10-01 | 阅读：3500 | 标签：#旅游 #HTML</div>
      <div class="content">
          这份面试题总内容包含了十九个模块：Java 基础、容器、多线程、反射、对象拷贝、Java Web 模块、
异常、网络、设计模式、Spring/Spring MVC、Spring Boot/Spring Cloud、Hibernate、MyBatis、RabbitMQ、
Kafka、Zookeeper、MySQL、Redis、JVM 。
      </div>
    </div>
    <div class="item">
      <a href="article.html" class="title">解决：在微信中访问 App 下载链接提示“已停止访问该网页”
</a>
      <div class="status">发布于：2020-10-01 | 阅读：3500 | 标签：#科技 #HTML</div>
      <div class="content">
          现如今微信对第三方推广链接的审核是越来越严格了，域名在微信中分享转发经常会被拦截，一旦被拦
截，用户就只能复制链接手动打开浏览器进行链接粘贴才能访问，要不然就是换一个域名再次推广，周而复始。无论哪
一种情况，都会面临一个非常严重的问题，那就是用户体验差，用户量无法有效地累积起来，从而导致推广成本一直增
加，推广效率却无法有明显的提升。
      </div>
    </div>
    <div class="item">
      <a href="article.html" class="title">动态 URL、静态 URl、伪静态 URL 概念及区别</a>
      <div class="status">发布于：2020-10-01 | 阅读：3500 | 标签：#校园 #HTML</div>
      <div class="content">
          我们说 URL 有动态、静态、伪静态 3 种形式，其实从严格分类上来说，伪静态也是动态的一种，只是表
现形式为静态。
参考：https://bk.likinming.com/post-2674.html
      </div>
    </div>
    <div class="item">
      <a href="article.html" class="title">Bootstrap 学习（一）入门
</a>
      <div class="status">发布于：2020-10-01 | 阅读：3500 | 标签：#科技 #HTML</div>
      <div class="content">
          Bootstrap 适用于网站的开发，不适用于管理系统（如 ERP）的开发，它提供的 CSS 组件比较多，JS
控件比较少，因此可以称 Bootstrap 是一套 CSS 框架。
      </div>
    </div>
    <div class="item">
      <a href="article.html" class="title">为什么 Web 前端工程师薪资越来越高？</a>
      <div class="status">发布于：2020-10-01 | 阅读：3500 | 标签：#转载 #HTML</div>
      <div class="content">
          随着最近几年来互联网的迅猛发展和普及，Web 前端工程师已经成为互联网时代软件产品研发中不可缺
少的一种专业的研发角色。
          特别是电商领域的互联网项目不断兴起之后，激烈的竞争让这里面的玩家对于用户体验提出了更高的要求，
极致的用户体验甚至成为了胜负的关键，也因此让前端开发走到台前，成为一个重要的研发岗位。
          越来越多的企业开始意识到，前端技术精细化的价值，就业的机会依然存在，Web 前端依然是值得大家选择
的职业。
      </div>
    </div>
    <div class="item">
      <a href="article.html" class="title">面试必备：《Java 最常见 200+ 面试题全解析》</a>
      <div class="status">发布于：2019-10-01 | 阅读：3500 | 标签：#旅游 #HTML</div>
```

```
        <div class="content">
            这份面试题总内容包含了十九个模块：Java 基础、容器、多线程、反射、对象复制、Java Web 模块、
异常、网络、设计模式、Spring/Spring MVC、Spring Boot/Spring Cloud、Hibernate、MyBatis、RabbitMQ、
Kafka、Zookeeper、MySQL、Redis、JVM。
        </div>
      </div>
      <div class="item">
        <a href="article.html" class="title">解决：在微信中访问 app 下载链接提示“已停止访问该网页”
</a>
       <div class="status">发布于：2020-10-01 | 阅读：3500 | 标签：#科技 #HTML</div>
       <div class="content">
            现如今微信对第三方推广链接的审核是越来越严格了，域名在微信中分享转发经常会被拦截，一旦被拦截，
用户就只能复制链接手动打开浏览器进行链接粘贴才能访问，要不然就是换一个域名再次推广，周而复始。无论哪一
种情况，都会面临一个非常严重的问题，那就是用户体验差，用户量无法有效地累积起来，从而导致推广成本一直增
加，推广效率却无法有明显的提升。
       </div>
      </div>
      <div class="item">
       <a href="article.html" class="title">动态 URL、静态 URl、伪静态 URL 概念及区别</a>
       <div class="status">发布于：2020-10-01 | 阅读：3500 | 标签：#校园 #HTML</div>
       <div class="content">
            我们说 URL 有动态、静态、伪静态 3 种形式，其实从严格分类上来说，伪静态也是动态的一种，只是表
现形式为静态。
参考：https://bk.likinming.com/post-2674.html
      </div>
     </div>
     <div class="item">
      <a href="article.html" class="title">Bootstrap 学习（一）入门
</a>
      <div class="status">发布于：2020-10-01 | 阅读：3500 | 标签：#科技 #HTML</div>
      <div class="content">
           Bootstrap 适用于网站的开发，不适用于管理系统（如 ERP）的开发，它提供的 CSS 组件比较多，JS 控
件比较少，因此可以称 Bootstrap 是一套 CSS 框架。
      </div>
     </div>
    </div>
   </div>
</body>
</html>
```

（2）样式代码

本案例的 CSS 样式代码如下，其文件名为 main.css。

```
 * {
    margin: 0px;
    padding: 0px;
    box-sizing: border-box;
 }
 body {
    background: #454545;
    line-height: 1.7em;
 }
a {
```

```
    text-decoration: none;
}
a,
body {
    color: #eee;
}
/*左列占 20%，拖曳右列垂直滚动条时，左列位置固定*/
.side-bar {
    float: left;
    width: 20%;
    position: fixed;
}
.side-bar>* {
    padding: 10px 15px;
}
.side-bar .nav a,
.side-bar .tag-list a {
    display: block;
    padding: 5px;
    color: #888;
    -webkit-transition: color 200ms;
    -o-transition: color 200ms;
    transition: color 200ms;
}
.side-bar .nav a:hover,
.side-bar .tag-list a:hover {
    color: #eee;
}
.side-bar .nav a {
    font-weight: 700;
}
.main {
    float: right;
    width: 80%;
    color: #454545;
}
.header .logo {
    line-height: 1em;
    border: 5px solid #eee;
    padding: 10px 20px;
    font-size: 30px;
    display: inline-block;
    margin-bottom: 10px;
}
.article-list,
.article {
    margin-right: 30%;
    background: #fff;
    padding: 20px 30px;
    -webkit-box-shadow: 0 0 3px 2px rgba(0, 0, 0, .2);
    box-shadow: 0 0 3px 2px rgba(0, 0, 0, .2);
}
.article-list .item {
```

```
    margin-bottom: 25px;
}
.article-list .item .title,
.article .title {
    color: #454545;
    font-size: 22px;
    font-weight: 700;
}
.article-list .item .status,
.article .status {
    font-size: 13px;
    color: #ccc;
}
.article-list .item>*,
.article>* {
    margin: 10px 0;
}
/*在 PC 端，汉堡包按钮和 checkbox 是不显示的*/
#checktag,
#menu {
    display: none;
}
```

（3）移动端页面样式代码

本案例的移动端页面 CSS 代码如下，其文件名为 mobile.css。

```
/*屏幕尺寸小于或等于 768px 时的移动端页面样式*/
@media only screen and (max-width: 768px) {
    .side-bar {
        width: 100%;
        position: relative;
    }
    /*移动终端，左列的.nav、.tag-list 内容初始时是隐藏的*/
    .nav,
    .tag-list {
        display: none;
    }
    .main {
        width: 100%;
        padding-left: 10px;
        padding-right: 10px;
    }
    .article-list {
        margin-right: 0px;
    }
    #menu {
        position: absolute;
        top: 5px;
        right: 0px;
        display: block;
        font-size: 2.5em;
    }
    .nav,
```

```
        .tag-list {
            display: none;
        }
        /*单击汉堡包按钮时，原先在 PC 端页面左列的.nav 和.tag-list 内容显示出来*/
        #checktag:checked~.nav,
        #checktag:checked~.tag-list {
            display: block;
            text-align: center;
        }
    }
```

# 10.4 Flexbox 布局

扫码观看视频

## 10.4.1 Flexbox 简介

CSS2 定义了块布局、行内布局、表格布局和定位布局 4 种布局。CSS3 提供了一种可伸缩的灵活的 Web 页面布局方式——Flexbox（Flexible Box，弹性盒）布局。在它出现之前，开发人员经常使用的布局方式是浮动或者固定宽度+百分比，代码量较大且难以理解。Flexbox 布局具有很强大的功能，用来为盒子模型提供最大的灵活性，对于设计比较复杂的页面非常有用，特别是垂直居中布局变得非常容易实现。

目前，Flexbox 布局有如下所述 3 种版本。

（1）旧版本：2009 年版本，使用 display:box 或者 display:inline-box，目前仅 Safari 浏览器支持。

（2）混合版本：2011 年版本，使用 display:flexbox 或者 display:inline-flexbox，仅 IE10 支持。

（3）最新版本：使用 display:flex 或者 display:inline-flex，目前的主流浏览器均支持，但在 Webkit 内核浏览器上需要使用前缀-webkit-。例如，任何一个容器都可以指定为 Flex 布局，示例代码如下。

```
.box{
  display: flex;
}
```

行内元素也可以使用 Flex 布局，示例代码如下。

```
.box{
  display: inline-flex;
}
```

Webkit 内核的浏览器必须加上-webkit-前缀，示例代码如下。

```
.box{
  display: -webkit-flex; /* Safari */
  display: flex;
}
```

**注意** 设为 Flexbox 布局以后，子标签的 float、clear 和 vertical-align 属性将失效。

以下内容主要针对 Flexbox 布局最新版本进行介绍。

### 10.4.2 基本概念

为了更好地理解 Flexbox 布局，这里首先要介绍以下几个概念，如图 10-11 所示。

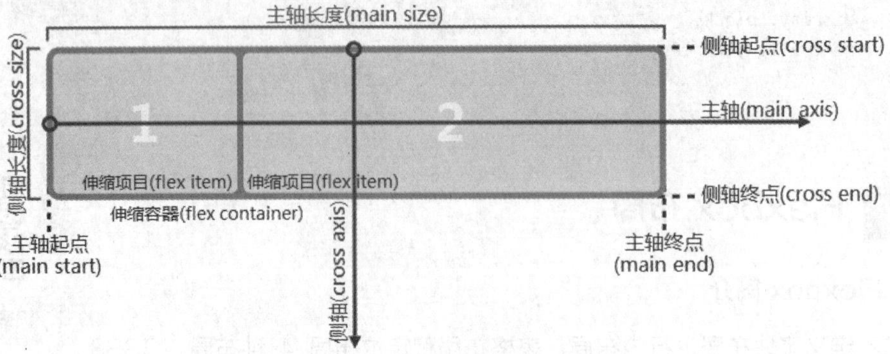


图 10-11 Flexbox 的概念

（1）主轴（侧轴）：Flexbox 布局中将一个可伸缩容器按照水平和垂直方向分为主轴或侧轴，如果想让这个容器中的可伸缩项目在水平方向上可伸缩展开，那么水平方向是主轴，垂直方向是侧轴；如果想让这个容器中的可伸缩项目在垂直方向上可伸缩展开，那么垂直方向是主轴，水平方向是侧轴。

（2）主轴（侧轴）长度：确定哪个是主轴、哪个是侧轴之后，在主轴方向上可伸缩容器的尺寸（宽或高）被称作主轴长度，侧轴方向上的容器尺寸（宽或高）被称作侧轴长度。

（3）主轴（侧轴）起点，主轴（侧轴）终点：假如主轴方向是水平方向，通常水平方向的网页布局是从左向右的，那么可伸缩容器的左 border 就是主轴起点，右 border 就是主轴终点；侧轴在垂直方向上，通常是从上到下的，所以上 border 就是侧轴起点，下 border 就是侧轴终点。

（4）伸缩容器：如果要构建一个可伸缩的盒子，则这些可伸缩的项目必须要由一个设置 display: flex 属性的盒子包裹起来，这个盒子被称作伸缩容器。

（5）可伸缩项目：包含在伸缩容器中需要进行伸缩布局的元素被称作可伸缩项目。

### 10.4.3 Flexbox 属性

#### 1. 构建 Flexbox 容器

构建一个 Flexbox 容器，并在容器中放置几个可伸缩项目，如例 10-5 所示。

例 10-5 example05.html

CSS 代码如下。

```
.flex-container{
          display:flex;
          width:600px;
          height:230px;
          background-color: #ccc;
      }
.flex-item{
          background-color:blue;
          width: 100px;
```

```
        margin: 5px;
    }
```

HTML 代码如下。

```
<div class="flex-container">
      <div class="flex-item ">A</div>
      <div class="flex-item ">B</div>
      <div class="flex-item ">A</div>
      <div class="flex-item ">B</div>
  </div>
```

运行例 10-5，效果如图 10-12 所示，其中 4 个可伸缩项目在水平方向上被排列成了一行，同时可伸缩项目向左对齐。

图 10-12　Flexbox 容器的使用效果

### 2. Flexbox 的属性

语句“display: flex;”代表容器是一个可伸缩容器，还可以取值为 inline-flex，两者的区别在于前者将容器渲染为块标签，后者将容器渲染为内联标签。

这里虽然有 6 个默认的属性没有设置，但是默认值确实起作用了，如表 10-1 所示。

**表 10-1　Flexbox 的属性**

| 属性 | 说明 |
|---|---|
| flex-direction | 决定主轴的方向，即项目的排列方向 |
| justify-content | 决定可伸缩项目在主轴方向上的对齐方式 |
| align-items | 决定可伸缩项目在侧轴方向上的对齐方式 |
| flex-wrap | 决定是否支持换行或者换列 |
| align-content | 决定换行之后各个伸缩行的对齐方式 |
| flex-flow | flex-direction 和 flex-wrap 的复合属性 |

（1）flex-direction 属性

它的取值为 row、column、column-reverse、row-reverse，默认值为 row。

① row：表示在水平方向上展开可伸缩项目。

② column：表示在垂直方向上展开可伸缩项目。

③ column-reverse、row-reverse：表示相反方向。

通俗地讲，flex-direction 属性就是用来定义主轴（侧轴）方向的。例如，为例 10-5 中的.flex-container 样式添加“flex-direction：column;”代码，再次运行例 10-5，效果如图 10-13 所示。

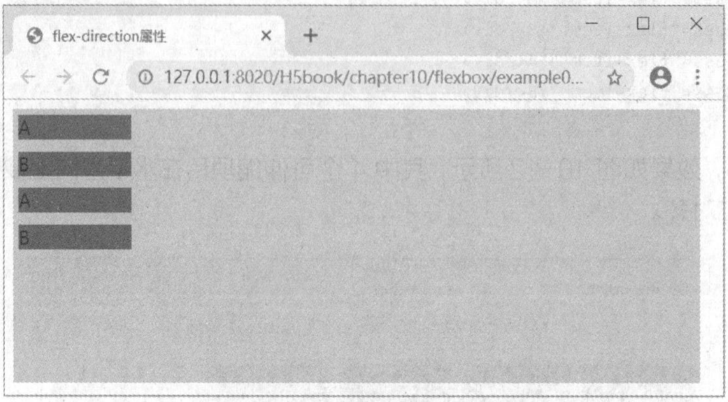


图 10-13　flex-direction 属性的使用效果

（2）justify-content 属性

justify-content 属性用来表示可伸缩项目在主轴方向上的对齐方式，可以取值为 flex-start、flex-end、center、space-between、space-around。

① flex-start、flex-end：表示相对于主轴起点和终点对齐。

② center：表示居中对齐。

③ space-between：表示两端对齐，并将剩余空间在主轴方向上平均分配。

④ space-around：表示居中对齐，并在主轴方向上将剩余空间平均分配。

justify-content 的属性值为 space-between 的示例代码“justify-content：space-between;”的应用如例 10-6 所示。

**例 10-6**　example06.html

CSS 代码如下。

```
.flex-container{
      display:flex;
      width:600px;
      height:230px;
      background-color: #ccc;
      justify-content: space-between;
}
.flex-item{
      background-color:blue;
      width: 100px;
      margin: 5px;
}
```

HTML 代码如下。

```
<div class="flex-container">
       <div class="flex-item ">A</div>
       <div class="flex-item ">B</div>
```

```
        <div class="flex-item ">A</div>
        <div class="flex-item ">B</div>
    </div>
```

运行例 10-6，效果如图 10-14 所示，各个可伸缩项目在主轴方向上两端对齐并均分了剩余空间。

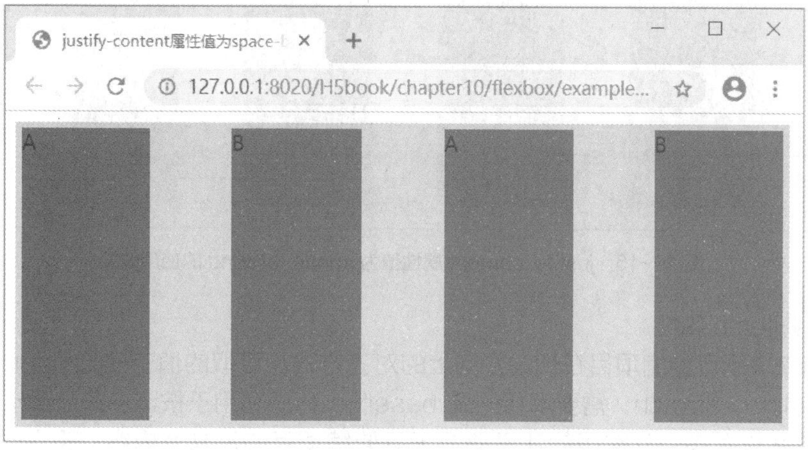


图 10-14　justify-content 属性值为 space-between 的使用效果

justify-content 属性值为 space-around 的示例代码"justify-content: space-around;"的应用如例 10-7 所示。

**例 10-7**　example07.html

CSS 代码如下。

```
.flex-container{
      display:flex;
      width:600px;
      height:230px;
      background-color: #ccc;
      justify-content: space-around;
}
.flex-item{
      background-color:blue;
      width: 100px;
      margin: 5px;
}
```

HTML 代码如下。

```
<div class="flex-container">
        <div class="flex-item ">A</div>
        <div class="flex-item ">B</div>
        <div class="flex-item ">A</div>
        <div class="flex-item ">B</div>
    </div>
```

运行例 10-7，效果如图 10-15 所示，可伸缩项目沿着主轴方向进行了居中对齐并均分了剩余空间。

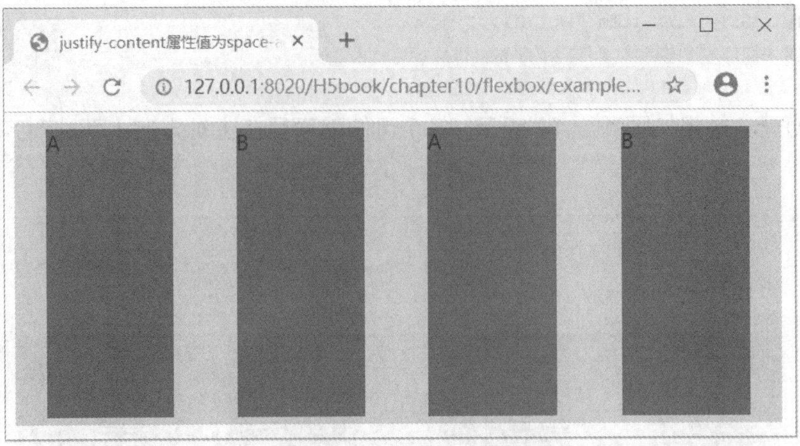


图 10-15　justify-content 属性值为 space-around 的使用效果

（3）align-items 属性

该属性用来表示可伸缩项目在侧轴方向上的对齐方式，可取的值有 flex-start、flex-end、center、baseline、stretch。需要解释的是 baseline 值，它用于按照一条计算出来的基准线使这些项目沿基准线对齐，基准线的计算取决于可伸缩项目的尺寸及内容。设置“align-items: baseline;”的示例如例 10-8 所示。

例 10-8　example08.html

CSS 代码如下。

```
.flex-container{
      display:flex;
      flex-direction: row;
      width:600px;
      height:230px;
      background-color: #ccc;
      justify-content: space-around;
      align-items:baseline;
  }
  .flex-item{
      background-color:blue;
      width: 100px;
      margin: 5px;;
  }
  .a{
      margin-top: 10px;
      height: 100px;
  }
  .b{
      margin-top: 20px;
      height: 150px;
  }
  .c{
      margin-top: 30px;
      height: 80px;
  }
```

HTML 代码如下。

```
<div class="flex-container">
      <div class="flex-item a">A</div>
      <div class="flex-item b">B</div>
      <div class="flex-item c">A</div>
      <div class="flex-item a">B</div>
</div>
```

运行例 10-8，效果如图 10-16 所示，4 个可伸缩项目在侧轴方向上（垂直方向）高度不一，margin 不一样，但是最后都会按照计算出来的一条基准线对齐。

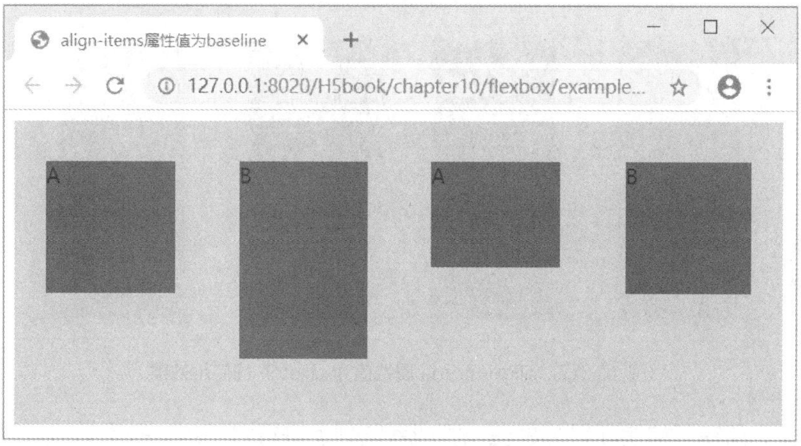


图 10-16　align-items 属性值为 baseline 的使用效果

“align-items:stretch;”属性会让可伸缩项目在侧轴方向上进行拉伸，前提是这些项目在侧轴方向上没有设置尺寸，否则会按照用户设置的尺寸来渲染，示例如例 10-9 所示。

**例 10-9**　example09.html

CSS 代码如下。

```
.flex-container{
      display:flex;
      flex-direction: row;
      width:600px;
      height:230px;
      background-color: #ccc;
      justify-content: space-around;
      align-items:stretch;
  }
  .flex-item{
      background-color:blue;
      width: 100px;
      /*height: 100px;*/
      margin: 5px;;
  }
```

HTML 代码如下。

```
<div class="flex-container">
```

```
        <div class="flex-item ">A</div>
        <div class="flex-item ">B</div>
        <div class="flex-item ">A</div>
        <div class="flex-item ">B</div>
</div>
```

运行例 10-9，效果如图 10-17 所示，由于在垂直方向上没有设置高度，所以可伸缩项目在侧轴方向上被拉伸了。

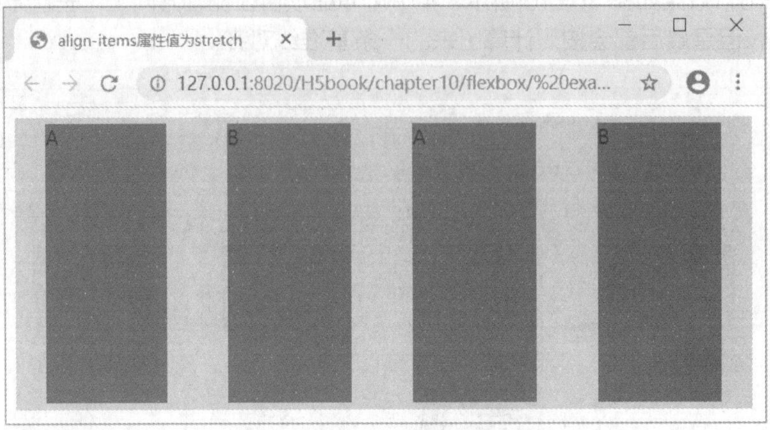


图 10-17 align-items 属性值为 stretch 的使用效果

到目前为止，所有可伸缩项目都是在一行或者一列上进行对齐的，并没有进行换行和换列。

（4）flex-wrap 属性

该属性表示是否支持换行或者换列，它有 nowrap、wrap、wrap-reverse 3 个取值。

① nowrap：默认值，表示不换行或者换列。

② wrap：表示换行或者换列，示例如例 10-10 所示。

③ wrap-reverse：表示支持换行或者换列，但是会沿着相反方向进行排列（如主轴是垂直方向，则换行后按照先下后上的顺序来排列可伸缩项目）。

**例 10-10** example10.html

CSS 代码如下。

```
.flex-container{
        display:flex;
        flex-direction: row;
        width:600px;
        height:230px;
        background-color: #ccc;
        justify-content: space-around;
        align-items:baseline;
        flex-wrap: wrap;
    }
    .flex-item{
        background-color:blue;
        width: 100px;
        height: 70px;
        margin: 5px;;
```

```
        }
```

HTML 代码如下。

```
<div class="flex-container">
    <div class="flex-item ">1</div>
    <div class="flex-item ">2</div>
    <div class="flex-item ">3</div>
    <div class="flex-item ">4</div>
    <div class="flex-item ">5</div>
    <div class="flex-item ">6</div>
    <div class="flex-item ">7</div>
    <div class="flex-item ">8</div>
</div>
```

运行例 10-10，效果如图 10-18 所示，当可伸缩项目数量增多，一行难以容纳的时候，可伸缩项目会继续换行。wrap 属性保证了换行后按照正常的顺序从上到下排列。

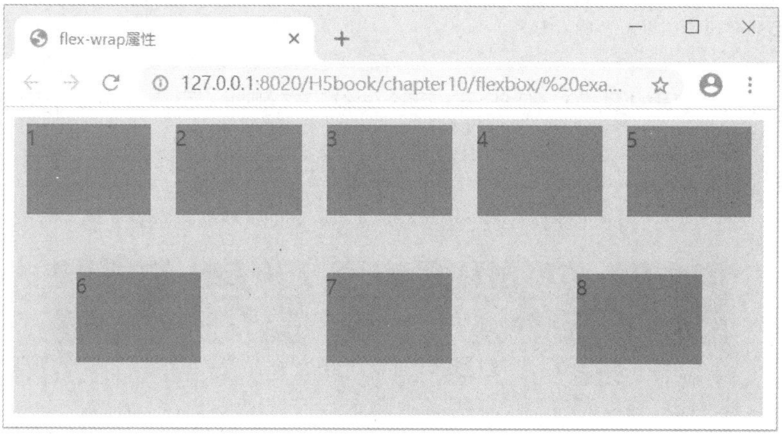


图 10-18　flex-wrap 属性值为 wrap 的使用效果

（5）align-content 属性

该属性用来表示换行之后各个伸缩行的对齐方式，它的取值有 stretch、flex-start、flex-end、center、space-between 及 space-around，意义和 align-items 属性的取值意义相同。

前面将 8 个可伸缩项目分成两行来排列，为 CSS 代码添加 align-content 属性，HTML 代码不变，如例 10-11 所示。

**例 10-11**　example11.html

CSS 代码如下。

```
.flex-container{
        display:flex;
        flex-direction: row;
        width:600px;
        height:230px;
        background-color: #ccc;
        justify-content: space-around;
        align-items:baseline;
        flex-wrap: wrap;
        align-content: space-between;
```

```
    }
    .flex-item{
        background-color:blue;
        width: 100px;
        height: 70px;
        margin: 5px;;
    }
```

HTML 代码如下。

```
<div class="flex-container">
    <div class="flex-item ">1</div>
    <div class="flex-item ">2</div>
    <div class="flex-item ">3</div>
    <div class="flex-item ">4</div>
    <div class="flex-item ">5</div>
    <div class="flex-item ">6</div>
    <div class="flex-item ">7</div>
    <div class="flex-item ">8</div>
</div>
```

运行例 10-11，效果如图 10-19 所示，两个伸缩行在侧轴（垂直）方向上两端对齐了。

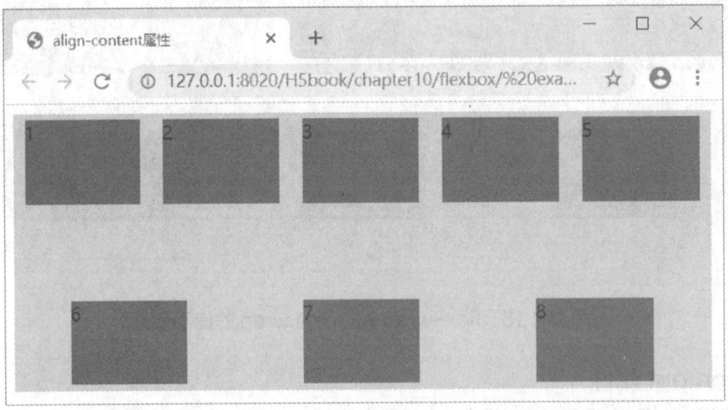


图 10-19 align-content 属性的使用效果

（6）flex-flow 属性

flex-flow 属性是 flex-direction 属性和 flex-wrap 属性的简写方式，它的取值可以为 flex-direction 属性值、flex-wrap 属性值或者 flex-direction 和 flex-wrap 两者的属性值。flex-direction 属性和 flex-wrap 属性的取值分别如下。

```
flex-direction: row（初始值）| row-reverse | column | column-reverse
```

flex-direction 属性定义了弹性项目在弹性容器中的放置方向，默认值是 row，即行内方向。

```
flex-wrap: nowrap（初始值）| wrap | wrap-reverse
```

flex-wrap 属性定义了是否需要换行，以使得弹性项目能被容器包含。*-reverse 代表相反的方向。

把 flex-direction 和 flex-wrap 两者结合起来设置的 flex-flow 属性，可以确定弹性容器在主轴和侧轴两个方向上的显示方式，各个属性值的区别如例 10-12 所示。

**例 10-12** example12.html

CSS 代码如下。

```
.flexbox{
     display: flex;
 }
 .flex-container {
    display: flex;
 }
.flex-container.first {
    flex-flow: row;
 }
.flex-container.second {
    flex-flow: column wrap;
    -webkit-flex-flow: column wrap;
 }
.flex-container.third {
    flex-flow: row-reverse wrap-reverse;
 }
 ul {
    padding: 0;
 }
 li {
    list-style: none;
 }
 flex-container {
    background: blue;
    width: 200px;
    height: 200px;
    margin: 5px auto;
 }
 .flex-container.first {
    height: 100px;
 }
 .flex-item {
    background: red;
    padding: 5px;
    width: 80px;
    height: 80px;
    margin: 5px;
    line-height: 80px;
    color: white;
    font-weight: bold;
    font-size: 2em;
    text-align: center;
 }
 h1 {
    font-size: 22px;
    text-align: center;
 }
```

HTML 代码如下。

```
<h1>CSS3 弹性盒布局 flex-flow 属性示例</h1>
```

```
<div class="flexbox">
    <ul class="flex-container first">
            <li class="flex-item">1</li>
            <li class="flex-item">2</li>
            <li class="flex-item">3</li>
            <li class="flex-item">4</li>
    </ul>
    <ul class="flex-container second">
            <li class="flex-item">1</li>
            <li class="flex-item">2</li>
            <li class="flex-item">3</li>
             <li class="flex-item">4</li>
    </ul>
    <ul class="flex-container third">
            <li class="flex-item">1</li>
            <li class="flex-item">2</li>
            <li class="flex-item">3</li>
            <li class="flex-item">4</li>
    </ul>
</div>
```

运行例 10-12，效果如图 10-20 所示。其中，第 1 个弹性项无序列表设置 flex-flow 属性使用了默认属性 row 且不换行，弹性项的宽度在需要的时候会被压缩；第 2 个弹性项无序列表设置 flex-flow 属性时使用了“column wrap”，表示主轴方向是从上向下，而行换行的方向是行内方向（从左向右）；第 3 个弹性项无序列表设置 flex-flow 属性时使用了“row-reverse wrap-reverse”，表示主轴方向是行内相反方向（从右向左），新行向上换行。

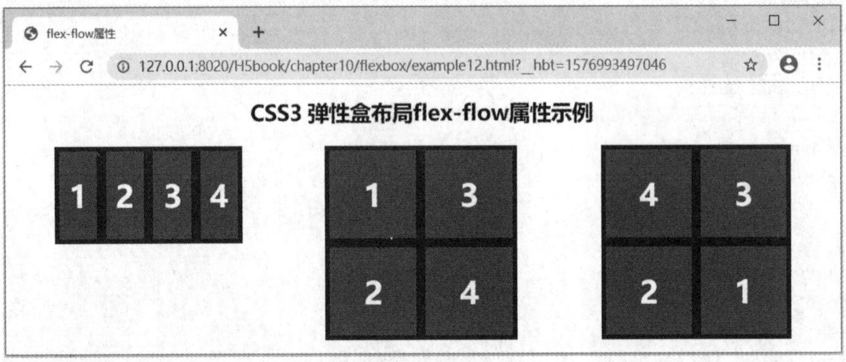


图 10-20　flex-wrap 属性的使用效果

### 10.4.4　可伸缩项目的属性

可伸缩项目的属性如表 10-2 所示。

表 10-2　可伸缩项目的属性

| 属性 | 说明 |
|---|---|
| order | 定义项目的排列顺序 |
| margin | 如果给某个可伸缩项目设置某个方向上的 margin 为 auto，那么这个可伸缩项目会在此方向上占用该方向的剩余空间来作为自己在此方向上的 margin |

续表

| 属性 | 说明 |
| --- | --- |
| align-self | 给各个可伸缩项目设置自己在侧轴上的对齐方式 |
| flex | 控制可伸缩项目的伸缩性 |

### 1. order 属性

order 属性定义了项目的排列顺序。该属性用来表示可伸缩项目的排列方式，正常情况下，伸缩项目会按照从主轴起点到主轴终点的方向排列，遇到换行或者换列会按照从侧轴起点到终点的方向进行排列（除非设置了某些对齐方式的 reverse），但是某些情况下这种默认显示顺序不符合要求，可以采用为可伸缩项目添加 order 属性的方法来指定排列顺序，默认情况下，每个可伸缩项目的 order 都为 0，该属性可正可负，值越大，排列越靠后。其应用示例如例 10-13 所示。

**例 10-13** example13.html

CSS 代码如下。

```
.flex-container{
      display:flex;
      width:600px;
      height:230px;
      background-color: #ccc;
      justify-content: space-around;
      align-items:baseline;
      flex-flow: row wrap;
      align-content: space-between;
   }
   .flex-item{
       background-color:blue;
       width: 100px;
       height: 70px;
       margin: 5px;;
   }
   .order1{
       order:1;
   }
   .order2{
       order:2;
   }
```

HTML 代码如下。

```
<div class="flex-container">
    <div class="flex-item order1">1</div>
    <div class="flex-item  order2">2</div>
    <div class="flex-item ">3</div>
    <div class="flex-item ">4</div>
    <div class="flex-item ">5</div>
    <div class="flex-item ">6</div>
    <div class="flex-item ">7</div>
    <div class="flex-item ">8</div>
</div>
```

运行例 10-13，效果如图 10-21 所示。默认情况下，按照 HTML 的顺序 1～8 进行显示，但是由于给第 1 个 div 和第 2 个 div 设置了大于 0 的 order，所以这两个 div 被放在最后显示。而其他没有被设置 order 属性的 div 的 order 默认值都是 0，故按照 HTML 脚本执行时的先后顺序进行显示。

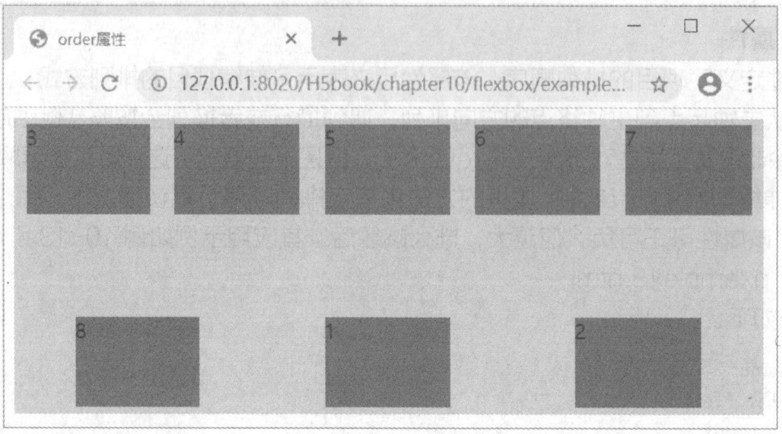


图 10-21 order 属性的使用效果

### 2. margin 属性

Flexbox 布局有很强大的作用，如果将某个可伸缩项目在某个方向上的 margin 设置为 auto，那么这个可伸缩项目会在这个方向上占用其剩余空间来作为自己在此方向上的 margin。其应用示例如例 10-14 所示。

**例 10-14** example14.html

CSS 代码如下。

```
.flex-container{
      display:flex;
      width:600px;
      height:230px;
      background-color: #ccc;
      justify-content: space-around;
      align-items:baseline;
      flex-flow: row wrap;
      align-content: space-between;
   }
   .flex-item{
      background-color:blue;
      width: 100px;
      height: 70px;
      margin: 5px;;
   }
   .a{
     margin-right:auto;
   }
```

HTML 代码如下。

```
<div class="flex-container">
```

```
    <div class="flex-item a">1</div>
    <div class="flex-item  ">2</div>
    <div class="flex-item ">3</div>
</div>
```

运行例 10-14，效果如图 10-22 所示，为第 1 个可伸缩项目添加了 margin-right 为 auto，因此它独占了本行的剩余空间作为它的 right margin 值。

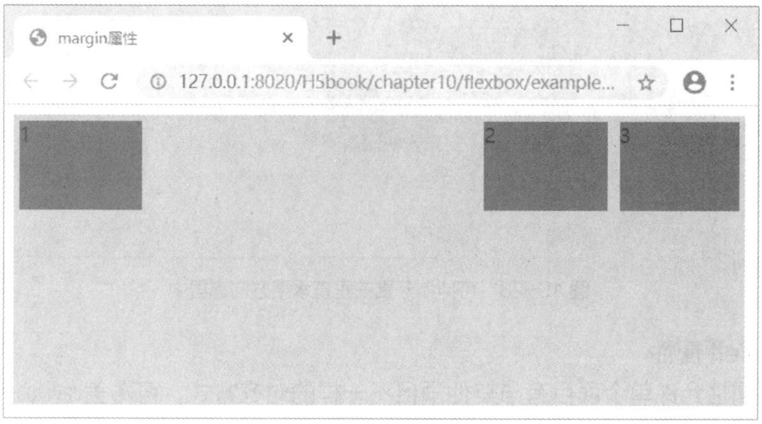


图 10-22　margin 属性的使用效果

利用 margin 属性的特性，在 Flexbox 布局中很容易实现可伸缩元素的垂直及水平居中，示例如例 10-15 所示。

**例 10-15**　example15.html

CSS 代码如下。

```
.flex-container{
            display:flex;
            width:600px;
            height:230px;
            background-color: #ccc;
            justify-content: space-around;
            align-items:baseline;
            flex-flow: row wrap;
            align-content: space-between;
        }
        .flex-item{
            background-color:blue;
            width: 100px;
            height: 70px;
            margin: 5px;;
        }
        .a{
            margin:auto;
        }
```

HTML 代码如下。

```
<div class="flex-container">
    <div class="flex-item a">1</div>
```

```
</div>
```

运行例 10-15，效果如图 10-23 所示。

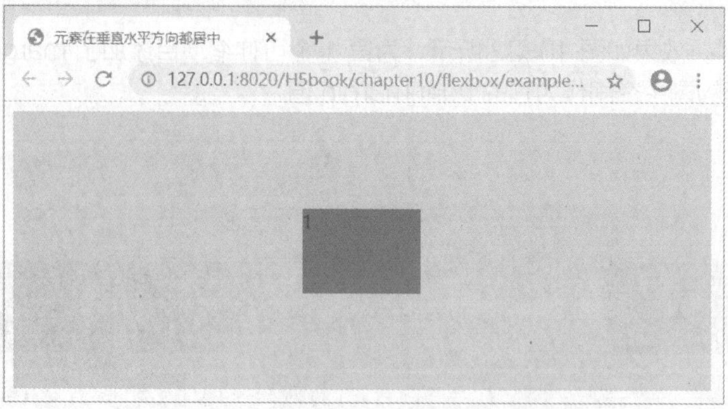


图 10-23　可伸缩元素在垂直水平方向都居中

### 3. align-self 属性

align-self 属性允许单个项目有与其他项目不一样的对齐方式，可覆盖 align-items 属性，其默认值为 auto，表示继承父标签的 align-items 属性，如果没有父标签，则等同于 stretch。该属性给各个可伸缩项目设置了自己在侧轴上的对齐方式，之前在容器上设置的 align-items 属性是作为一个整体设置的，所有元素对齐方式都一样。align-self 属性会覆盖之前的 align-items 属性，让每个可伸缩项目在侧轴上具有不同的对齐方式，取值和 align-items 相同。其应用示例如例 10-16 所示。

**例 10-16**　example16.html

CSS 代码如下。

```
.flex-container{
        display:flex;
        flex-direction: row;
        width:600px;
        height:230px;
        background-color: #ccc;
        justify-content: space-around;
        align-items:baseline;
        align-content: space-between;
    }
    .flex-item{
        background-color:blue;
        width: 100px;
        height: 70px;
        margin: 5px;;
    }
    .a{
        align-self:flex-start ;
    }
    .b{
        align-self:flex-end;
    }
```

```
        .c{
            align-self:center;
        }
```

HTML 代码如下。

```
<div class="flex-container">
    <div class="flex-item a">1</div>
    <div class="flex-item b">2</div>
    <div class="flex-item c">3</div>
</div>
```

运行例 10-16，效果如图 10-24 所示，可以看到 3 个可伸缩项目在侧轴上被赋予了不同的对齐方式。

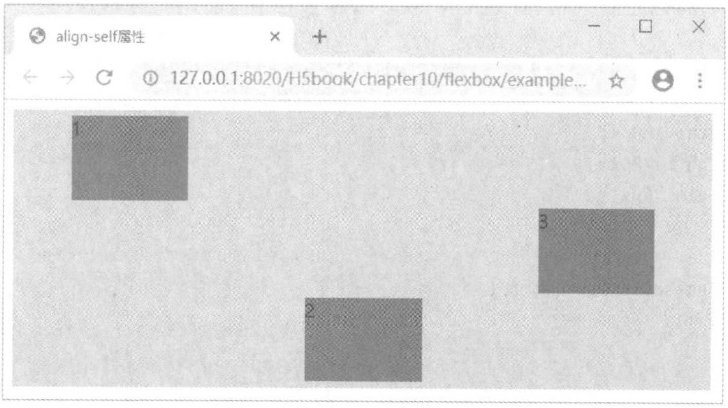


图 10-24　align-self 属性的使用效果

### 4. flex 属性

flex 属性定义了可伸缩项目如何分配主轴剩余尺寸，通常取值为 auto 或者数字，使用 auto 时，浏览器会自动均分，使用数字时，会按照可伸缩项目所占的比例来分配剩余空间。这个属性会覆盖可伸缩项目在主轴上设定的尺寸，当给主轴上可伸缩项目设定了尺寸（宽或高）和这个属性的时候，事实上还是会按照这个属性来进行空间分配。

（1）属性

flex 属性是 flex-grow、flex-shrink 和 flex-basis 的复合属性，默认值为 0 1 auto，后两个属性为可选。

① flex-grow 属性定义了各项目间如何分配剩余空间，默认值为 0，即如果存在剩余空间，则该项目不放大。

② flex-shrink 属性定义了项目的缩小比例，默认值为 1，即如果空间不足，则该项目将缩小。

③ flex-basis 属性定义了在分配多余空间之前，项目占据的主轴空间（main size）。浏览器根据这个属性计算主轴是否有多余空间。它的默认值为 auto，即项目本来的大小。

（2）常用的 flex 简略写法

“flex: 0 auto”或者“flex: initial”等同于“flex: 0 1 auto”，可伸缩项目不会自动延展，但是溢出时会自动收缩。

“flex: auto”等同于“flex: 1 1 auto”，可伸缩项目完全自动延伸和收缩。

“flex: none”等同于“flex: 0 0 auto”，可伸缩项目完全不能延伸和收缩。

（3）flex 属性的应用

flex 属性的应用示例如例 10-17 所示。

**例 10-17** example17.html

CSS 代码如下。

```
.flex-container{
        display:flex;
        flex-direction: row;
        width:600px;
        height:230px;
        background-color: #ccc;
        justify-content: space-around;
        align-items:baseline;
        align-content: space-between;
    }
    .flex-item{
        background-color:blue;
        width: 100px;
        height: 70px;
        margin: 5px;;
    }
    .a{
        align-self:flex-start ;
        flex:1;
    }
    .b{
        align-self:flex-end;
        flex:2;
    }
    .c{
        align-self:center;
        flex:1;
    }
```

HTML 代码如下。

```
<div class="flex-container">
    <div class="flex-item a">1</div>
    <div class="flex-item b">2</div>
    <div class="flex-item c">3</div>
</div>
```

运行例 10-17，效果如图 10-25 所示，可以看到尽管可伸缩项目设置了宽度，但是最终还是按照设置的 flex 比例对水平空间进行了分割。

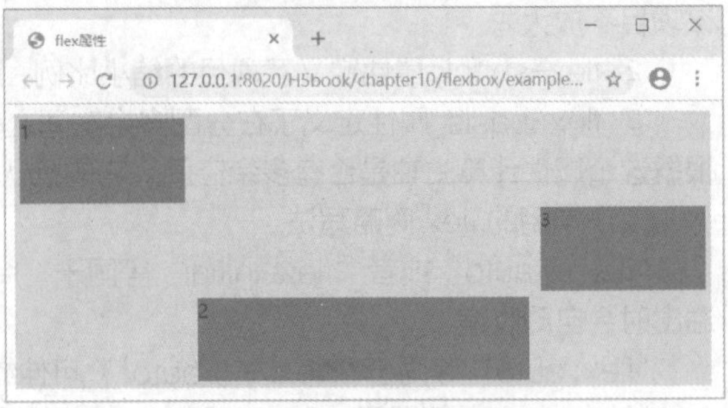


图 10-25 flex 属性的使用效果

## 10.4.5 案例演示

在学习了 Flexbox 属性的用法后，这里通过案例演示如何使用 Flexbox 制作一个非常常见且实用的响应式布局，案例页面效果如图 10-26 所示。

图 10-26　案例页面效果

本案例的 HTML 代码如例 10-18 所示。

例 10-18 example18.html

```
<!DOCTYPE html>
<html>
    <head>
        <meta charset="UTF-8">
        <meta name="viewport" content="width=device-width,
        initial-scale=1,minimum-scale=1,maximum-scale=1,
        user-scalable=no" />
        <title>看点新闻</title>
        <link rel="stylesheet" href="css/font-awesome.min.css" />
        <link rel="stylesheet" href="css/view.css" />
    </head>
    <body>
        <header>
            <nav>
                <ul>
                    <li>关注</li>
                    <li>热点</li>
                    <li>推荐</li>
                    <li>汽车</li>
                    <li>小说</li>
                    <li>科技</li>
                    <li><i class="fa fa-bars"></i></li>
                </ul>
            </nav>
        </header>
        <section>
            <figure>
                <div class="fg" id="one">
                    <div class="pic">
                        <img src="img/1.jpg" alt="" />
                    </div>
                    <div class="pic">
                        <img src="img/2.jpg" alt="" />
                    </div>
                    <div class="pic">
                        <img src="img/3.jpg" alt="" />
                    </div>
                </div>
                <h5>五一好去处：黄鹤楼位于湖北省武汉市长江南岸的武昌蛇山之巅，濒临万里长江，是国家 5A
级旅游景区，自古享有“天下江山第一楼”和“天下绝景”之称。</h5>
                <div class="status">
                    来源于：武汉新闻网 | 评论：27 | 标签：#转载
                </div>
            </figure>
            <figure >
                <div class="fg">
                    <div class="pic">
                        <img src="img/f1.jpg" alt="" />
                    </div>
                    <div class="pic">
                        <img src="img/f2.jpg" alt="" />
```

```
                </div>
                <div class="pic">
                    <img src="img/f3.jpg" alt="" />
                </div>
            </div>
            <h5>盘点 2020 年中国 10 大最美建筑</h5>
            <div class="status">
                来源于：网易 | 评论：27 | 标签：#转载
            </div>
        </figure>
        <figure>
            <div class="fg">
                <div id="pic">
                    <video src="img/video/movie.mp4" poster="img/poster.jpg" controls=
"controls"></video>
                </div>
            </div>
            <h5>热爱大自然，保护生态环境 </h5>
            <div class="status">
                来源于：人民日报 | 评论：27 | 标签：#转载
            </div>
        </figure>
        <figure>
            <div class="fg">
                <div class="pic">
                   <img src="img/f11.jpg" alt="" />
                </div>
                <div class="pic">
                   <img src="img/f12.jpg" alt="" />
                </div>
                <div class="pic">
                     <img src="img/f13.jpg" alt="" />
                </div>
            </div>
            <h5>内蒙古罕见的霜降胡杨，美醉成仙！</h5>
            <div class="status">
                来源于：武汉新闻网 | 评论：27 | 标签：#转载
            </div>
        </figure>
        <figure>
            <div class="fg">
                <div class="pic">
                   <img src="img/f31.jpg" alt="" />
                </div>
                <div class="pic">
                   <img src="img/f32.jpg" alt="" />
                </div>
                <div class="pic">
                   <img src="img/f33.jpg" alt="" />
                </div>
            </div>
            <h5>假日里做丸子，不用油炸不用肉，真正的鲜嫩健康，一家人都爱吃</h5>
            <div class="status">
```

```
                来源于：武汉新闻网 | 评论：27 | 标签：#转载
            </div>
        </figure>
        <figure>
            <div class="fg">
                <div class="pic">
                    <img src="img/f41.jpg" alt="" />
                </div>
                <div class="pic">
                    <img src="img/f42.jpg" alt="" />
                </div>
            </div>
            <h5>海边度假的正确方式！你 get 到了没</h5>
            <div class="status">
                来源于：武汉新闻网 | 评论：27 | 标签：#转载
            </div>
        </figure>
        <figure>
            <div class="fg">
                <div class="pic">
                    <img src="img/f51.jpg" alt="" />
                </div>
                <div class="pic">
                    <img src="img/f52.jpg" alt="" />
                </div>
                <div class="pic">
                    <img src="img/f53.jpg" alt="" />
                </div>
            </div>
            <h5>去云南旅游吧_云南 9 天 10 晚游刚回来的分享</h5>
            <div class="status">
                来源于：武汉新闻网 | 评论：27 | 标签：#转载
            </div>
        </figure>
    </section>
    <footer>
        <nav>
            <ul>
                <li><i class="fa fa-user icon"></i></li>
                <li><i class="fa fa-phone icon"></i></li>
                <li><i class="fa fa-university icon"></i></li>
                <li><i class="fa fa-save icon"></i></li>
                <li><i class="fa fa-leaf icon"></i></li>
                <li><i class="fa fa-coffee icon"></i></li>
            </ul>
        </nav>
    </footer>
  </body>
</html>
```

CSS 样式代码如下。

```
* {
```

```
        margin: 0px;
        padding: 0px;
        box-sizing: border-box;
    }
    header {
        width: 100%;
        position: fixed;
        background: #fff;
    }
    section {
        padding: 0 1em;
        width: 100%;
    }
    ul {
        list-style: none;
        display: flex;
    }
    ul li {
        height: 3em;
        background: #fff;
        display: flex;
        justify-content: center;
        align-items: center;
        flex: 1 1 auto;
    }
    figure {
        display: flex;
        flex-direction: column;
    }
    #one{
        padding-top: 3em;
    }
    .fg {
        display: flex;
        flex-wrap: nowrap;
        justify-content: center;
        padding: 0.5em 0;
    }
    .status{
        font-size: 0.8em;
        color: #ccc;
        padding: 1em 0;
    }
    .pic {
        flex-grow: 1;
    }
    img {
        width: 100%;
    }
    video {
```

```
        width: 100%;
        height: 100%;
    }
    footer {
        padding: 0.5em;
        border-top: 1px solid darkgray;
    }
    .icon{
        font-size: 1.5em;
        color: dimgray;
    }
```

## 本章小结

本章首先介绍了响应式 Web 设计，然后对响应式 Web 设计的媒体查询、流式布局、Flexbox 布局等相关技术进行了讲解。

通过本章的学习，读者应该了解什么是响应式 Web 设计，掌握 CSS3 媒体查询技术的使用，掌握流式布局、Flexbox 布局的使用，这些知识点是实现响应式 Web 设计应该掌握的主要内容。